"十二五"职业教育国家规划教材

经全国职业教育教材审定委员会审定

中等职业教育化学工艺专业系列教材

有机化工工艺及设备

栗　莉　主　编

吕晓莉　副主编

陈炳和　主　审

化学工业出版社

·北京·

本书是根据教育部近期制定的《中等职业学校化学工艺专业教学标准》，由全国石油和化工职业教育教学指导委员会组织编写的全国中等职业学校规划教材。

本书共有九个项目，主要介绍了有机化工的基础知识以及甲醇、乙烯、环氧乙烷、氯乙烯、丙烯腈、丁二烯、乙苯和苯乙烯八个典型有机化工产品的生产。本书既对产品的性质、用途、生产方法、工艺流程组织、工艺条件确定及反应设备等进行了详细阐述，又对生产装置的操作、生产运行中的异常现象及处理方法、安全生产技术、环保节能措施等方面的内容进行了介绍。

本书采用项目导向、任务驱动的形式而编写，书中还设有"动手查一查""动笔画一画""大家来讨论""知识链接""案例分析"和"知识拓展"等环节。

本书可供中等职业院校化学工艺专业师生使用，也可作为相关专业的培训教材以及有关技术人员的参考资料。

图书在版编目（CIP）数据

有机化工工艺及设备/栗莉主编．—北京：化学工业出版社，2016.2（2024.11重印）

"十二五"职业教育国家规划教材

ISBN 978-7-122-25682-9

Ⅰ.①有…　Ⅱ.①栗…　Ⅲ.①有机化工-生产工艺-中等专业学校-教材②有机化工-化工设备-中等专业学校-教材　Ⅳ.①TQ2

中国版本图书馆 CIP 数据核字（2015）第 272294 号

责任编辑：旷英姿　　　　　　　　文字编辑：李　玥
责任校对：宋　夏　　　　　　　　装帧设计：王晓宇

出版发行：化学工业出版社（北京市东城区青年湖南街 13 号　邮政编码 100011）
印　　装：北京科印技术咨询服务有限公司数码印刷分部
787mm×1092mm　1/16　印张 15½　字数 367 千字　2024 年 11 月北京第 1 版第 6 次印刷

购书咨询：010-64518888　　　　　　售后服务：010-64518899
网　　址：http://www.cip.com.cn

定　　价：39.00 元

前 言

有机化工工艺及设备
YOUJI HUAGONG GONGYI JI SHE BEI

本书是根据教育部近期制定的《中等职业学校化学工艺专业教学标准》，由全国石油和化工职业教育教学指导委员会组织编写的全国中等职业学校规划教材。

本书针对中职教育特点，从学生的认知规律出发，以培养学生的实践能力为主线，结合生产实际，采用项目导向、任务驱动的形式，力求教材内容与国家职业资格证书考核紧密结合，使教学过程与生产工作过程有机对接，便于行动导向教学法的实施。

全书共有九个项目，主要介绍了有机化工的基础知识以及甲醇、乙烯、环氧乙烷、氯乙烯、丙烯腈、丁二烯、乙苯和苯乙烯八个典型有机化工产品的生产。本书既对产品的性质、用途、生产方法、工艺流程组织、工艺条件确定及反应设备等进行了详细阐述，又对生产装置的操作、生产运行中的异常现象及处理方法、安全生产技术、环保节能措施等方面的内容进行了介绍，反映了新工艺、新技术、新材料、新设备以及安全环保、节能减排等相关信息。

本书改变传统的编写模式，采用"工艺流程—反应设备—工艺条件—生产操作—岗位安全"的体例格式安排教材结构，有利于学生对生产过程进行系统学习；书中还设有"动手查一查""动笔画一画""大家来讨论""知识链接""案例分析"和"知识拓展"等环节，以培养学生主动学习的能力并扩大知识覆盖面。为方便教学，本书配有电子课件。

本书由沈阳市化工学校栗莉主编、济宁技师学院吕晓莉任副主编，具体编写分工如下：项目一和项目三由栗莉编写，项目二由吕晓莉编写，项目四和项目五由河南化工技师学院尹学功编写，项目六由河南化工技师学院赵情编写，项目七由山东化工技师学院刘亚群编写，项目八由沈阳市化工学校霍佳平编写，项目九由沈阳市化工学校王进编写。全书由栗莉统稿，常州工程职业技术学院陈炳和教授担任主审。

本书在编写过程中，得到了沈阳化工研究院院长马万荣高级工程师的技术指导以及北京东方仿真软件技术有限公司的大力支持，在此表示衷心感谢！

　　由于编者水平有限，编写时间仓促，书中不妥之处在所难免，敬请读者批评指正。

编　者

2014 年 8 月

目 录

项目一
认识有机化工

学习目标

- 了解有机化工的生产特点和生产过程;
- 了解有机化工原料的来源及其化工利用;
- 了解化工生产过程的运行和评价指标;
- 了解工业催化剂的组成、特征、性能评价和使用;
- 了解典型化学反应器的分类、结构、特点及应用。

任务一
了解有机化工的生产特点和生产过程

一、有机化工的分类

有机化工是有机化学工业的简称,是通过有机合成的方法生产有机化工产品的工业,是化学工业的重要组成部分。

按产品的类别不同,有机化学工业可分为三大类,即基本有机化学工业、精细化学工业和高分子化学工业,如图 1-1 所示。

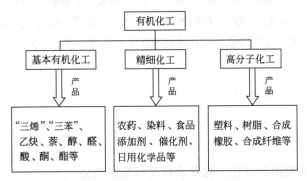

图 1-1 有机化学工业的分类

基本有机化学工业是利用煤、石油、天然气及生物质等资源,经过一系列化学和物理的加工过程,生产基本有机化工产品的工业。某些产品具有独立用途,如用作溶剂、萃取剂、抗冻剂等。但最主要的是作为有机化工原料,经过进一步加工制成更为广泛的有机化工产品。

精细化学工业是以基本有机化工产品为原料，经过深度精细加工，生产具有功能性和最终使用性的有机化合物产品的工业。精细化工产品结构复杂、品种繁多，对产品纯度和质量的要求高，生产过程步骤多，但生产规模不大。

高分子化学工业是利用基本有机化工产品，经过进一步化学加工，生产相对分子质量很大的有机聚合物的工业。其主要产品为高分子合成材料。

因此，基本有机化学工业是其他有机化学工业的基础，是国民经济的重要基础产业，世界各国都在大力发展基本有机化学工业，本书也重点讨论基本有机化工产品的生产。

二、有机化工的生产特点

1. 生产规模大型化

有机化工产品的生产装置具有流程长、设备大的特点，大型化能量利用较合理。如国内目前已有年产 120 万吨的乙烯装置。

2. 原料、产品、生产路线多样化

有机化工的原料来源丰富，除了煤、石油、天然气和生物质等自然资源外，经过加工得到的产品也可作为原料使用。同时，有机化工产品种类繁多，用途广泛。

丰富的原料资源和产品种类决定了生产路线的多样性，同一原料可以通过不同方法制取不同产品，如乙烯环氧化生产环氧乙烷，乙烯和苯烷基化生产乙苯。同一产品也可以通过不同原料和不同生产方法获得，如氯乙烯的生产可采用电石乙炔法，也可采用乙烯氧氯化法。

3. 有联产品产生，综合利用率高

生产过程中对于各种原料、中间产物、主产物、副产物等尽量做到物尽其用，以提高经济效益。例如，烃类热裂解生产乙烯时，可同时得到联产品丙烯、丁二烯和芳烃等，并可以进行全面的综合利用。

4. 生产过程中广泛采用先进技术

生产过程中广泛采用了催化技术、高低温技术、高低压技术、分离技术与自动控制等先进技术，从而提高了生产效率，降低了生产成本，改进了产品质量。

5. 安全生产要求严格

有机化工生产中所用的原料和得到的产品、副产品绝大多数易燃、易爆、有毒、有腐蚀性，为了避免和减少事故的发生，必须采取严格而科学的安全技术措施，确保生产安全顺利进行。同时要防止污染、保护环境，大力发展绿色化工，才能确保生产装置安全、稳定、连续、高效运转。

 动手查一查

查阅资料，了解我国有机化工的发展概况与发展趋势。

三、有机化工的生产过程

将原料转化为产品需要一系列化学和物理的加工过程，这一系列加工处理步骤即构成有机化工的生产过程。有机化工产品种类繁多，由于原料路线和加工方法的差异，生产过程也

不尽相同。但几乎所有产品的生产过程都是由三个基本环节组成：原料预处理、化学反应、产品的分离与精制。如图 1-2 所示。

图 1-2　有机化工生产过程示意图

1. 原料预处理

原料预处理是使原料通过处理达到化学反应所需要的状态和规格。

2. 化学反应

化学反应是有机化工生产的核心部分，使原料（反应物）在反应设备内进行化学反应，生成新的物质。

3. 产品的分离与精制

将产品、未反应的原料和副产物等进行分离提纯，从而获得合格产品，并回收副产物，将未反应的原料循环使用，提高原料利用率。

四、 化工过程的物料衡算与能量衡算

物料衡算与能量衡算是化工设计的基础，是衡量化工生产过程中各项技术经济指标先进与否，进行定额分析的重要手段。

1. 物料衡算

理论依据：质量守恒定律

在一个稳定的生产过程中，进入系统的物料量等于离开系统的物料量、过程的物料损失量与系统的积累量之和，即 $\sum G_入 = \sum G_出 + \sum G_损失 + \sum G_积累$，如图 1-3 所示（$G$ 表示质量）。

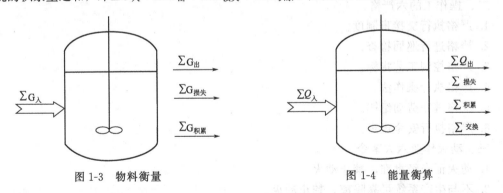

图 1-3　物料衡量　　　　　　　　　　图 1-4　能量衡算

物料衡算是所有工艺计算的基础。通过物料衡算可以进行新工艺、新设备的设计，还可为提高产量、降低消耗、改进生产操作、进行工艺技术革新等提供依据。

2. 能量衡算

理论依据：能量守恒定律

能量是守恒的，既不能创生，也不能消灭，只能从一种形式转变成另一种形式。

在一个稳定的生产过程中，进入系统的能量等于离开系统的能量、过程损失的能量、积累的能量与交换掉的能量之和，即 $\sum Q_入 = \sum Q_出 + \sum Q_损失 + \sum Q_积累 + \sum Q_交换$，如图 1-4 所

示（Q 表示能量）。

化工过程中的能量有机械能、电能和热能，而以热能为主。化工生产中，设备传热量的确定，加热剂与冷却剂用量的确定，能量利用是否合理，寻找节能的有效途径，为供水、供气等配套工程提供基础数据等，都要进行热量衡算。

知识拓展

化工企业安全生产禁令

一、生产区内十四个不准

1. 加强明火管理，厂区内不准吸烟。
2. 生产区内，不准未成年人进入。
3. 上班时间，不准睡觉、干私活、离岗或干与生产无关的事。
4. 在班前、班上不准喝酒。
5. 不准用汽油等易燃性液体擦洗设备、用具和衣物。
6. 不按规定穿戴劳动防护用品者，不准进入生产岗位。
7. 安全装置不齐全的设备不准使用。
8. 不是自己分管的设备、工具不准动用。
9. 检修设备时的安全措施不落实，不准开始检修。
10. 停机检修后的设备，未经彻底检查，不准启动。
11. 未办高处作业证，不带安全带，脚手架、跳板不牢，不准登高作业。
12. 石棉瓦上不固定好跳板，不准作业。
13. 未安装触电保护器的移动式电动工具，不准使用。
14. 未取得安全作业证的职工，不准独立作业；特殊工种职工，未经取证不准作业。

二、操作工的六严格

1. 严格执行交接班制度。
2. 严格进行巡回检查。
3. 严格控制工艺指标。
4. 严格执行操作法。
5. 严格遵守劳动纪律。
6. 严格执行安全规定。

三、动火作业六大禁令

1. 动火证未经批准，禁止动火。
2. 不与生产系统可靠隔离，禁止动火。
3. 不清洗或置换不合格，禁止动火。
4. 不消除周围易燃物，禁止动火。
5. 不按时做动火分析，禁止动火。
6. 没有消防措施，禁止动火。

四、进入容器、设备的八个必须

1. 必须申请办证，并得到批准。

2. 必须进行安全隔离。

3. 必须切断动力电源，并使用安全灯具。

4. 必须进行置换、通风。

5. 必须按时间要求进行安全分析。

6. 必须佩戴规定的防护用具。

7. 必须有人在器外监护，并坚守岗位。

8. 必须有抢救后备措施。

五、机动车辆七大禁令

1. 严禁无证、无令开车。

2. 严禁酒后开车。

3. 严禁超速行车和空挡溜车。

4. 严禁带病行车。

5. 严禁人货混载行车。

6. 严禁超标装载行车。

7. 严禁无阻火器车辆进入禁火区。

任务二
了解有机化工原料

有机化工原料是有机化工生产的物质基础，自然界中的煤、石油、天然气及生物质等资源及其加工产物是有机化工生产的基础原料。了解这些资源及其加工过程、加工产物的利用，对于充分认识有机化工生产具有重要意义。

一、石油及其化工利用

1. 石油及其组成

石油是蕴藏于地下深处的可燃性液态矿物质，是化石燃料之一。石油是由远古海洋或湖泊中的生物经过漫长的演化而形成的复杂混合物。人们将石油称为工业的血液，国民经济的动脉。图1-5列出了石油开采的工业装备。

(a)油田抽油机（磕头机）　　　(b)油田钻井机　　　(c)海上钻井平台

图1-5　石油开采的工业装备

石油是黄褐色至棕黑色的黏稠状液体，具有特殊的气味，不溶于水，相对密度为 0.75～1.0。

石油的组成很复杂，如图 1-6 所示，主要是碳、氢元素组成的各种烃类的混合物，还有少量的含硫、氮和氧的化合物及胶状、沥青状物质。石油中的烃类主要是烷烃、环烷烃和芳香烃。各种元素的质量分数：C 为 83%～87%，H 为 11%～14%，S、N、O 为 1% 左右，如图 1-7 所示。

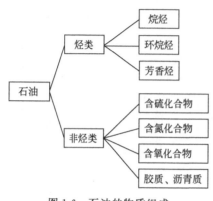

图 1-6　石油的物质组成

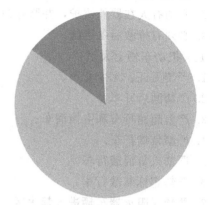

图 1-7　石油的元素组成

2. 石油加工

从地下开采出来的未经加工处理的石油称为原油。原油一般不直接利用，需经过加工制成各种石油产品，如：轻汽油、汽油、煤油、柴油、润滑油、石蜡、凡士林、沥青等。将原油加工成各种石油产品的过程称为石油加工或石油炼制。石油加工可分为一次加工和二次加工。

一次加工：将原油用蒸馏的方法分为轻重不同馏分的过程。包括原油预处理、常减压蒸馏等过程。

二次加工：将一次加工所得的主要产物进行再加工的过程。包括催化裂化、催化重整、加氢裂化等过程。

（1）常减压蒸馏　蒸馏是利用原油中各组分的沸点不同，按沸点范围将其分割成不同馏分的操作。常减压蒸馏是先常压蒸馏，分出部分轻馏分；再根据物质的沸点随压力降低而下降的规律，进行减压蒸馏，进一步分离重馏分。

开采出的原油中伴有水，水中溶解有 NaCl、CaCl$_2$、MgCl$_2$ 等盐类。这些盐类会造成蒸馏装置腐蚀和加热炉管结盐，降低加热炉传热效果。同时高的含水量会使原油加工能耗增高。因此原油在蒸馏前要经脱盐、脱水处理。常减压蒸馏的流程如图 1-8 所示。

原油预热后，送入初馏塔进行初步分离。在初馏塔塔顶蒸出轻汽油和水的混合蒸汽，经冷凝冷却后，进入分离器分离出水和不凝气体，得到轻汽油（也称石脑油）。不凝气体称为"拔顶气"，可用作燃料或生产乙烯的裂解原料。

初馏塔塔底油经常压加热炉加热后，送入常压塔，塔顶引出的油气经冷凝和气液分离得到汽油，侧线采出煤油、轻柴油、重柴油，塔底为常压渣油。常压渣油经减压加热炉加热后进入减压蒸馏塔，侧线采出减压柴油、减压馏分油。塔底为减压渣油。初馏塔、常压蒸馏塔和减压蒸馏塔塔底均通入水蒸气，水蒸气能降低油的蒸发温度，同时起搅拌和增加气体挥发表面积的作用。

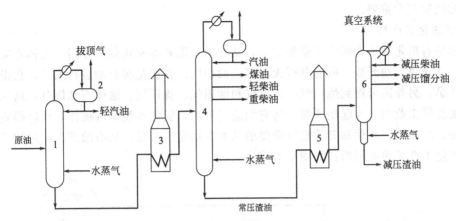

图 1-8　原油常减压蒸馏流程

1—初馏塔；2—分离器；3—常压加热炉；4—常压蒸馏塔；5—减压加热炉；6—减压蒸馏塔

（2）催化裂化　催化裂化是石油二次加工的重要方法之一，其目的是将不能用作轻质燃料的常减压馏分油加工成辛烷值较高的汽油等轻质燃料，是增产轻质油品的主要手段。据统计，目前国内外生产的汽油中，70%～80%来自于催化裂化。

催化裂化是大分子烃类在500℃左右，在催化剂的作用下，裂化为较小分子烃类的过程，其主要产品有汽油、柴油、液化石油气和干气等。其中液化石油气是宝贵的基本有机化工原料，可直接用于生产各种基本有机化工产品。另外，所含的大量烷烃也是生产乙烯的裂解原料。

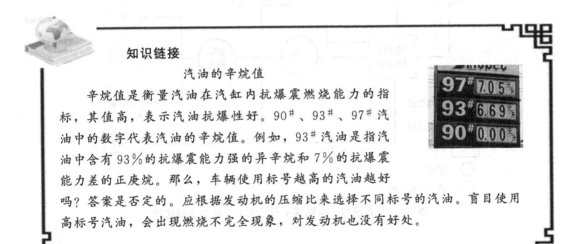

知识链接

汽油的辛烷值

辛烷值是衡量汽油在汽缸内抗爆震燃烧能力的指标，其值高，表示汽油抗爆性好。90#、93#、97#汽油中的数字代表汽油的辛烷值。例如，93#汽油是指汽油中含有93%的抗爆震能力强的异辛烷和7%的抗爆震能力差的正庚烷。那么，车辆使用标号越高的汽油越好吗？答案是否定的。应根据发动机的压缩比来选择不同标号的汽油。盲目使用高标号汽油，会出现燃烧不完全现象，对发动机也没有好处。

（3）催化重整　催化重整是指以直馏汽油馏分（石脑油）为原料，在催化剂的作用下，使其碳键结构重新调整，转化为富含芳烃或异构烷烃的高辛烷值汽油。

催化重整的主要目的：一是生产高辛烷值汽油；二是生产芳烃；三是副产大量高纯度的廉价氢气。

催化重整虽然也是二次加工方法，但其原理完全不同于催化裂化，不是把大分子裂解成较小的分子，而仅仅是把烃分子的结构重新加以整理改变。石脑油主要是正构烷烃和环烷烃，辛烷值低不能直接出厂，需要采用催化重整工艺进行加工。因此，催化重整工艺在二次加工中的地位非常重要。

3. 石油化工产品

石油是有机化学工业的重要资源之一，从石油获取基本有机化工原料，大体需要以下几个步骤。首先是石油开采，同时获得天然气或油田气。其次是将石油进行加工，获得各种液体石油产品，另外还可得到炼厂气。天然气和油田气、炼厂气、液体石油馏分，这三者被看作是石油化学工业的三大起始原料。将它们进行分离、脱氢或裂解等操作，可以得到各种烷烃、烯烃、二烯烃、乙炔和芳香烃等重要的基本有机化工产品。从石油开采经过加工到获取基本有机化工产品的主要途径如图1-9所示。

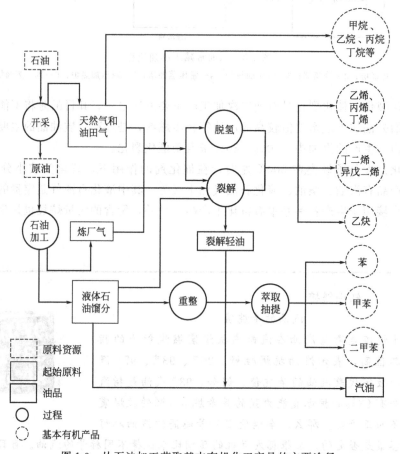

图 1-9 从石油加工获取基本有机化工产品的主要途径

知识链接

炼厂气

炼厂气是石油炼制过程中各种加工方法副产气体的总称。主要包括常减压蒸馏的拔顶气、催化裂化气、热裂化气、焦化气和催化重整气等，主要成分为 C_4 以下的烯烃、烷烃、氢气和其他杂质的混合气体，其组成因炼油厂的产品和工艺的不同而不同。炼厂气是裂解制取低级烯烃的重要原料之一。

大家来讨论

1. 石油的常减压蒸馏、催化裂化和催化重整的目的是什么？原料是什么？
2. 催化裂化和催化重整都属于石油的二次加工，二者的原理有何不同？

二、 天然气及其化工利用

天然气是化学工业的重要原料资源，也是一种优质高效的清洁能源。随着我国"西气东输""川气东送"工程的实现，天然气资源的开发利用前景更加广阔。

1. 天然气的组成及分类

天然气是蕴藏于地下的可燃性气体，主要成分是甲烷，同时含有少量乙烷、丙烷、丁烷及二氧化碳、氮、硫化氢等气体。

天然气按组成不同可分为干气和湿气。干气通常含甲烷 90% 以上，因较难液化，故称为干性天然气。湿气含乙烷、丙烷、丁烷在 10%～20%，经压缩、低温处理后较易液化，故称为湿性天然气。

天然气按来源不同可分为气田气和油田气等。气田气是单独蕴藏的天然气，多为干气。油田气是与石油共生的天然气，在石油开采的同时获得，又称油田伴生气，多为湿气。

2. 天然气的化工利用

天然气中甲烷的化工利用主要有以下三个途径。

(1) 转化为合成气（$CO+H_2$），再进一步合成甲醇、高级醇、氨等化工产品。

(2) 经裂解生成乙炔、炭黑。以乙炔为原料，可以合成乙炔下游产品。炭黑可作橡胶补强剂、填料，是油墨、涂料、炸药、电极和电阻器等产品的原料。

(3) 通过氯化、氧化、硝化、氨氧化等反应生产各种有机化工产品。

天然气中甲烷的化工利用见图 1-10。

此外，湿气或油田气中 C_2 以上烷烃含量高，可将其分离出来，进一步加工利用。其中，乙烷、丙烷和丁烷是裂解生产乙烯和丙烯的优质原料。丙烷和丁烷还可加工生产乙醛、醋酸、顺丁烯二酸酐、丁二烯等产品。

大家来讨论

天然气的化工利用有哪些途径？可以得到哪些化工产品？

三、 煤及其化工利用

煤是自然界蕴藏量最为丰富的资源。到目前为止，世界上已探明的煤炭资源与石油相比要丰富得多。我国的煤炭资源储量丰富，因此，从长远观点来看，大力发展煤化工，为基本

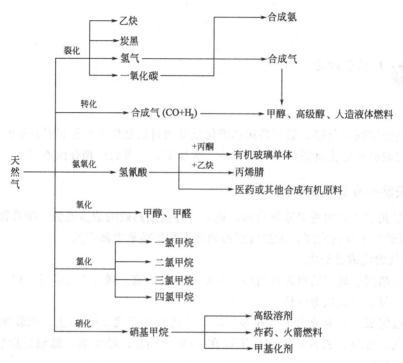

图 1-10　天然气（甲烷）的化学加工方向

有机化学工业提供更多的原料和产品，具有十分重要的意义。

1. 煤的组成

煤是由无机物和有机物组成的固体可燃性矿物。无机物主要是水分和矿物质，有机物主要是由碳、氢、氧和少量氮、硫、磷等元素组成。

煤的品种很多，有泥煤、褐煤、烟煤和无烟煤等。煤的结构很复杂，是以芳香核结构为主，具有烷基侧链和含氧、含氮、含硫基团的高分子化合物。因此通过煤的化工利用，可得到很多从石油加工难以得到的基本有机化工原料和产品，如萘、蒽、菲、酚类、喹啉、吡啶、咔唑等。

2. 煤的化工利用

目前，煤的加工过程主要有煤的焦化、气化和液化等。煤化工的产业链见图 1-11。

（1）煤的焦化　在隔绝空气的条件下加热煤，使煤中的有机物分解而得到挥发性气态物质和焦炭或半焦的加工方法，称为煤的干馏。

按加热终温的不同，煤的干馏可分为高温干馏（900～1100℃）、中温干馏（700～900℃）和低温干馏（500～600℃）三种。其中，煤的高温干馏简称煤的焦化，所得产物为焦炭、煤焦油、粗苯和焦炉气。由煤焦化制取的基本有机原料如图 1-12 所示。

（2）煤的气化　煤、焦炭或半焦在高温条件下与气化剂反应，转化为一氧化碳、氢气等可燃性气体的过程，称为煤的气化。气化剂是空气、氧气或水蒸气等。气化所得的可燃气体称为煤气。

煤气是清洁燃料，热值很高，使用方便。同时，煤的气化是制备合成气（CO＋H_2）的重要途径。

（3）煤的液化　煤经过化学加工转化为液体燃料的过程称为煤的液化。煤的液化可分为

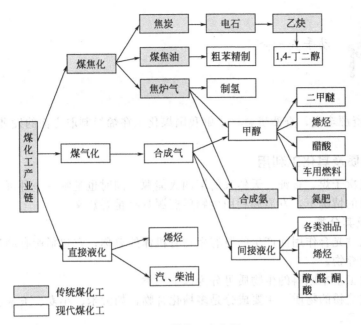

图 1-11　煤化工产业链

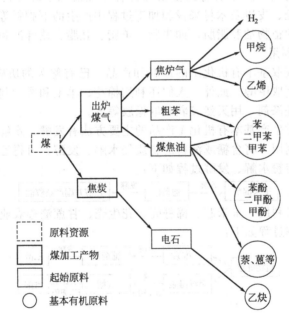

图 1-12　从煤焦化制取的基本有机原料

直接液化和间接液化两类。

　　直接液化是在高温高压和催化剂作用下，固体煤与氢反应转化为液态烃的过程，又称加氢液化。煤直接液化产品可生产洁净优质汽油、柴油和航空燃料。

　　间接液化是以煤为原料，先气化制成合成气，然后通过催化剂作用将合成气转化成烃类燃料、醇类燃料和其他化学品的过程。

　　煤的气化和液化是使煤变成清洁能源的有效途径。

动手查一查

我国煤炭资源丰富，查阅资料，了解我国煤化工在烯烃制取方面的发展现状。

四、生物质及其化工利用

生物质是仅次于煤、石油、天然气的第四大能源，同时也是唯一一种可再生资源。在世界范围能源短缺的情况下，发展和利用生物质资源具有重要意义。

1. 生物质及其分类

生物质是通过光合作用而产生的所有生物有机体的总称，它包括所有动物、植物和微生物及其生产的废弃物。

用于加工化工基本原料的生物质可分为以下三类。

（1）含糖或淀粉的物质　主要成分是多糖化合物，如大米、小麦、玉米、薯类和野生植物的果实与种子等。

（2）含纤维素的物质　几乎所有的植物都含有纤维素和半纤维素。如棉花，大麻，木材，农作物的秸秆、壳、皮以及木材采伐和加工过程中产生的下脚料等。

（3）油脂　包括动植物油和脂肪，如牛脂、羊脂、乳脂、蓖麻油和桐油等。

2. 生物质的化工利用

利用生物质资源获取基本有机化工的原料和产品，已有悠久的历史。早在17世纪，人们就已采用木材干馏制取甲醇。此外，人们还利用棉花、羊毛和蚕丝制取纤维，用纤维素制造纸张，用油脂制造洗涤剂，用天然胶乳制取橡胶等等。

目前，利用生物质生产基本有机化工产品的主要方法有发酵、水解和干馏等。

（1）淀粉的化工利用　将含糖或淀粉的物质经水解、发酵，可得乙醇、丙酮、丁醇等基本有机原料。如玉米淀粉水解、发酵过程如下：

玉米淀粉 —水解→ 葡萄糖 —发酵→ 乙醇并副产杂醇油

（2）纤维素的化工利用　玉米芯、棉籽壳、花生壳、甘蔗渣等农业副产物和农业废物中含有植物纤维，其水解过程如下：

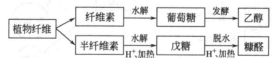

知识链接

糠醛

糠醛学名呋喃甲醛，是无色或浅黄色油状液体。其化学性质活泼，可参与多种类型的反应，是一种用途很广的基础有机化工原料，主要用于生产糠醛树脂、糠醇树脂、顺丁烯二酸酐等，同时也是医药、农药产品的重要原料之一。目前糠醛唯一的生产方法就是农副产品水解。

（3）油脂的化工利用

综上可知，利用生物质资源经过化学加工可获得多种基本有机化工原料和产品。而且，相较于传统化工能源，以生物柴油、纤维素乙醇为代表的生物质能源产品具有可再生、零排放等环境友好特性，将成为推动经济社会持续发展不可多得的选择。因此，开发利用生物质资源具有十分重要的意义。

 大家来讨论

什么是生物质资源？生物质资源有何特点？开发和利用生物质资源有何重要意义？

任务三
了解化工主产过程的评价指标

安全、优质、高效、低耗是化工生产的目标。为了更好地达到生产目标，我们就要深入了解对化工生产具有指导意义的各项评价指标。

一、 生产能力与生产强度

生产能力与生产强度是评价化工生产效果的两个重要指标。

1. 生产能力

生产能力是指一台设备、一套装置或一个工厂在单位时间内生产的产品量或处理的原料量，其单位为 kg/h、t/d、kt/a 或万吨/年等。

例如，年产百万吨乙烯装置，表示该装置一年可生产 100 万吨乙烯产品。

原料处理量也称为加工能力。如某石化公司原油加工能力为 2300 万吨/年，是指该公司每年可将 2300 万吨原油加工炼制成各种油品。

目前，镇海炼化公司拥有 2300 万吨/年原油加工能力，200 万吨/年乙烯、60 万吨/年尿素、100 万吨/年芳烃、20 万吨/年聚丙烯生产能力。

2. 生产强度

生产强度是指单位体积或单位面积的设备在单位时间内生产的产品量或加工的原料量，其单位是 $kg/(h \cdot m^3)$、$t/(d \cdot m^3)$、$kg/(h \cdot m^2)$、$t/(d \cdot m^2)$。

具有相同化学或物理过程的设备（装置），可用生产强度指标比较其优劣。设备内进行的过程速率越快，该设备的生产强度就越高，设备的生产能力就越大。

二、 转化率、 选择性和收率

在化工生产过程中，生产者最关心两个问题：一是投入到反应器的原料（反应物）有多少发生了反应；二是发生反应的原料有多少转变成了目的产物。为了量化这两个问题，引入了转化率和选择性这两个指标，同时用收率表示这两方面的综合指标，以评价化学反应进行的程度及效率。

1. 转化率

转化率是指某一反应物参加反应的量占其加入量的百分率，用来表示反应物参加反应的程度。

$$转化率 = \frac{参加反应的原料量}{原料投入量} \times 100\%$$

若反应体系有循环流程，转化率则有单程转化率和总转化率之分。

（1）单程转化率　以反应器为研究对象，反应物一次性通过反应器的转化率。

（2）总转化率　以反应体系（包括循环系统、反应器和分离器）为研究对象，新鲜物料进入反应体系到离开反应体系所达到的转化率。见图1-13。

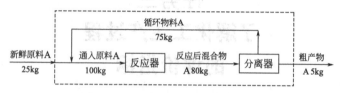

图 1-13　原料 A 的循环过程示意图

$$单程转化率 = \frac{100kg - 80kg}{100kg} \times 100\% = 20\%$$

$$总转化率 = \frac{25kg - 5kg}{25kg} \times 100\% = 80\%$$

可以看出，物料在循环利用后，虽然反应器中进行的反应过程并没有变化，但原料的总转化率达到了80%，大大提高了原料的利用率。因此，在实际生产中，采用物料循环是提高原料利用率的有效方法。

大家来讨论

什么是单程转化率？什么是总转化率？

2. 选择性

对于复杂反应，原料并非都转化成了目的产物，同时还有副产物生成。即在主反应进行的同时，还存在着副反应。因此，转化率并不能准确地衡量反应效率的高低，还需要考虑选择性的大小。

$$选择性 = \frac{生成目的产物所消耗的原料量}{参加反应的原料量} \times 100\%$$

可见，选择性表明了主反应在反应过程中所占的比例。选择性越高，说明反应过程的副反应越少，原料的利用率越高。

3. 收率

转化率高表示投入的原料量在反应中的转化程度高，但不能表明是转化成目的产物还是副产物；选择性高表示转化的原料中生成目的产物的比例高，但不能表明有多少原料参加了反应。

因此，转化率和选择性两个评价指标只能从某一方面来说明反应进行的情况，均有局限性。为了综合评价反应效率，我们引入收率这个指标。

$$收率 = \frac{生成目的产物所消耗的原料量}{原料投入量} \times 100\%$$

收率是从产物的角度来衡量反应过程的效率。收率越高，说明进入反应器的原料中，消耗在生产目的产物上的数量越多。

4. 转化率、选择性与收率的关系

$$收率 = 转化率 \times 选择性$$

【例 1-1】 已知丙烯氧化法生产丙烯醛的一段反应器，原料丙烯的投入量为 600kg/h，丙烯醛出料量为 640kg/h，另外还有未反应的丙烯 25kg/h，试计算原料丙烯的转化率、选择性及丙烯醛的收率。

解 丙烯氧化生产丙烯醛的化学反应方程式为：

$$CH_2{=}CHCH_3 + O_2 \longrightarrow CH_2{=}CHCHO + H_2O$$
$$\quad 42g/mol \qquad\qquad\qquad 56g/mol$$

依据题意，生成 640kg/h 丙烯醛所消耗的丙烯量为：

$$\frac{640kg/h \times 42g/mol}{56g/mol} = 480kg/h$$

$$丙烯的转化率 = \frac{600kg/h - 25kg/h}{600kg/h} \times 100\% = 95.83\%$$

$$丙烯的选择性 = \frac{480kg/h}{(600-25)\ kg/h} \times 100\% = 83.48\%$$

$$丙烯醛的收率 = \frac{480kg/h}{600kg/h} \times 100\% = 80\%$$

 大家来讨论

1. 转化率高是否就意味着选择性好？
2. 转化率、选择性和收率三者之间是什么关系？

三、 空间速度和接触时间

1. 空间速度

空间速度是指标准状况下单位时间内通过单位体积催化剂的反应混合气的体积；或者是通过单位体积催化剂的反应混合气在标准状况下的体积流量。空间速度简称空速，常用 S_V 表示，单位为 $m^3/(m^3 \cdot h)$，简写成 h^{-1}。

$$S_V = \frac{反应混合气体在标准状况下的体积流量}{催化剂的体积}$$

【例 1-2】 在乙烯氧化生产乙醛的反应器中，装入 $25m^3$ 催化剂溶液。反应时，通入原料乙烯的体积流量为 $9000m^3/h$，氧气的体积流量为 $1250m^3/h$，假设均处于标准状况下，试求分别以乙烯、氧气和混合气计的空间速度。

解 以乙烯计的空间速度为：

$$S_{V乙烯} = \frac{9000m^3/h}{25m^3} = 360h^{-1}$$

以氧气计的空间速度为：

$$S_{V氧气} = \frac{1250m^3/h}{25m^3 h} = 50h^{-1}$$

以混合气计的空间速度为：

$$S_{V混合气} = \frac{9000m^3/h + 1250m^3/h}{25m^{3/h}} = 410h^{-1}$$

2. 接触时间

接触时间是指反应混合气在反应状态下与催化剂的接触时间。接触时间常用 τ 表示，单位为 s。

空间速度与接触时间呈反比关系。

3. 空间速度对生产工艺的影响

空间速度、接触时间与反应物转化率、主产物的产率、收率和生产能力密切相关。一般规律如下：

① 空间速度增大，接触时间缩短，反应物的转化率降低。

② 空间速度增大，接触时间缩短，连串深度副反应减少，副产物的产率下降，主产物的产率相对增加。

③ 空间速度增大，主产物的收率和生产能力呈峰形变化，由低到高再到低。一般而言，主产物收率峰值所对应的空速为适宜空速。

大家来讨论

什么是空间速度？空间速度对生产工艺有何影响？

图 1-14 公用工程

四、 消耗定额

消耗定额是指生产单位产品所消耗的各种原料、辅助材料及公用工程的量，是工艺技术经济评价指标。公用工程指化工生产中供水、供电、供热、供气和冷冻等公用系统，如图 1-14 所示。显然，消耗定额越低，生产过程越经济，产品的单位成本也就越低。

生产者可根据消耗定额，分析、比较生产技术经济的优劣，提出技术改进措施，以降低消耗，提高生产经济效益。

节能降耗的主要措施有如下几点。

① 选择适宜的工艺参数，减少副反应；

② 选择性能优良的催化剂，提高选择性；

③ 加强设备维护和巡回检查，减少泄漏；

④ 规范生产管理和操作责任，防止事故发生。

任务四
了解化工生产的运行

一、 化工生产的组织机构和工作方式

每套化工生产装置都设有严格的组织机构，各级各类人员各负其责，团结协作，确保安全顺利地完成生产任务。从生产技术角度而言，一般人员构成包括生产车间主任、技术主任、设备主任、工艺员、设备员和操作人员等。

有机化工生产多为连续性生产，装置操作人员实行倒班制。将操作人员分为不同的班组，实行班组间生产交接班制度。每个班组设有班长和各岗位的操作人员，某些企业还设有班组运转工程师。不同的企业倒班方式不尽相同，有"六班四倒""五班三倒""四班三倒"和"两班倒"等。例如，"五班三倒"是将操作人员分为五个班组，五个班组按固定时间接续参加生产操作及轮换休息。某炼化厂乙烯车间组织机构如图1-15所示。

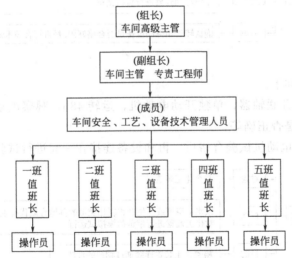

图 1-15　某炼化厂乙烯车间组织机构

二、 化工生产装置的运行

对于一套新建成的生产装置而言，要想顺利生产出合格的产品，需要经历一个复杂的过程，包括化工装置试车、正常生产和正常停工。

1. 化工装置试车

化工装置试车分为四个阶段，即试车前的生产准备阶段、预试车阶段、化工投料试车阶段、生产考核阶段。从预试车开始，每个阶段必须符合规定的条件、程序和标准要求，方可进入下一个阶段，做到安全稳妥，力求一次成功。

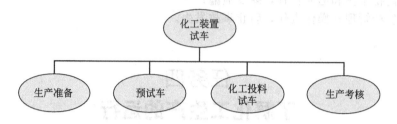

（1）生产准备　生产准备的主要任务是做好组织、人员、技术、安全、物资及外部条件、营销及产品储运以及其他有关方面的准备工作，为试车和安全稳定生产奠定基础。

（2）预试车　预试车的主要任务是在工程安装完成以后，化工投料试车之前，对化工装置进行管道系统和设备内部处理、电气和仪表调试、单机试车和联动试车，为化工投料试车做好准备。

单机试车及联动试车介绍如下。

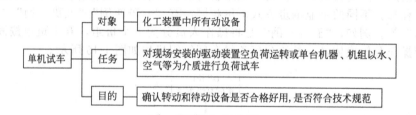

单机试车的步骤如下。

① 电机试车　断开联轴器，单独开动电动机，运转 48h，观察电动机是否发热、振动，有无杂声，转动方向是否正确等。

② 负荷试车　当电动机试验合格后，再和设备连接在一起进行试验，一般运转 48h。

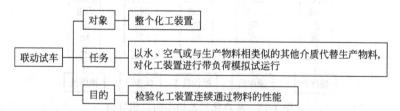

（3）化工投料试车　化工投料试车的主要任务是用设计文件规定的工艺介质打通全部装置的生产流程，进行装置各部分之间首尾衔接的运行，以检验其除经济指标外的全部性能，并生产出合格产品。

化工装置原始启动的传统习惯是按照工艺流程由前到后顺序进行。随着装置大型化和试车实践，人们逐渐认识到了"倒开车"方案的重要经济意义，得到了企业的充分肯定并被普遍采用。

倒开车

倒开车又称为逆式开车，是指不按正常生产工艺流程的顺序由前向后依次开车，而是在主体装置投料之前，利用外进物料将下游装置、单元或工序先行开车，打通后路，待上游装置中间产物进来后即可连续生产，以减少中间环节的放空损失和停滞。

（4）生产考核　生产考核的主要任务是对化工装置的生产能力、安全性能、工艺指标、环保指标、产品质量、设备性能、自控水平、消耗定额等是否达到设计要求进行全面考核，包括对配套的公用工程和辅助设施的能力进行全面鉴定，装置考核的时间一般情况下为72h。

（5）化工装置试车原则

①单机试车要早；②吹扫气密要严；③联动试车要全；④投料试车要稳；⑤试车方案要优；⑥试车成本要低。

（6）化工装置试车流程　化工装置安全试车流程见图1-16。

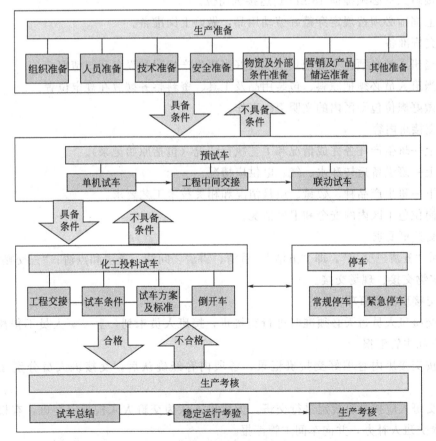

图1-16　化工装置安全试车流程

2. 正常生产

装置投产成功之后，进入正常生产阶段，主要任务是在确保安全生产的基础上，正确使用和维护设备、仪表，控制和调节各相关参数在生产要求的范围之内，稳定连续地生产出合格产品，并尽量做到能耗最低。

3. 正常停工

由于技术改造、设备检修、催化剂再生等原因，生产装置连续运行一定时间之后，需要按计划、指令安排停工，称为装置正常停工。正常停工是一项综合性的工作，过程时间长，涉及专业和部门多，按停工方案统一指挥，确保安全停工，实现"停好、改好、修好"的目标。

 知识拓展

化工生产岗位交接班

化工生产岗位交接班是实现安全生产的重要一环，也是岗位责任之一。生产岗位交接班应注意做到以下几个方面。

1. 接班准备

① 接班人员必须提前 15min 到达接班岗位。

② 上岗前必须按规定穿戴好劳动用品，做好上岗准备。

2. 交班准备

① 当班人员必须在交班记录上填写好当班生产情况和设备运行情况。

② 当班人员必须把原料、包装用品及工具、资料整齐摆放在规定位置。

③ 做好岗位包干区内的文明卫生工作。

3. 交接班内容

① 上一班生产任务完成情况和工艺执行情况（包括原始记录）。

② 上一班设备运转和水、气、电供应情况。

③ 下一班生产品种、数量、质量情况和相关技术工艺要求。

④ 岗位包干区内的安全和卫生情况。

4. 交接班要求

做到"五清三交接"，即"五清"：看清、讲清、问清、查清和点清；"三交接"：工艺交接、实物交接、现场交接。

5. 交接班注意事项

① 交接班人员每天必须准时进行交接班，接班人员未到，上一班人员不得离岗，并及时向车间主管汇报。

② 按交接班内容填好交接班记录，各项内容经确认后，交接班人员分别在记录上签字。

③ 交班人应按交班规定进行交班，如接班人认为交班人未按规定交班，有权提出意见，要求交班人补办，并向车间主管汇报。

任务五
了解工业催化剂

催化剂是化学工艺的基础，是许多化学反应实现工业应用的关键。据统计，大约 90％的化工产品是在催化剂的作用下生产的，例如，在石油炼制中，选用不同的催化剂，就可以得到不同品质的汽油、煤油；汽车尾气中含有害的 CO 和 NO，利用铂等金属作催化剂，可以迅速将二者转化为无害的 CO_2 和 N_2；生物制药、制酒及食品工业中都需要用酶作催化剂。

因此，有机化工的发展重点之一是催化剂的开发和应用。只有深入了解催化剂的基本知识，掌握催化剂的使用技术，才能充分发挥催化剂的作用。

一、催化剂及其组成

1. 催化剂

在化学反应中能够加快化学反应速率，而其本身的化学性质和质量在反应前后均不发生变化的物质，称为催化剂。通常把催化剂加速化学反应，使反应尽快达到化学平衡的作用叫做催化作用。

(a)　　　　　　　　　　　　(b)

图 1-17　工业催化剂

2. 催化剂的组成

有机化工生产常用的催化剂有固体催化剂和液体催化剂两种形式，其中以固体催化剂最为普遍。

固体催化剂是具有不同形状（如球形、柱状或无定形等）的多孔性颗粒，如图 1-17 所示，在使用条件下不发生液化、汽化或升华。固体催化剂一般由以下三部分组成，如图 1-18 所示。

(1) 活性组分　起催化作用的主要物质，是催化剂不可或缺的成分，又称主催化剂。没有活性组分，催化剂就没有活性。活性组分可以是单一物质，如加氢用的镍-硅藻土催化剂中，活性组分为金属镍；也可以由多种物质组成，如裂解用的硅铝催化剂中，SiO_2、Al_2O_3 均为活性组分。

(2) 助催化剂　该物质单独存在时无催化作用，但将其少量加入到催化剂中，可明显提高催化剂的活性、选择性和稳定性，这种物质称为助催化剂。

例如，在合成气低压法合成甲醇的铜基催化剂中，纯铜对甲醇合成是没有活性的，而加

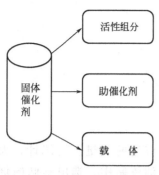

图 1-18　固体催化剂的组成

入助催化剂 ZnO 后就具有了很好的催化活性。目前，助催化剂主要是一些碱金属、碱土金属及其化合物、非金属元素及其化合物。

（3）载体　负载活性组分、助催化剂的物质称为载体。载体是催化剂中含量最大的组分，一般是机械强度高、多孔性的物质。载体的主要作用是：提高催化剂的机械强度和热稳定性；增加催化剂的活性和选择性；降低催化剂的成本。最后一点对贵金属（Pt、Pd、Au 等）活性组分的意义更大。常见的催化剂载体有氧化铝、硅胶、活性炭、硅藻土和分子筛等，如图 1-19 所示。

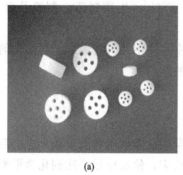
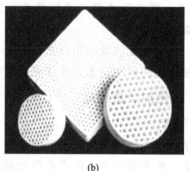

(a)　　　　　　　　　　　　(b)

图 1-19　催化剂载体

　大家来讨论

固体催化剂是由几部分组成的？各部分都有什么作用？

二、催化剂的基本特征及作用

1. 催化剂的基本特征

（1）催化剂能显著加快化学反应速率　催化剂参与到化学反应体系中，改变了反应的途径，降低了反应的活化能，从而加快反应速率。

（2）催化剂只能缩短到达平衡的时间，而不会改变化学平衡　化学平衡常数只与反应的始态和终态有关，而催化剂在反应前后化学性质与质量都没有变化，所以不会改变反应的始态和终态，故不会改变化学平衡。

催化剂能使反应加速又不会改变化学平衡，这意味着对正向反应有效的催化剂，必然也对逆向反应有效，这一规律为催化剂的研究提供了方便。例如，高压下一氧化碳与氢气反应合成甲醇，直接研究高压反应是困难的，我们可以对逆向反应甲醇的分解进行催化剂的选择研究，从而寻找到高压法合成甲醇的催化剂——$ZnO\text{-}Cr_2O_3$ 二元催化剂。

（3）催化剂具有特殊的选择性　特殊的选择性表现在两个方面：一是不同类型的反应，需要选择不同的催化剂；二是同一反应物选择不同的催化剂时，可得到不同的产物。例如，乙烯氧化，用银催化剂可得到环氧乙烷，用钯系催化剂可得到乙醛。

所以，我们可以利用催化剂的选择性，使化学反应朝着所期望的方向进行，抑制不需要的副反应，这对于有机合成的工业生产具有重要意义。

2. 催化剂的作用

① 加快反应速率，提高生产能力。

② 使反应有选择性地定向进行，抑制副反应，提高目的产物的收率。

③ 改善操作条件，降低对设备的要求。

④ 开发新的反应过程，扩大原料的利用途径，简化生产工艺路线。

⑤ 消除污染，保护环境。在消除污染物的各种方法中，催化法是具有巨大潜力的一种。

 **大家来讨论**

1. 催化剂有哪些特征？它对催化剂的选择具有什么指导意义？

2. 催化剂有哪些作用？

三、 催化剂的性能评价指标

一般而言，衡量工业催化剂的质量与效率，集中起来是活性、选择性和稳定性这三项综合指标。

1. 活性

活性是指催化剂改变化学反应速率的能力，是衡量催化剂优劣的重要指标之一，工业上常用转化率来表示催化剂的活性。

在一定的反应条件下，转化率越高，说明反应物的反应程度越高，催化剂的活性越好。

2. 选择性

催化剂使反应向所要求的方向进行，而得到目的产物的能力称为催化剂的选择性。催化剂的选择性一般用目的产物（主产物）的产率来表示。即：

$$催化剂的选择性 = \frac{某反应物转化为目的产物的量}{某反应物转化的总量} \times 100\%$$

选择性用来衡量催化剂抑制副反应能力的大小，是衡量催化剂优劣的另一个重要指标。催化剂的选择性好，可以减少反应过程中的副反应，降低原材料的消耗，降低产品成本。

对于一个催化反应来说，催化剂的活性和选择性是两个最基本的性能指标，是选择催化剂的最主要条件。而当催化剂的活性与选择性难以同时满足时，若反应原料昂贵或产物分离困难，宜选用选择性高的催化剂；若原料价廉易得或产物容易分离，则可选用活性高的催化剂。

3. 稳定性

催化剂对温度、毒物、机械力、化学侵蚀、结焦积污等的抵抗能力，分别称为耐热稳定性、抗毒稳定性、机械稳定性、化学稳定性、抗污稳定性。这些稳定性都各有一些表征指标，而衡量催化剂稳定性的总指标通常以寿命表示。寿命是指催化剂能够维持一定活性和选择性水平的使用时间。催化剂的稳定性越好，其寿命就越长，催化剂的使用时间就越长。

$$寿命 \begin{cases} 单程寿命：催化剂每活化一次能够使用的时间 \\ 总寿命：多次失活再生而能使用的累计时间 \end{cases}$$

性能良好的催化剂除了应具有较高的活性、选择性和稳定性外，还应具有一定的机械强度，否则在使用过程中容易出现破碎、粉化现象。对于流化床反应器，会造成催化剂的大量流失；对于固定床反应器，会造成气流通道的堵塞，增加流体阻力等。

 **大家来讨论**

我们应从哪几个方面来评价催化剂的性能？

四、 对工业催化剂的要求

由以上讨论可知，一种性能良好的催化剂应具备以下条件。

① 具有较高活性、高选择性，这是选择催化剂的最主要条件。

② 有足够的机械强度、热稳定性和耐毒性，使用寿命长。

③ 具有合理的流体流动性质，有最佳的颗粒形状。

④ 原料来源方便，制备容易，成本低。

⑤ 毒性小，易再生。

五、 催化剂的使用

催化剂的寿命长短及其作用的发挥和使用方法密切相关。正确的使用方法，不仅可以保证催化作用的正常发挥，而且还可以延长催化剂的使用寿命，使反应装置达到应有的生产能力。

1. 运输、储藏与装卸

(1) 装有催化剂的桶在运输时，要使用专门的工具和设备，应尽量轻轻搬运，严禁摔、碰、滚、撞击，以免催化剂破碎。如图1-20所示。

图1-20 催化剂的运输和储藏

(2) 催化剂的储藏要求防潮、防污染。绝大多数催化剂会因化学或物理原因吸收空气中的蒸汽，导致机械强度和活性降低。极少数催化剂（如预还原金属催化剂，某些金属有机化合物），遇水或与水作用会产生氢气，应干燥保存，放置在通风良好的库房中。多数催化剂是无机化合物，若包装密封良好，能储存数十年而性能不变。

(3) 催化剂的装填是非常重要的工作，装填的好坏对催化剂床层气流的均匀分布及降低床层的阻力、有效地发挥催化剂的效能有重要作用。装填催化剂时应注意以下问题。

① 装填前要检查催化剂是否破碎、受潮（装填前应增加烘干操作）、污染。

② 装填应保证催化剂机械强度不受损伤，即防止冲击破损。避免在一定高度以上自由坠落时，与反应器底部或已装填的催化剂发生碰撞而破碎。

③ 装填固定床需采用装填料斗（如图1-21所示），将颗粒均匀地填入反应器，保证床层各处有相同的空位率并且摊平。若为列管式反应器，各管填装催化剂后要有相同的压力降，保证在作业中流体物料均匀分布。

④ 对于大直径反应器内催化剂装填后耙平时，要防止装填人员直接践踏催化剂，应垫加木板。

催化剂的卸出注意事项。

① 当催化剂的活性衰退，不能再用，需卸出时，应用水蒸气或惰性气体将催化剂冷却到常温，再卸出。

② 不同种类或不同温区的催化剂，卸出后应分别收集，以便日后回收某些贵重金属。

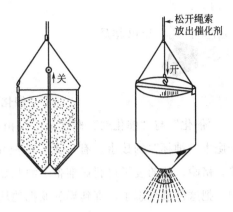

图 1-21　催化剂装填料斗

2. 催化剂的使用

① 防止已还原或已活化好的催化剂与空气接触。

② 原料必须净化除尘，减少毒物和杂质的影响。在使用过程中，避免毒物与催化剂接触。

③ 严格保持催化剂使用所允许的温度范围，防止催化剂床层局部过热，以致烧坏催化剂。催化剂使用初期活性较高，操作温度尽量控制低些；当活性衰退以后，可逐步提高操作温度。

④ 维持正常操作条件（如温度、压力、原料配比、流量等）的稳定，尽量减少波动。

⑤ 开车时要保持缓慢地升温、升压，温度、压力的突然变化易造成催化剂的粉碎。要尽量减少开、停车的次数。

3. 催化剂的活化

一般情况下，催化剂制造厂家常以未活化的催化剂包装作为成品。所以，催化剂在使用之前必须要经过活化处理，这是催化剂投入使用前的最后一道工序，也是催化剂形成活性结构的过程。

活化是将催化剂不断升温，在一定的温度范围内，使活性组分恢复其活性形态，达到生产的要求。

4. 催化剂的失活与再生

（1）失活　工业使用的催化剂随着运转时间的延长，催化剂的活性会逐渐降低，或者完全失去活性，这种现象叫催化剂失活。导致催化剂失活的原因较多，归纳起来有以下几种，即催化剂中毒、催化剂积炭与催化剂烧结等。失活有临时性失活和永久性失活两种。

$$失活\begin{cases}临时性失活：可经再生恢复活性\\永久性失活：经再生后仍不能恢复活性\end{cases}$$

（2）再生　对活性衰退的催化剂，采用物理或化学的方法使其恢复活性的过程，称为催化剂的再生。再生方法因催化剂性质、失活原因和毒物性质而异。只有临时性失活的催化剂才能进行再生处理，永久性失活的催化剂只能废弃，需更换新的催化剂。

　大家来讨论

催化剂的运输、储藏、装卸和使用应注意哪些问题？

"催化"概念的由来

"催化"与"催化剂"概念最早是由瑞典化学家贝采里乌斯提出的。100多年前，有个魔术"神杯"的故事。有一天，瑞典化学家贝采里乌斯在化学实验室忙碌地进行着实验。傍晚，他的妻子玛利亚准备了酒菜宴请亲友，祝贺他的生日。贝采里乌斯沉浸在实验中，把这件事全忘了，直到玛利亚把他从实验室拉出来，他才恍然大悟，匆匆地赶回家。一进屋，客人们纷纷举杯向他祝贺，他顾不上洗手就接过一杯蜜桃酒一饮而尽。当他自己斟满第二杯酒干杯时，却皱起眉头喊道："玛利亚，你怎么把醋拿给我喝！"玛利亚和客人都愣住了。玛利亚仔细瞧着那瓶子，还倒出一杯来品尝，一点儿都没错，确实是香醇的蜜桃酒啊！贝采里乌斯顺手把自己倒的那杯酒递过去，玛丽亚喝了一口，几乎全吐了出来，说道："甜酒怎么一下子变成醋啦?"客人们纷纷凑近来，观察着，猜测着这"神杯"发生的怪事。

贝采里乌斯发现，原来酒杯里有少量黑色粉末。他瞧瞧自己的手，发现手上沾满了在实验室研磨铂金时给沾上的铂黑。他兴奋地把那杯酸酒一饮而尽。原来，把酒变成醋酸的魔力是来源于铂金粉末，是它加快了乙醇（酒精）和空气中的氧气发生化学反应，生成了醋酸。

1836年，贝采里乌斯在《物理学与化学年鉴》杂志上发表了一篇论文，首次提出化学反应中使用的"催化"与"催化剂"概念。

任务六
认识化学反应器

用于进行化学反应的设备称为化学反应器。化学反应器是化工生产过程中的核心设备，它的结构类型和操作控制是生产中的关键问题。由于化学反应种类繁多，操作条件差别很大，物料的聚集状态也不一样，因此化工生产中反应器的类型是各种各样的。

一、化学反应器的分类

1. 按结构类型分

按反应器的外形和结构不同，可分为釜式、管式、塔式、固定床和流化床反应器等，如图1-22所示。

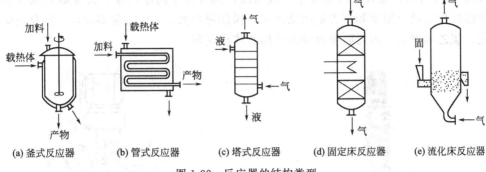

图 1-22　反应器的结构类型

2. 按反应物料的聚集状态分

按反应物料的聚集状态对反应器分类，如图 1-23 所示。

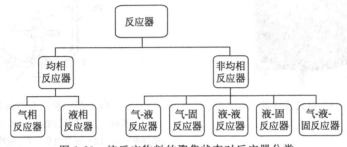

图 1-23　按反应物料的聚集状态对反应器分类

3. 按操作方式分

反应器
连续式：产品质量稳定、生产效率高、易于自动控制，适用于大规模生产
间歇式：劳动强度大、生产效率不高、不宜采用自动控制，适用于反应时间长、小批量和多品种的生产场合，例如精细化学品的生产
半连续式：适用于反应时间较长、产物浓度要求高的场合

二、 反应器应具备的条件

反应器种类繁多，各有其特点和用途，通常反应器应具备以下条件。

① 具有足够的体积，保证反应物有充分的反应时间，以达到规定的转化率。

② 具有良好的传质条件，便于控制反应物料的浓度，以利于生成更多的目的产物。

③ 具有良好的传热条件，便于移出或供给反应热，以利于控制反应温度。

④ 具有良好的机械强度和耐腐蚀性，以满足和适应反应条件的要求。

⑤ 具有合理的结构和可靠的操作方式，以适应生产的要求。

 大家来讨论

反应器是如何分类的？反应器应具备哪些条件？

三、 典型化学反应器

1. 釜式反应器

釜式反应器又称槽式反应器或反应釜，是各类反应器中结构较为简单且又应用广泛的一种，如图 1-24 所示。釜式反应器操作方式灵活，既可用于间歇操作，又可单釜或多釜串联用于连续操作，具有温度和压力适用范围宽、操作弹性大、适应性强等优点。酯化反应、甲苯硝化、氯乙烯聚合、丙烯腈聚合等均采用釜式反应器。

图 1-24　釜式反应器

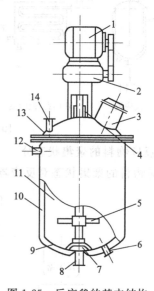

图 1-25　反应釜的基本结构

1—电动机；2—传动装置；3—人孔；4—密封装置；
5—搅拌器；6，12—夹套直管；7—搅拌器轴承；8—出料管；
9—釜底；10—夹套；11—釜体；13—顶盖；14—加料管

釜式反应器主要由釜体、搅拌器、换热装置和密封装置等构成，如图 1-25 所示。

釜体由筒体和底、盖（或称封头）组成，在釜体上还设有手孔或人孔、视镜及各种工艺接管口等，这些设置除出料管口外，一律都开在顶盖上。

搅拌器的作用是加强物料的均匀混合，以强化釜内的传热和传质过程。

换热装置用来加热或冷却反应物料，使之符合工艺要求的温度条件。

密封装置简称轴封，设置在静止的反应釜封头和转动的搅拌轴之间，以防止釜内物料泄漏。

2. 管式反应器

管式反应器由一根或多根管子串联或并联构成，如图 1-26 所示。其结构类型多样，主要有直管式、盘管式和多管式等。

管式反应器结构简单、比表面积大、返混小、反应物连续性变化、易于控制，适用于大型化和连续化的化工生产，如生产乙烯的管式裂解炉便是管式反应器。

3. 塔式反应器

塔设备除了广泛应用于精馏、吸收、解吸和萃取等物理过程外，它也可以作为反应器应用于气液相反应，如图 1-27 所示。按气液相接触形态不同，塔式反应器可分为填料塔反应器、板式塔反应器、膜式塔反应器、喷雾塔反应器和鼓泡塔反应器等。

在所有类型的塔式反应器中，应用最为广泛的是鼓泡塔反应器，如图 1-28 所示。在鼓泡塔反应器内，气体以小的气泡形式均匀分布，连续不断地通过气液反应层，保证了气液充分混合，反应良好。鼓泡塔反应器适用于缓慢化学反应和放热量大的情况，乙烯氧化制乙醛、石蜡和芳烃的氯化、苯的烷基化均采用鼓泡塔反应器。

图1-26　管式反应器

图1-27　塔式反应器

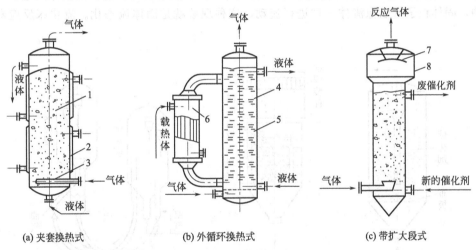

(a) 夹套换热式　　　　(b) 外循环换热式　　　　(c) 带扩大段式

图1-28　简单鼓泡塔反应器示意图

1,4—塔体；2—夹套；3—气体分布器；5—挡板；6—塔外换热器；7—除沫器；8—扩大段

4. 固定床反应器

流体通过静止的固体颗粒形成的床层而进行化学反应的设备称为固定床反应器，如图1-29所示。固定床反应器广泛用于催化反应，其中，以气态的反应物料通过由固体催化剂构成的床层进行反应的气-固相固定床催化反应器应用最为广泛。

固定床催化反应器反应速率较快、转化率高、催化剂不易磨损，适用于高温高压条件下操作。同时，它也存在一些缺点：固定床传热性能较差；不能使用细粒催化剂；催化剂的再生、更换均不方便。

但是，固定床催化反应器的缺点可通过改进结构和操作而加以克服，其优点还是显著的，因此在化学工业中得到了广泛的应用。例如，石油催化重整、催化加氢等，乙烯氧化制环氧乙烷、乙烯水合制乙醇、乙苯脱氢制苯乙烯等都用到固定床催化反应器。

5. 流化床反应器

利用气体或液体通过颗粒状固体层而使固体颗粒处于悬浮运动状态，并进行气-固相反应

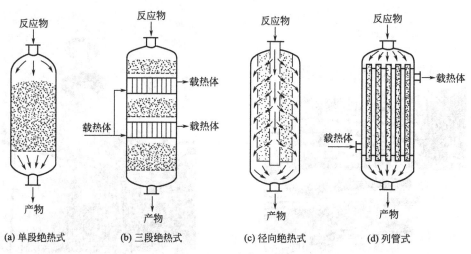

图 1-29　固定床反应器

或液-固相反应的反应器，称为流化床反应器。在用于气-固系统时，又称沸腾床反应器。在流化床中，固体粒子可以像流体一样进行流动，这种现象就是固体流态化。流化床反应器见图1-30。

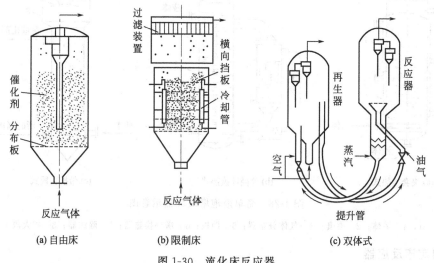

图 1-30　流化床反应器

与固定床反应器相比，流化床反应器能实现固体物料的连续输入和输出，特别适用于强放热反应，便于进行催化剂的连续再生和循环操作。但是，流化床由于气流和固体颗粒间的剧烈搅动，也产生一些缺点。如：返混严重，使反应转化率下降，选择性变差；催化剂加速粉化，流失大。流化床反应器在化学工业中也有着广泛的应用。例如，石油催化裂化、萘氧化制苯酐、醋酸乙烯的合成、丙烯腈的合成等都用到流化床反应器。

　大家来讨论

典型的化学反应器有哪些？它们各自的特点和用途如何？

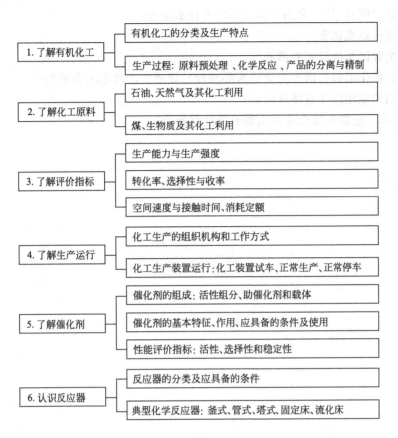

项目小结

```
1. 了解有机化工 ── 有机化工的分类及生产特点
              └─ 生产过程：原料预处理、化学反应、产品的分离与精制

2. 了解化工原料 ── 石油、天然气及其化工利用
              └─ 煤、生物质及其化工利用

3. 了解评价指标 ── 生产能力与生产强度
              ├─ 转化率、选择性与收率
              └─ 空间速度与接触时间、消耗定额

4. 了解生产运行 ── 化工生产的组织机构和工作方式
              └─ 化工生产装置运行：化工装置试车、正常生产、正常停车

5. 了解催化剂 ── 催化剂的组成：活性组分、助催化剂和载体
            ├─ 催化剂的基本特征、作用、应具备的条件及使用
            └─ 性能评价指标：活性、选择性和稳定性

6. 认识反应器 ── 反应器的分类及应具备的条件
            └─ 典型化学反应器：釜式、管式、塔式、固定床、流化床
```

 思考与练习

一、填空题

1. 有机化工的生产过程包括_____、_____、_____三个基本环节。

2. 物料衡算的理论依据是_____，能量衡算的理论依据是_____。

3. 固体催化剂由_____、_____和_____三部分组成。

4. 催化剂的主要性能评价指标是_____、_____和_____。

5. 催化剂的失活分为_____和_____两种。

6. 化工装置试车分为_____、_____、_____和_____四个阶段。

7. 化学反应器按结构类型不同分为_____、_____、_____、_____和_____；按反应物料的聚集状态不同分为____和____；按操作方式不同分为____、____和_____。

二、讨论题

1. 石油的主要加工方法有哪些？可以得到哪些油品？

2. 天然气的主要成分是什么？什么是干气、湿气？

3. 煤的化工利用有哪些途径？可以得到哪些产品？

4. 单机试车、联动试车的对象、任务和目的分别是什么？

5. 什么是"倒开车"？采用"倒开车"有什么优点？

6. 如何进行单机试车？

7. 化工装置试车的原则有哪些？

8. 什么是催化剂的失活？失活分为哪两种？导致失活的原因有哪些？

9. 催化剂的使用应注意哪些问题？

10. 固定床反应器和流化床反应器有哪些优缺点？

项目二

甲醇生产

🎯 **学习目标**

- 了解甲醇的物化性质、用途及生产方法;
- 掌握低压法合成甲醇的合成原理、影响因素及工艺流程; 掌握甲醇精制工艺流程;
- 掌握甲醇反应器的结构与特点;
- 了解甲醇生产装置的开停车和运行操作;
- 能应用反应原理确定工艺条件;
- 能判断并处理生产运行中的异常现象;
- 能完成甲醇合成工段冷态开车、正常停车、紧急停车和事故处理仿真操作;
- 能在生产过程中实施安全环保和节能降耗措施。

【认识产品】

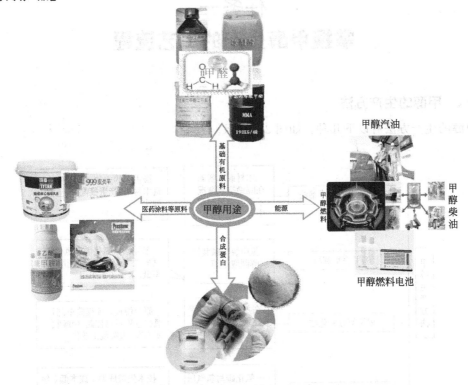

图 2-1　甲醇的用途

　　甲醇是最简单的饱和一元醇,是重要的基本有机化工原料和清洁液体燃料,是 C_1 化学的母体,广泛应用于有机合成、农药、医药、涂料、染料、汽车和国防工业等领域(图 2-

1)，其产量仅次于乙烯、丙烯和苯，居第四位。图 2-2 为甲醇生产的工业装置。

图 2-2　甲醇生产的工业装置

任务一
掌握甲醇生产的工艺流程

一、甲醇的生产方法

甲醇的生产方法有以下几种，如图 2-3 所示。

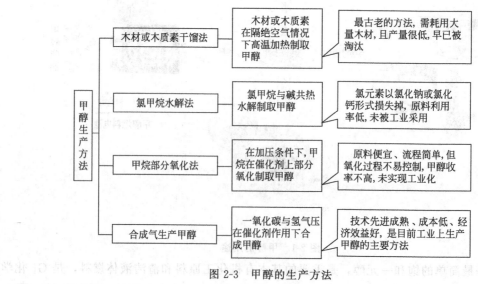

甲醇生产方法			
	木材或木质素干馏法	木材或木质素在隔绝空气情况下高温加热制取甲醇	最古老的方法，需耗用大量木材，且产量很低，早已被淘汰
	氯甲烷水解法	氯甲烷与碱共热水解制取甲醇	氯元素以氯化钠或氯化钙形式损失掉，原料利用率低，未被工业采用
	甲烷部分氧化法	在加压条件下，甲烷在催化剂上部分氧化制取甲醇	原料便宜、流程简单，但氧化过程不易控制，甲醇收率不高，未实现工业化
	合成气生产甲醇	一氧化碳与氢气压在催化剂作用下合成甲醇	技术先进成熟、成本低、经济效益好，是目前工业上生产甲醇的主要方法

图 2-3　甲醇的生产方法

合成气生产甲醇的原料有天然气、石脑油、重油、煤炭及其加工产品（焦炭、焦炉煤气）、乙炔尾气等，目前以煤炭、天然气、焦炉气三者并举，我国以煤炭为主，这种结构符合我国油气资源不足、煤炭资源相对丰富的国情。

甲醇的生产过程，无论采用何种原料和技术路线，大致可分为以下几个工序，如图 2-4 所示。

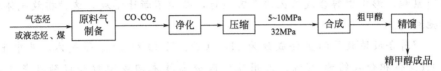

图 2-4　甲醇生产流程

二、甲醇合成工艺流程

合成气生产甲醇的合成方法有高压法、低压法和中压法三种，几种合成方法的比较见表 2-1。

表 2-1　工业甲醇合成方法的比较

生产方法	高压法	低压法	中压法
催化剂	锌铬氧化物作催化剂	铜基催化剂	铜基催化剂
操作压力	25～33MPa	5～10MPa	10～25MPa
操作温度	380～400℃	230～270℃	250～300℃
特点	生产能力大，单程转化率高，操作压力、温度高，副产物多	选择性高，粗甲醇杂质含量少，精制甲醇质量高，设备庞大，不紧凑	处理量大，综合高低压法优点
技术先进性	技术成熟，已被中低压法替代	技术成熟，纯度高	技术成熟，纯度高
安全性	操作条件苛刻，压力高，不易控制	开车简单，操作稳定	操作稳定
能量消耗	能耗高	充分利用反应热	节省了动力消耗
经济性	成本高	成本低	投资大

虽然各种合成方法不同，但都有共同的基本步骤，如图 2-5 所示。

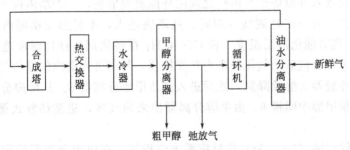

图 2-5　甲醇合成工序的原则流程

知识链接

弛放气

甲醇合成存在许多副反应，这些副反应生成了大量的惰性气体并在系统中不断累积，影响甲醇合成工况的正常运行，必须不断地排放，这种排放气体称为弛放气。

甲醇合成弛放气的主要成分为 H_2、CO、H_2O 和 CH_4 等气体，其中 H_2 和 CH_4 体积分数约为 90%。采用气体膜分离技术回收甲醇合成弛放气中的 H_2，能达到增产甲醇和节能减排的双重目的。

1. 高压法工艺流程

高压法合成甲醇的工艺流程如图 2-6 所示。

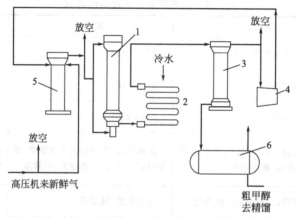

图 2-6　高压法合成甲醇的工艺流程

1—合成塔；2—水冷凝器；3—甲醇分离器；4—循环压缩机；
5—油水分离器；6—粗甲醇中间槽

由多段合成压缩机送来的新鲜原料气与循环压缩机 4 送来的循环气同时进入油水分离器 5，油污、水雾及羰基化合物等杂质在此被除去，然后分两路进入甲醇合成塔 1，一路经主线（主阀）由塔顶进入并沿塔壁与内件之间的环隙流至塔底，再经塔内件下部的热交换器预热后，进入分气盒。另一路经副线（副阀）从塔底进入，不经热交换器而直接进入分气盒（生产中用副阀来调节催化剂层温度，使 CO 和 H_2 在催化剂的活性温度范围内合成甲醇）。在甲醇合成塔 1 进行反应后的气体经塔内热交换器，与刚进入塔内的原料气换热降温，出塔后进入喷淋式水冷凝器 2 继续降温，然后进入高压甲醇分离器 3。从甲醇分离器出来的液体甲醇减压后进入粗甲醇中间槽 6。由甲醇分离器出来的气体，送至往复式循环压缩机 4，加压使气体循环。

为了避免惰性气体（N_2、Ar）在反应系统中积累，在甲醇分离器后设有放空管，必须将部分循环气从中排出，使其中的惰性气体维持在 15%～20%。

大家来讨论

1. 高压法工艺流程中为什么要设置油水分离器？能否将其设置在压缩机前？

2. 为什么要采用循环流程？新鲜气的补入为什么不设在合成塔出口处或甲醇分离之前？

2. 低压法工艺流程

自从英国 ICI 公司和德国鲁奇(Lurgi)公司分别于 1966 年和 1971 年成功开发低压合成甲醇技术以来，极大地促进了世界甲醇工业的发展。目前甲醇合成技术主要以低压合成技术为主，高压合成技术正被逐渐淘汰。

(1) ICI 低压甲醇合成工艺流程　ICI 低压甲醇合成工艺是甲醇生产工艺上的一项重大变革，其工艺流程如图 2-7 所示。

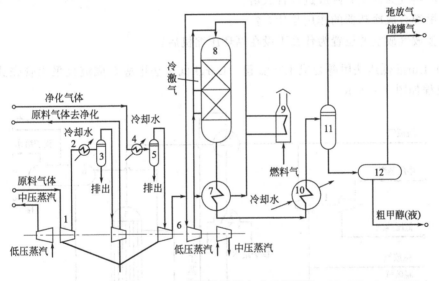

图 2-7　ICI 低压法甲醇合成工艺流程

1—原料气压缩机；2,4—冷却器；3,5—分离器；6—循环气压缩机；7—热交换器；8—甲醇合成塔；
9—开工加热炉；10—甲醇冷凝器；11—甲醇分离器；12—中间储槽

合成原料气经原料气压缩机 1 第一、二段升压后分成两股，大部分送去脱碳，降低 CO_2 含量后，再与未脱碳的小部分汇合，然后经冷却器 4、分离器 5 后进入原料气压缩机 1 第三段加压，得到合成用新鲜原料气。新鲜原料气与分离甲醇后的循环气混合后进入循环气压缩机 6。此混合气分两股进入甲醇合成塔 8，大部分进入热交换器 7 与从合成塔出来的反应气体换热，从合成塔顶部进入催化剂床层进行甲醇合成反应。另一小部分不经预热作为合成塔各层催化剂冷激用，以控制合成塔内催化剂床层温度，根据生产的需要，可将催化剂分为多层（三、四或五层），各催化剂层的气体进口温度，可用向热气流中喷入冷的未反应的气体（即冷激气）来调节。出合成塔的反应气中含甲醇 3.5%～4%。从合成塔底部出来的反应气体与入塔原料气换热后进入甲醇冷凝器 10，绝大部分甲醇蒸气在此被冷凝冷却，最后由甲醇分离器 11 分离出来粗甲醇，减压后进入粗甲醇中间储槽 12。未反应的气体循环使用。

　　为使系统中惰性气体含量维持在11%～12%，甲醇分离器后设有放空装置。催化剂升温还原时需用开工加热炉9。

　　ICI低压法合成甲醇多以天然气为原料，也有以石脑油和乙炔尾气为原料的，其特点如下。

　　① ICI工艺采用ICI51-1型铜基催化剂，操作温度230～270℃，粗甲醇中杂质含量低，精馏负荷减轻。

　　② 离心压缩机排气压力仅为5MPa，设计制造容易。而且，驱动蒸汽透平所用蒸汽的压力为4～6MPa，压力不高，因此蒸汽系统较简单。动力能耗降低。

　　③ 采用多段冷激式合成塔，结构简单，催化剂装卸方便。

 大家来讨论

　　1. 原料气为什么分两股进入合成塔？

　　2. 甲醇合成冷却器的作用是什么？

　　3. 弛放气放空的位置为什么不设在循环压缩机后？

　　（2）Lurgi低压法甲醇合成工艺流程　　Lurgi低压法甲醇合成流程采用管壳式反应器，其工艺流程如图2-8所示。

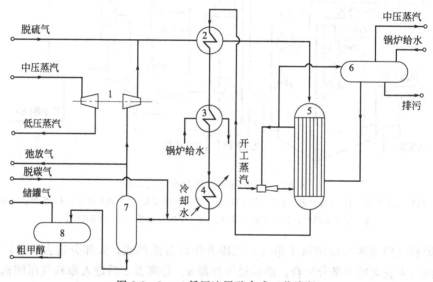

图2-8　Lurgi低压法甲醇合成工艺流程

1—透平循环压缩机；2—热交换器；3—锅炉水预热器；4—水冷却器；

5—甲醇合成塔；6—汽包；7—甲醇分离器；8—粗甲醇储槽

　　来自合成气压缩机的甲醇合成气与循环气以1∶5的比例混合，混合气在热交换器2中与反应后气体换热，然后进入管壳型甲醇合成塔5，在催化剂作用下进行合成反应，反应热传给壳程中的水，产生的蒸汽进入汽包6，出塔气体含甲醇7%左右，依次经热交换器2、锅炉水预热器3、水冷却器4分别冷却，冷凝的粗甲醇经甲醇分离器7分离。分离粗甲醇后的气体适当放空，控制系统中的惰性气体含量。这部分放空气体用作为燃料，大部分气体进入透平循环压缩机1加压返回合成塔。合成塔副产的蒸汽及外部补充的高压蒸汽一起进入过热器加热，带动透平压缩机，透平后的低压蒸汽作为甲醇精馏工段所需热源。

Lurgi 低压法合成甲醇的催化剂装在管内，反应热由管间的沸腾水带走，并副产高压蒸汽，其特点如下。

① 反应热以高压蒸汽形式被带走，用以驱动透平压缩机。

② 催化剂温度分布均匀，有利于提高甲醇产率，抑制副反应的发生和延长催化剂使用寿命。

③ 合成反应器在低负荷或短时间局部超负荷时也能安全操作，催化剂不会发生过热现象。

动笔画一画

1. 画出 ICI 低压法甲醇合成工艺流程框图。
2. 画出 Lurgi 低压法甲醇合成工艺流程框图。

3. 中压法工艺流程

中压法合成甲醇是在低压法基础上开发的合成甲醇的方法，该法成功地解决了高压法的压力过高对设备、操作所带来的问题，同时也解决了低压法生产甲醇所需生产设备体积过大、生产能力小、不能进行大型化生产的困惑，有效降低了建设费用和甲醇生产成本。该法的关键在于使用了一种新型铜基催化剂（Cu-Zn-Al），综合利用指标要比低压法更好。其工艺流程如图 2-9 所示。

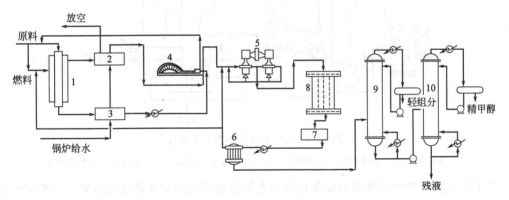

图 2-9　中压法甲醇合成工艺流程

1—转化炉；2，3，7—换热器；4—压缩机；5—循环压缩机；
6—甲醇冷凝器；8—甲醇合成塔；9—粗分离塔；10—精制塔

合成气原料在转化炉1内用燃料燃烧加热，转化炉内填充镍催化剂。从转化炉出来的气体进行热量交换后送入合成气压缩机4，经压缩与循环气一起，在循环压缩机5中预热，然后进入合成塔8。合成塔为冷激型塔，回收合成反应热产生中压蒸汽。出塔气体预热进塔气体，然后冷却，将粗甲醇在甲醇冷凝器6中冷凝出来，气体大部分循环，粗甲醇在粗分离塔9和精制塔10中，经蒸馏分离出二甲醚、甲酸甲酯及杂醇油等杂质即得精甲醇产品。

 大家来讨论

1. 中压法合成甲醇工艺有哪些改进措施？
2. 本流程中粗分离塔和精制塔的作用是什么？

三、 粗甲醇精馏工艺流程

从合成工序来的粗甲醇组分很复杂，除了甲醇、水外，还包括醛、酮、醚、酯、烷烃、羰基铁等十几种微量有机杂质。为了获得符合标准的高纯度甲醇，需要通过精馏工艺除去粗甲醇中所含的杂质。

目前，粗甲醇的精馏主要有双塔精馏工艺和三塔精馏工艺。

1. 双塔精馏工艺流程

该流程操作控制较为简单，精甲醇质量也较容易保证，但是蒸汽及冷却水消耗较高。其工艺流程如图 2-10 所示。

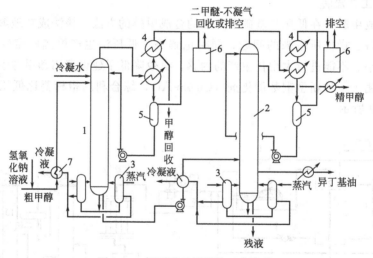

图 2-10　粗甲醇双塔精馏工艺流程

1—预精馏塔；2—主精馏塔；3—再沸器；4—冷凝器；5—回流器；6—液封槽；7—热交换器

为了防止粗甲醇中有机酸对设备的腐蚀及促进胺类及羰基化合物的分解，在粗甲醇进入热交换器 7 前，加入少量浓度为 8%～10%的 NaOH 溶液，使经预精馏后的甲醇呈弱碱性（pH＝8～9）。

加碱后的粗甲醇经热交换器 7 预热后，进入预精馏塔 1，此塔为常压萃取精馏塔。在塔顶或回流槽中加入相当于粗甲醇进料 20%～30%的水，以水作为萃取剂将粗甲醇进料中所含的非水溶性组分与甲醇分离。为了提高预精馏塔后甲醇的稳定性，并尽可能回收甲醇，塔顶采用两级冷凝器。塔顶蒸气经冷凝器 4 冷凝后的大部分甲醇、水及少量杂质留在液相流入回流器 5，作为回流返回预精馏塔，二甲醚、不凝气及少量的甲醇、水由塔顶液封槽 6 放空或回收作燃料。

预精馏塔底含水,甲醇则由泵送至热交换器7,再送至主精馏塔2,在该塔内实现甲醇与杂醇、水及残余的轻组分分离。主精馏塔操作压力稍高于预精馏塔,但也可以认为是常压操作,塔顶蒸气经冷凝器4冷却,冷凝液流入回流器5,再经回流泵加压送至塔顶进行全回流。极少量的轻组分与少量甲醇经塔顶液封槽6溢流后,不凝部分排入大气。精甲醇在塔顶自上往下数第5～8层塔板中采出。根据精甲醇质量情况调节采出口。经精甲醇冷却器冷却送至成品槽,塔底含微量甲醇及其他重组分的水送往水处理系统。

2. 双效法三塔精馏工艺流程

三塔精馏流程与双塔流程相比较,其主要区别在于三塔流程采用两个主精馏塔,一个加压操作,一个常压操作,用加压塔塔顶蒸气冷凝热作常压塔底再沸器热源,从而可减少蒸汽消耗和冷却水消耗,能耗比双塔流程低10%～20%。双效法三塔精馏工艺流程如图2-11所示。

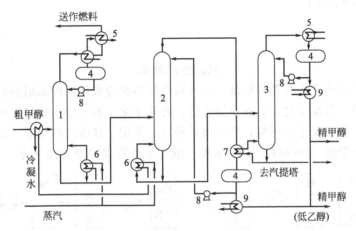

图 2-11　双效法三塔粗甲醇精馏工艺流程

1—预精馏塔;2—加压塔;3—常压塔;4—回流槽;5—冷凝器;
6—再沸器;7—冷凝再沸器;8—回流泵;9—冷却器

来自甲醇合成工序的粗甲醇,进入粗甲醇预热器加热,然后进入预精馏塔1除去其中残余溶解气体及低沸物。塔顶设置两个冷凝器5,将离开塔顶蒸气中的甲醇大部分冷凝下来进入预精馏塔回流槽4,经预精馏塔回流泵8送入预精馏塔塔顶作回流。不凝气、轻组分及少量甲醇蒸气通过压力调节后至加热炉作燃料。

预精馏塔底部出来的甲醇液由加压塔给料泵加压后送入加压塔2,塔顶蒸出的甲醇蒸气进入常压塔冷凝再沸器7,甲醇蒸气冷凝热作为常压精馏塔的操作热源,出冷凝再沸器的精甲醇液进入加压塔回流槽4,一部分精甲醇由加压塔回流泵加压后送入加压精馏塔,其余部分经精甲醇冷却器9冷却后送至精甲醇中间槽。

加压精馏塔底部出来的甲醇液送至常压塔3,在此脱除水及高级醇等杂质。蒸出的甲醇蒸气由常压塔冷凝器5冷凝后进入常压塔回流槽4,再经常压塔回流泵8加压,一部分精甲醇打入常压塔回流,其余部分经冷却器9冷却后送至精甲醇中间槽。

精甲醇中间槽的产品化验合格后送去甲醇库。

常压精馏塔侧线采出的杂醇油冷却后送入甲醇库的杂醇储槽。

常压精馏塔底排出的含有微量甲醇和其他高沸点醇的水经汽提塔进料泵加压后进入废水汽提塔,以提高甲醇蒸馏的回收率,汽提塔排出的废液由废液泵送生化处理装置。

三塔流程的特点是:能生产高纯度无水甲醇(甲醇含量可达到99.95%),同时不增加甲醇的损失量，甲醇回收率可达 99％以上；在不增加甲醇损失量的基础上，从甲醇产品中分出有机杂质，特别是乙醇，能合理利用热能。

大家来讨论

1. 预精馏塔内为什么要加水？
2. 加碱对甲醇精馏有何改善？

知识拓展

联醇生产技术

与合成氨联合生产甲醇简称联醇，是针对我国不少合成氨生产采用铜氨液脱除微量碳氧化物而开发的一种新工艺，具有中国特色。近几年来，不少中小化肥厂为了做到以化肥为中心，既生产氨，又生产甲醇，实现多种经营，采用了联醇生产路线。目前联醇产量约占我国甲醇总产量的 40％左右。国内氮肥厂联醇生产流程如图 2-12 所示。

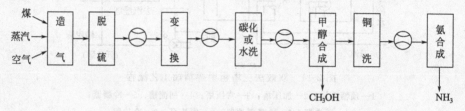

图 2-12　合成氨联产甲醇工艺流程

我国合成氨联产甲醇流程的特点为：可充分利用现有中小合成氨生产装置，只要增添甲醇合成与精馏两部分设备就可生产甲醇。其中甲醇合成系统可利用合成氨系统中更新改造后搁置不用的原合成工序的设备，从 30MPa 降压至 12MPa 使用，因此投资省。

联产甲醇后，全系统有明显经济效益。进入铜洗工序的气体一氧化碳含量降低，减轻了铜洗负荷；变换工序一氧化碳指标适量放宽，降低了变换的蒸汽消耗；压缩机前几段气缸输送的一氧化碳成为有效气体，压缩功单耗降低。仅此数项，可使每吨氨节省电 50 度，节省蒸汽 0.4t，折合能耗 20 亿焦耳。因此，不少中小型氨厂逐步发展为联产甲醇，多数联醇工厂醇氨产量比以 1∶8 逐步发展为 1∶4 甚至 1∶2。

联醇装置从建设到投产相对是比较容易的，因此投资回收期短，但联醇装置的建立与操作有许多技术性问题，特别是操作。不少工厂的生产实践经验表明，联醇装置优化操作不容易。最突出的问题有三个：一是脱硫问题，脱硫不净，催化剂中毒寿命短，更换频繁；二是合成塔问题，设计不佳，床层温度易失控，造成催化剂过快衰老；三是产品质量问题，联醇的精甲醇产品质量逊于单醇，特别是在碱性、臭味与水互溶性指标上逊于单醇法。因此，必须要在脱硫、合成、精馏等工序上采取相应的措施。

任务二
认识甲醇合成生产的
反应设备

甲醇合成是甲醇生产的关键工序，甲醇合成塔又是合成工序的关键设备。严格控制反应温度并及时有效地移走反应热是甲醇合成反应器设计和操作的关键问题。从操作、结构、材料及维修等方面考虑，对甲醇合成反应器的基本要求如下。

① 在操作上，要求催化剂床层的温度易控制，调节灵活，合成反应转化率高，催化剂的生产强度大，能以较高能位回收反应热，床层中气体分布均匀，压降低。

② 在结构上，要求简单紧凑，高压空间利用率高，催化剂装卸方便。

③ 在材料上，要求具有抗羰基化合物及抗氢脆的能力。

④ 在制造、维修、运输、安装上要求方便。

甲醇合成反应器的结构类型较多，根据反应热移出方式不同可分为绝热式和等温式两大类；按照冷却方式不同可分为直接冷却的冷激式和间接冷却的列管式两大类。

一、 ICI 多段冷激型甲醇合成反应器

1. 反应器结构

ICI 冷激型甲醇合成塔如图 2-13 所示。它是针对使用 51-1 型铜基催化剂时的空产率低、催化剂用量大、床层控温困难、催化剂易失活等缺陷而开发的一种绝热型轴向流动的低压合成反应器，由塔体、气体喷头、菱形分布器等组成。塔体为单层全焊结构，所用材料抗氢蚀能力、抗拉强度及焊接性能均良好。气体喷头由四层不锈钢圆锥体组焊而成，固定于塔顶气体入口处，使气体均匀分布于塔内，这种喷头具有防止气流冲击催化床而损坏催化剂的特性，因此可使催化剂免遭损坏。菱形分布器埋于催化床中，并沿着床层不同高度的平面上各安装一组，全塔共装三组，它使冷激气体和反应气体均匀混合，以调节催化床层的温度，是全塔最关键的部件。

2. 反应器的优点

① 结构简单，塔内未设置电加热器或换热器，催化剂利用效率较高；由于采用菱形分布器，保证了反应气体和冷激气体的均匀混合，使同一床层温差控制变得容易；

② 适用于大型化甲醇装置，易于安装维修；

③ 高活性、高选择性催化剂选择余地大，可使用国内外生产

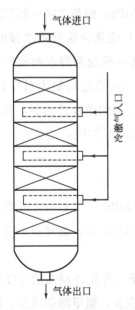

图 2-13　ICI 冷激型合成塔

气体进口

冷激气入口

气体出口

的多种型号催化剂，如美国 UCIC79-2 和 G106 催化剂，ICI 生产的 ICI51-1、51-2、51-3 催化剂，西南化工研究院开发的 C302 和兰州石化研究院生产的 NC 系列催化剂等。

3. 反应器的缺点

① 床层温度随其高度的变化而不同，床温度波动较大，致使不同高度的催化剂活性不同，催化剂的整体活性不能有效发挥，其时空产率和经济效益表现较低；温度控制不好时，易导致催化剂局部过热而影响催化剂的使用寿命；

② 反应器结构松散，出口的甲醇浓度低，导致大部分原料气不能参与合成反应，必须保持 10 倍左右的循环气量，压缩功能耗高（约占总能耗的 24%），同时相同产能的反应器体积比 Lurgi 反应器大，其一次性投资也比 Lurgi 的多；

③ 能源利用不合理，不能回收反应热，产品综合能耗较高；

④ 催化剂时空产率不高，用量大。

 大家来讨论

1. ICI 冷激型合成塔的主要部件有哪些？

2. ICI 冷激型合成塔是如何移走反应热的？

二、 Lurgi 公司管壳型甲醇合成反应器

1. 反应器结构

德国 Lurgi 公司开发设计的管壳型甲醇合成反应器是一种轴向流动的低压反应器，如图 2-14 所示。该反应器采用管壳型结构，操作条件是：压力 5.2～7MPa，温度 230～255℃。反应器内部类似列管式换热器，列管内装催化剂，管外为沸腾水，反应热很快被沸水移走。两种气体分别呈轴向流动。合成塔壳程的锅炉水是自然循环的，通过控制沸腾水的蒸汽压力，可以保持恒定的反应温度。这种合成塔温度几乎是恒定的，从而有效地抑制了副反应，延长了催化剂的使用寿命。该塔使用高含量铜基催化剂时，可达到较高的单程转化率，其最大生产能力为 1500t/d。根据国内应用的情况来看，大部分催化剂均可使用，对生产影响不大。

2. 反应器的优点

① 热量利用合理，可副产大量低压蒸汽，每吨甲醇最大可产 4MPa 蒸汽 1.4t，可用于驱动离心式压缩机，也可用于天然气、蒸汽转化，满足甲醇装置的蒸汽需求，装置投产后不需外供蒸汽；

② 合成反应几乎是在等温条件下进行，反应器除去有效的热量，可允许较高的 CO 气体，采用低循环气流限制了最高反应温度，使反应等温进行，副反应少，粗甲醇杂质少，用双塔精馏技术精制即可达到国家标准；

③ 催化剂床层温度容易控制，不同床层的温差较小，操作平稳；

④ 出口甲醇浓度较高（甲醇含量约 7%），总的循环气量比 ICI 几乎少 1/2；

⑤ 相同产能下，催化剂用量较少。

3. 反应器的缺点

① 其壳体和管板、反应管之间采用焊接结构，为消除热应力，对塔体的制造、材料要求均比较高，结构复杂，制造难度大，维护成本高；

② 因采用列管式，列管占用了反应器大量的空间，使得催化剂的装填量仅占反应器的 30%；

③ 由于管内外传热温差较小，所需传热面积大，比冷面积达 $125m^2/m^3$；

④ 该反应器用副产蒸汽直接从催化剂床层移热，由于受蒸汽压力限制，在催化剂后期难以提高使用温度；

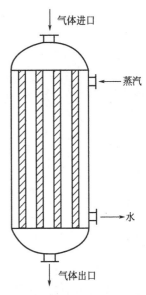

气体进口

蒸汽

水

气体出口

图 2-14　Lurgi 管壳型合成塔

⑤ 限于列管长度，扩大生产时，只能增加列管数量，扩大反应器的尺寸，生产操作弹性较小。

 大家来讨论

1. Lurgi 管壳型合成塔是如何移走反应热的？
2. 比较 ICI 冷激型合成塔与 Lurgi 管壳型合成塔的特点。

三、绝热-管壳型甲醇合成反应器

1. 反应器结构

绝热-管壳式甲醇反应器由华东理工大学开发成功，已经获得了专利。该反应器是基于 Lurgi 列管式反应器的改进型并有一定创新，它的关键部分为管板上列管的焊接、壳程热水与蒸汽的热力循环等。反应器上管板焊接于反应器上部，将反应器分割成两个部分：上管板上面堆满催化剂，为绝热反应段；上、下管板用装满催化剂的列管相连接，为管壳外冷反应段，如图 2-15 所示。

进塔气由上部进气口进入反应器，由气体分布器先经过绝热段催化剂床层，再流经管内催化剂床层，反应放出热量，反应热被壳程沸腾水吸收，副产中压蒸汽。反应后气体由下部气体出口排出。

2. 反应器的特点

① 适应单系列大型化或并联双系列超大型化甲醇生产装置。

② 能量利用合理，副产中压蒸汽，可回收高位能量。

③ 全塔几乎处在等温反应条件下操作，其温度由蒸汽压力控制，操作方便，操作弹性大；催化剂生产强度大，时空收率高。

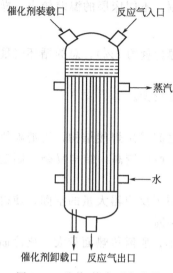

催化剂装载口　　　反应气入口

蒸汽

水

催化剂卸载口　反应气出口

图 2-15　绝热-管壳型合成器

④ 温度控制合理、优化，催化剂床层不会出现超温，催化剂使用寿命长，运转周期长。

⑤ 床层温度控制好，副反应少，催化剂选择性好，粗甲醇产品质量好。

⑥ 催化剂装卸方便；催化剂还原时，只需将原通过冷却介质侧改通蒸汽加热即可，十分方便。

⑦ 合成塔阻力小，减少了壁效应对反应的不良影响。

大家来讨论

1. 甲醇合成反应对合成反应器的材质有什么要求？

2. 甲醇合成塔的发展方向是什么？

3. 甲醇合成生产中还有哪些主要设备？

知识拓展

低压气冷型均温甲醇合成塔

气冷均温型合成塔将原料气加热和反应过程中移热结合，反应器和换热器结合连续移热，同时起到缩小设备体积和减少催化剂层温差的作用，实现达到"均温、高效、易大型化"的目标。其结构如图 2-16 所示。合成塔兼具冷激型甲醇塔结构简单、催化剂装填系数大和 Lurgi 管壳型甲醇塔床层温差小、合成效率高的优点，在同样生产能力下其设备规模比上述两种塔型都要小。

该低压均温型甲醇合成塔是杭州林达公司研发的，不同于现有国外甲醇合成塔的全新反应器结构，具有多项独特的创新技术，申请了包括 PCT 国际专利、欧洲专利、俄罗斯专利（已授权）、美国专利（已授权）等在内的国内外专利，至今已有 18 项授权的国内外专利，已在多个厂家投产运行，效果优良，并获得了 2004 年度国家技术发明奖。其技术优势如下。

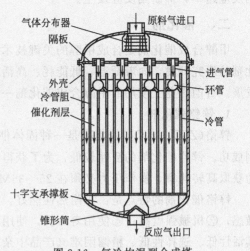

图 2-16　气冷均温型合成塔

1. 发明了独特的大小两种弯头的双 U 形管冷管胆结构作为换热元件。小弯头 U 形管套在大弯头 U 形管内构成一对双 U 形管，双 U 形管中大小弯头 U 形管反向排列套装，气体在每两根相邻冷管内上下流动，方向均为逆流，达到催化剂层等温均温反应的目的，温差低达 10℃。

2. 开发了全自由伸缩复合密封结构，环管位于催化剂上方的自由空间，双 U 形管位于催化剂层中，冷管没有焊接点，结构可靠。

3. 气冷型甲醇合成塔采用气-气传热，能保证长周期稳定运行，不会出现水冷反应器因管子泄漏而引起装置全面停产。

4. 性价比高，制造周期短，合成塔投资省。

5. 合成塔的另一种类型为上下双环管结构，上环管连接进气管和下行冷管，下环管连接下行冷管和上行冷管，可根据不同原料气组成调节上下行冷管比例，从而实现对合成塔结构的优化。

任务三
了解化工主产过程的评价指标

一、反应原理

一氧化碳与氢气在合成塔中发生如下反应：

$$CO + 2H_2 \rightleftharpoons CH_3OH$$

如有二氧化碳存在，可发生如下反应：

$$CO_2 + 3H_2 \rightleftharpoons CH_3OH + H_2O$$

除上述主反应外，还伴随一些副反应的发生，生成烃类、甲醛、甲醚、高级醇、酸、酯、碳和水等副产物。

由于一氧化碳和氢气合成甲醇的反应是强放热的体积缩小的反应，降低反应温度和提高反应压力有利于生产甲醇，但同时也有利于副反应发生。因此，为了主反应正常进行，同时也尽量避免副反应发生，必须选择性能良好的催化剂，严格控制反应条件，从而提高主反应的反应速率，抑制副反应发生。

二、 催化剂

甲醇合成催化剂是合成甲醇的关键技术之一，随着甲醇工业的快速发展，对甲醇合成催化剂的研究开发，向着低温、低能耗、高活性、高选择性、高热稳定性和高机械强度的方向发展。目前工业上使用的甲醇合成催化剂一般可分为锌铬催化剂和铜基催化剂两类。

1. 锌铬催化剂

锌铬（ZnO/Cr_2O_3）催化剂是一种固体催化剂，由德国 BASF 公司于 1923 年首先开发研制成功。锌铬催化剂的活性较低，为了获得较高的催化活性，操作温度必须在 380～400℃。为获取高转化率，操作压力必须在 25～35MPa，因此被称为高压催化剂。

锌铬催化剂的特点是：①耐热性能好，能忍受温差在 373℃ 以上的过热过程；②对硫不敏感；③机械强度高；④使用寿命长，使用范围宽，操作控制容易；⑤与铜基催化剂相比，其活性低、选择性低、精馏困难（产品中杂质复杂）。

由于在这类催化剂中 Cr_2O_3 的质量分数高达 10%，故成为铬的重要污染源之一。铬对人体是有毒的，目前该类催化剂已逐步被淘汰。

2. 铜基催化剂

铜基催化剂是一种低温低压甲醇合成催化剂，其主要组分为 $CuO/ZnO/Al_2O_3$（Cu-Zn-Al），由英国 ICI 公司和德国 Lurgi 公司先后研制成功。低（中）压法铜基催化剂的操作温度为 230～270℃，压力为 5～10MPa，比传统的合成工艺温度低得多，对甲醇反应平衡有利。

铜基催化剂的特点是：①活性好，单程转化率为 7%～8%；②选择性高，大于 99%，其杂质只有微量的甲烷、二甲醚、甲酸甲酯，易得到高纯度的精甲醇；③耐高温性差，对硫敏感。

目前工业上甲醇的合成主要使用铜基催化剂。

 大家来讨论

1. 甲醇合成反应的特点是什么？
2. 甲醇合成催化剂对原料气的净化有何要求？
3. 甲醇合成反应对催化剂有何要求？

三、 工艺条件

在甲醇的工业生产中，为了减少副反应，提高甲醇的收率，除选择合适的催化剂外，还应确定合适的温度、压力、原料气组成和空间速度等工艺条件。

1. 反应温度

甲醇的合成是一个可逆的放热反应。提高温度，虽可加快反应速率，但对正反应不利，同时，会引起副反应的发生。这样，既增加了分离的困难，又导致催化剂表面积炭而降低活性。

生产中的操作温度是由多种因素决定的，尤其是取决于催化剂的活性温度。

在低压法生产中，铜基催化剂活性较高，但特别不耐热，温度在 200℃ 以下反应速率很慢，最适宜温度为 230～270℃。反应初期，催化剂活性高，控制在 230℃，后期逐渐升温到 270℃。

2. 反应压力

操作压力受催化剂活性、负荷高低、空速大小、冷凝分离好坏、惰性气体含量等影响。

一氧化碳与氢气合成甲醇的主反应与副反应相比，是分子数减少最多而平衡常数最小的反应，故压力增加，有利于向正反应方向进行。在铜基催化剂作用下，反应压力与甲醇生成量的关系如图 2-17 所示，反应压力越高，甲醇的生成量越多。

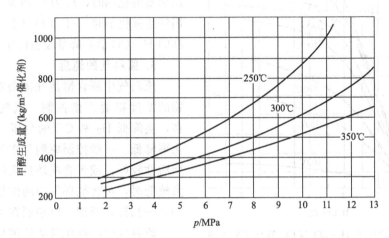

图 2-17　反应压力与甲醇生成量的关系（空速 $3000h^{-1}$）

提高反应压力，不仅可以减少反应器的尺寸和减少循环气体积，而且还可以增加产物甲醇所占的比例。此外，还可提高甲醇合成反应的速率。但是，压力增加，能量的消耗和对设备的要求都要随之增加。生产中反应压力还必须与反应温度相适应。用锌铬催化剂，由于反应温度高，采用压力一般在 25～33MPa。而采用铜基催化剂，由于它活性高，反应温度低，故反应压力相应地降到 5～10MPa。

3. 空间速度

空速或循环气量是调节合成塔温度及产量的重要手段。循环量增加，转化率下降，但空速大了，甲醇产量有所增加。

合成甲醇的空间速度大小不仅影响原料的转化率，而且也决定着生产能力和单位时间所放出的热量。

如果采用较低空速，接触时间长，单程转化率较高，气体循环动力消耗较少，预热气体所需换热面积较小，并且离开反应器气体的温度较高，有利于热能的回收利用，但单位时间内通过的气量就小，设备的生产能力大大下降。

采用较高的空速，虽然催化剂的生产强度可以提高，但增大了预热气体所需的换热面积，出塔气体热能利用价值降低，增大了循环气体的动力消耗，并且由于气体中反应物的浓度降低，增大了分离反应产物的费用。另外，空速增大到一定程度后，催化剂床层温度将不能维持稳定。

适宜的空间速度与催化剂活性、反应温度及进塔的气体组成有关。标准状态下在锌铬催化剂上一般为 $35000\sim40000h^{-1}$，在铜基催化剂上则为 $10000\sim20000h^{-1}$。

4. 原料气的组成

由合成甲醇的反应式可知 $H_2:CO=2:1$，生产中 CO 不能过量，以免引起羰基铁的生成，积聚于催化剂的表面而使之失去活性。氢气过量对生产是有利的，既可防止和减少副反应的发生，又可带出反应热，防止催化剂局部过热，从而延长其寿命。

原料气中 H_2/CO 对一氧化碳的转化率有很大影响，如图 2-18 所示。增加氢气的浓度，可提高 CO 的转化率。

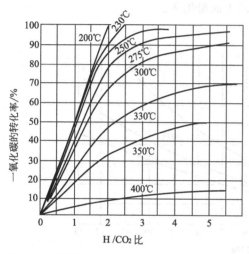

图 2-18　原料气中 H_2/CO 与 CO 转化率的关系

对不同的催化剂，H_2/CO 值也不同。采用铜基催化剂时，H_2/CO 值为 $2.2\sim3.0$；采用锌铬催化剂时，H_2/CO 值为 4.5 左右。过高的 H_2/CO 值会降低设备的生产能力。

5. 原料气的纯度

原料气中所含惰性气体杂质和催化剂毒物的浓度都要严格控制。氮气及甲烷的存在，会降低 H_2 和 CO 的分压，使反应的转化率降低。一般控制原则是在催化剂使用初期活性较好，或者合成塔负荷较轻，操作压力较低时，可将循环气中的惰性气体控制在 $20\%\sim25\%$，否则，应控制在 $15\%\sim20\%$。

原料气中的硫化氢能使催化剂中毒，生成金属硫化物，这些生成的金属硫化物能使催化剂失去活性。硫化物进入合成系统会发生副反应，生成硫醇、硫二甲醚等杂质，影响粗甲醇的质量，而且带入精馏系统会引起设备的腐蚀。要求进入合成塔的气体中的硫含量应小于 $0.1mL/m^3$（铜基催化剂）。

大家来讨论

1. 甲醇合成工艺中为什么要采用高的 H_2/CO 比？
2. 氢碳比及惰性气体组成对甲醇合成有什么影响？

知识拓展

甲醇新技术的开发

近年来甲醇生产技术不断得以改进，以降低合成气成本为目标的新型造气工艺不断改进，新型反应器和高效催化剂等在工业上正得到广泛应用。甲烷直接氧化制甲醇、CO_2 和有机生物质为原料的新合成甲醇工艺的研究开发也较为活跃。

1. 新造气工艺

造气装置的投资要占甲醇装置总投资的一半以上且能耗也较高，因而新造气工艺的开发甚为重要。继蒸汽转化工艺之后，Lurgi 公司开发了联合转化工艺，即一段为蒸汽转化，二段为掺氧的自热转化，由此调节了氢碳比而降低了能耗，但其投资费用有所上升。

2. 新型甲醇合成反应器

国外甲醇反应器的开发趋势是：①大型化（1500～1700kt/a 以上）；②多样化（气相、气液和三相床反应器）；③中压化（甲醇合成压力经历了从高压→中压→低压的发展过程。生产能力与设备尺寸成正比例增加，随着甲醇装置的大型化和国际能源日益紧张，低压法的缺陷越来越成为甲醇装置向大型化发展的障碍）；④节能降耗。国内一直有大批从事甲醇反应器及其塔构件开发的研究人员，从模仿、改进过渡到自主开发，均取得了大量成果，主要反应器有复合式系列及等温式等，形成了以华东理工大学、林达公司和南京国昌化工科技有限公司为代表的甲醇反应器开发商。此外，华东理工大学还进行了用于液相法甲醇合成工艺的三相床反应器开发。

3. 新型高效催化剂

国外主要生产甲醇催化剂的公司为 Jmcatalysts（原 ICI）公司、Sud-Chemie 公司等。甲醇催化剂的研制方向仍将是向低温节能、高活性、高热稳定性、高机械强度和低副反应产物的方向发展。我国南京化工研究院在 C306 型催化剂的基础上研制开发了新一代中低压合成甲醇催化剂。

4. 新合成技术

自 1905 年出现了第一篇甲烷直接氧化制甲醇的专利后，对甲烷直接氧化合成甲醇的研究便引起了研究者的关注。在 20 世纪 30～40 年代在美国和罗马尼亚曾建立过半工业化的甲醇试验装置，但早期方法甲醇的转化率和选择性均较低。CO_2 制甲醇的研究分为三类：一是 CO_2 加氢气合成甲醇，但由于氢源、催化剂等问题，这一工艺目前尚未工业化，有研究提出采用太阳能制氢得到廉价氢气用于 CO_2 加氢；二是 CO_2 和水光催化制甲醇，但目前所采用的一些体系催化效率普遍不高，远未达到高效催化能力；三是 CO_2 和水电解直接生产甲醇；条件温和、易于操作的电化学还原 CO_2 的方法成为近年来受到关注的前沿课题。

任务四
了解甲醇生产装置的
开停车操作

一、甲醇合成岗位开停车操作（以某厂低压法为例）

1. 开车准备

（1）系统检查　清理安装、检修现场，按照流程检查设备、管道、阀门等安装是否完毕，检查所有仪表、连锁信号等是否具备开车条件；管卡、螺栓是否紧固；检查检修项目完成质量；开车所需防护用品、消防器材、扳手、工器具、报表等是否配备齐全。

（2）联系或接调度通知合成系统准备开车。

（3）合成气压缩机做好开车准备，如果合成催化剂升温还原结束后，紧接着开车，合成气压缩岗位要做好引入新鲜气的准备。

（4）打开甲醇水冷器的进、出口冷却水阀门，循环水高点放空阀打开，当无不凝气体时，关闭放空阀。

（5）继续控制好废热锅炉的液位及蒸汽压力。

（6）确认甲醇分离器、闪蒸槽、洗醇塔、废热锅炉的液位处于手动控制位置。打开各调节阀前后切断阀，关闭调节阀及旁路阀。

（7）精馏工段具备接粗甲醇的条件。

2. 正常开车操作

系统正常停车，甲醇合成催化剂一般处于还原状态，用 N_2 作保护，温度降为常温。具体开车步骤如下。

（1）打开合成系统 N_2 补充管道上的阀门，向系统充 N_2 升压，当压力达到 0.5MPa 后，关闭 N_2 补充阀，打开设备、管道、仪表调节阀前的导淋进行排气以便置换彻底。重复以上操作，置换三次后，在各排放点取样分析，连续两次分析 $O_2 \leqslant 0.5\%$ 为合格，关闭各导淋阀，关闭调节阀旁路阀。

（2）打开 N_2 补充阀，将合成系统升压到 0.5MPa。

（3）通知合成气压缩机岗位，按压缩机操作规程启动压缩机，使 N_2 循环。

（4）控制水冷器循环上回水阀门，水冷器出口控制 35～50℃，以提高二合一机组出口温度，缩短升温时间。

（5）调整废热锅炉液位给定值 50% 投自控。

（6）引中压蒸汽入开工加热器，使合成塔按速率循环升温，出口达到 210℃。废热锅炉蒸汽现场放空。

（7）向系统缓慢引入新鲜气。加新鲜气过程中，随时注意合成塔热点温度，通过调节开工加热器，维持合成塔热点温度在 210～230℃，废热炉锅液位维持在 50%。

① 一旦发现塔出口温度下降较快，应立即开大蒸汽，减少循环量，若温度上升趋势加快，应立即减少或停加新鲜气，待温度稳定后再重新升温。

② 系统压力达到 4.0MPa 时，开吹除气保持入塔气成分的稳定，系统压力继续慢慢上升，接近指标压力时，用吹除量调整系统压力不再增加。

③ 逐渐增大循环量，出现降温趋势时，停止加大循环量，新鲜气量要逐渐增加，不可太快，直至出口温度回升。

④ 交替加量，间隙稳定直至加满。

⑤ 甲醇分离器液位正常后给定 30% 投自控。

⑥ 汽包副产蒸汽压力达到 0.6MPa 后，并入管网。

合成岗位正常维护及操作要点

1. 巡检工每小时检查一次本工序所有设备、仪表、电器是否处于正常运行状态或备用状态，注意现场温度、压力、液位、流量指示是否与中控指示、记录有偏差，若发现异常，及时报告处理。

2. 主控应随时注意本工序各项工艺参数，严格控制工艺指标。

3. 原始开车时，最初要维持轻负荷生产，逐步转入满负荷生产。

4. 检查汽包加药装置运行情况，对照炉水分析 PO_4^{3-} 浓度及 pH 值的变化情况，及时调整加药量。

5. 汽包除连续排污阀留有一定开度外，根据分析情况，每班要间断排污一到两次。

6. 温度、压力、入塔气体组成、液位自调均投自动，确保各指标在正常范围内。

3. 短期停车操作（临时停车）

预计在 24h 以内的停车称短期停车，具体步骤如下。

(1) 接到调度指令并与前后工段联系。

(2) 压缩机逐步停供新鲜气。

(3) 关闭弛放气压力调节阀，停洗醇塔，系统保压。

(4) 将开工加热器启用，合成塔保温在 210℃ 以上。

(5) 及时调整循环量，并使合成回路中的 $CO+CO_2$ 含量 $<0.5\%$。

(6) 分离器液位排净后，关闭切断阀及相应液位调节阀。

(7) 闪蒸槽液位排净后，关闭切断阀及相应液位调节阀。

(8) 控制好废热锅炉液位在指标内。

4. 长期停车操作

(1) 接指令后，压缩机停供新鲜气，新鲜气入口阀关闭。压缩机继续运行，系大循环，用氮气置换系统，直到 $CO+CO_2$ 含量 $<0.5\%$。

(2) 当废热锅炉压力低于 0.6MPa 时，停止外送蒸汽，开废热锅炉蒸汽放空阀。

(3) 调整循环量，降低系统压力至 $0.4\sim0.6$MPa，用开工加热器保持合成塔以 25℃/h 的降温速率降温。

(4) 当合成塔出口温度低于 100℃ 时可停止向废热锅炉加锅炉水，将废热锅炉中的水通过汽包排污阀就地排放，当塔出口温度低于 50℃ 时，停压缩机。

(5) 整个系统保持 0.5MPa 氮封。

(6) 关闭水冷器循环水进出口阀。

5. 紧急停车操作

(1) 立即发出紧急停车信号，通知调度、DCS、压缩及前后相关工序。

(2) 关闭新鲜气进口大阀。

(3) 关闭弛放气阀。

(4) 其余同正常停车操作步骤。

(5) 若管道设备大量泄漏、爆炸、着火时，应立即停压缩机，开放空卸压并冲氮气置换保护系统。

(6) 停车过程严防催化剂超温、超压。

二、 生产运行中异常现象的判断及处理

生产中需严格控制工艺指标，经常注意温度、压力、压差、流量、气体成分的变化，做到勤观察、细调节、多联系，确保安全、稳产、高产、低耗。当生产运行中出现异常现象时，应仔细分析原因并采取正确方法进行处理。甲醇合成岗位异常现象的判断及处理方法见表2-2。

表2-2　甲醇合成岗位异常现象的判断及处理方法

序号	异常现象	原因分析	处理方法
1	合成塔催化剂层温度升高	①汽包压力调节阀故障，阀门关闭，汽包压力增加 ②汽包液位低 ③新鲜气量增大 ④循环气量偏小 ⑤惰性气体含量减小 ⑥测温仪表失灵	①打开阀门副线降低汽包压力，并联系仪表检修自调阀 ②液位报警下限以上，立即给汽包补水；液位低低报，联锁停车 ③加大循环气量 ④联系调度，加大循环气量 ⑤减少去氢回收弛放气流量 ⑥联系仪表检修
2	合成塔催化剂层温度下降	①汽包压力调节阀故障，阀门开大，汽包压力降低 ②循环气量大 ③新鲜气量减少 ④氢碳比过高或过低 ⑤催化剂中毒、活性下降 ⑥汽包排污量太大 ⑦入塔气甲醇含量高 ⑧惰性气含量高 ⑨测温仪表失灵	①开阀门旁路阀维持正常压力，关自调前后切断阀，联系仪表检修 ②开大循环压缩机循环段防喘振阀 ③减少循环气量，并联系调度加负荷 ④联系调度，调整合成气成分 ⑤联系调度，保证前工段净化气合格；同时，可适当提高反应温度 ⑥减小排污量 ⑦视具体原因降低循环水冷却器气体出口温度或降低甲醇分离器液位 ⑧加大氢回收弛放气处理量 ⑨联系仪表检修
3	系统压力上升	①负荷增加 ②循环量低 ③N_2+CH_4+Ar含量高 ④入塔气甲醇含量高 ⑤氢碳比失调 ⑥催化剂活性低 ⑦床层温度偏低	①酌情调整 ②加循环量 ③加大氢回收处理气量 ④加大循环水冷却器循环水量；降低甲醇分离器液位 ⑤联系气化，调整气体成分 ⑥必要时提温操作 ⑦适当提温，并联系仪表校表

序号	异常现象	原因分析	处理方法
4	汽包液位低	①锅炉给水压力低 ②锅炉给水中断 ③液位自调失灵 ④排污量过大 ⑤液位计故障	①开汽包液位控制阀的旁路阀,联系调度提压 ②紧急停车 ③改手动,联系仪表检修 ④减小排污 ⑤维修液位计
5	甲醇分离器液位过高或过低	甲醇分离器液位调节阀失灵	用自调副线阀控制,联系仪表检修
6	膨胀槽压力增加	①膨胀槽压力调节阀出现故障 ②甲醇分离器液位低,发生高低压窜气 ③排粗甲醇阀关闭	①打开旁路阀,联系仪表检修 ②提高甲醇分离器液位 ③迅速打开排粗甲醇阀门
7	循环气中甲醇含量超标	①循环水温高 ②循环水压力低 ③循环水冷却器壳程结垢 ④循环水冷却器列管内壁结蜡 ⑤甲醇分离器液位高	①联系调度,降低水温 ②联系调度,提高水压 ③清洗换热器 ④除蜡 ⑤降低甲醇分离器液位
8	合成塔压差大	①合成塔负荷大 ②催化剂破碎、风化严重	①降负荷至正常值 ②更换催化剂

三、 仿真实训

1. 实训目的

① 能完成甲醇合成工段冷态开车、正常停车和紧急停车仿真操作。

② 能完成甲醇合成工段事故处理仿真操作。

2. 工艺过程

本仿真系统是对低压甲醇合成装置中管束型副产蒸汽合成系统的甲醇合成工段进行的。

蒸汽驱动透平 T-601 带动压缩机 C-601 运转,提供循环气连续运转的动力,并同时往循环系统中补充 H_2 和混合气 $CO+H_2$,使合成反应能够连续进行。反应放出的大量热通过蒸汽包 F-601 移走,合成塔入口气在中间换热器 E-601 中被合成塔出口气预热至 46℃ 后进入合成塔 R-601,合成塔出口气由 255℃ 依次经中间换热器 E-601、精制水预热器 E-602、最终冷却器 E-603 换热至 40℃,与补加的 H_2 混合后进入甲醇分离器 F-602,分离出的粗甲醇送往精馏系统进行精制,气相的一小部分送往火炬,气相的大部分作为循环气被送往压缩机 C-601,被压缩的循环气与补加的混合气混合后经 E-601 进入合成塔 R-601。

3. 仿真系统的 DCS 图

本书所用仿真系统的 DCS 图均由北京东方仿真软件技术有限公司提供。

(1) 甲醇合成工段总图,如图 2-19 所示。

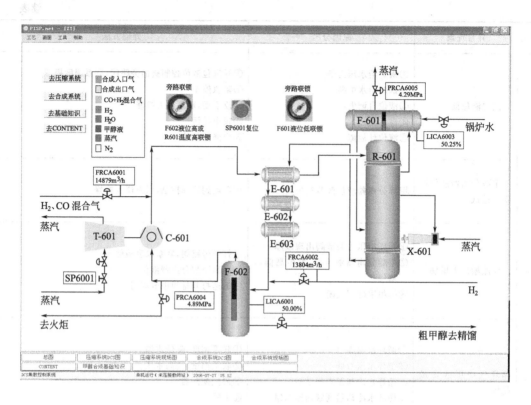

图 2-19　甲醇合成工段总图

（2）压缩系统 DCS 图，如图 2-20 所示。

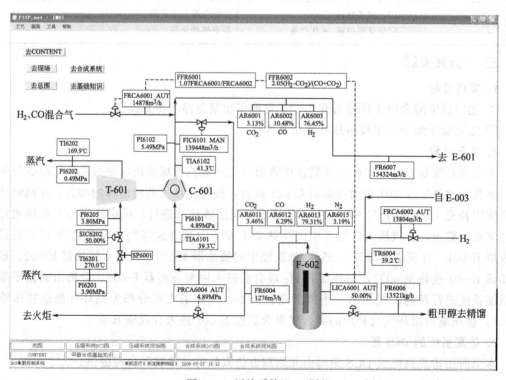

图 2-20　压缩系统 DCS 图

（3）合成系统 DCS 图，如图 2-21 所示。

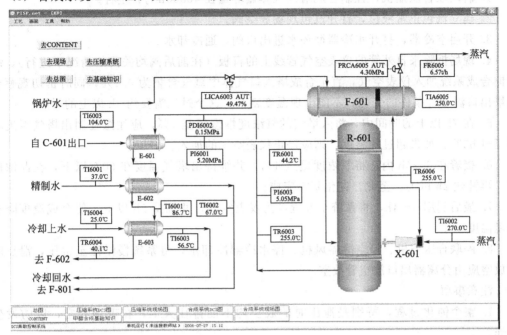

图 2-21　合成系统 DCS 图

4. 操作步骤

（1）冷态开车　过程如下：

（2）正常停车　过程如下：

（3）紧急停车　过程如下：

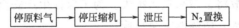

（4）事故处理　操作详见仿真软件。

知识拓展

甲醇合成催化剂的钝化操作

在卸出催化剂或打开系统中的设备、管道之前，需要对催化剂作钝化处理。

钝化前的条件：在按长期停车的基础上，出塔气温度＜50℃，还原性气体含量＜0.5%。

1. 启动联合压缩机，控制合成塔的气体循环量在 40000m³/h 左右。

2. 建立汽包正常液位，打开汽包现场放空阀。

3. 开启空冷器，打开水冷器循环水进出口阀，通冷却水。

4. 现场拆除来自外管的仪表空气管线上的盲板（在前后阀均关闭的情况下进行），缓慢向合成系统加入仪表空气，直至合成塔入口气体中氧气含量为 0.1%，同时密切观察合成塔出口温度等条件的变化，不能出现温度剧升，这个过程需要约 3h 以上的时间。

5. 在 7h 以上的时间内，将入塔气的氧浓度慢慢提至 1%，应注意控制出塔气温度不得超过 60℃，如果超过此温度，则应停止仪表空气的加入。

6. 接着在 3~4h 内，将氧浓度提至 4%，并维持出塔气温度在 60℃ 以下，在此浓度下，再钝化 2h 以上。至此，钝化基本完成。

7. 最后利用 3~4h，将系统全部置换为仪表空气，并维持 2h 以上，使合成温度降至环境温度。

8. 停联合压缩机、停空冷器风机、停水冷器冷却水，将系统慢慢泄至常压，泄压时的放空应由分离器出口放空管放空。

注意事项：

1. 整个钝化过程，特别是泄压时的放空均不能排往火炬，在现场放空，以防发生爆炸。

2. 钝化过程中，若出塔气温度超过 60℃，则应立即停止仪表空气的加入。若还不降温，则应将系统卸压至微正压，并连续充氮气。

任务五
了解岗位安全及环保
节能措施

甲醇生产从原料到半成品、成品及副产物都具有毒性、易燃、易爆、易腐蚀等危险因素，装置一旦发生生产事故将会带来重大损失。为了保证生产安全，除了解这些介质的性质外，还必须掌握生产中防火、防爆的安全措施。

一、 甲醇的物化性质与防护

甲醇的物化性质与防护见图 2-22。

动手查一查

1. 甲醇的中毒症状和急救措施是什么？
2. 甲醇生产中还有哪些主要有毒、有害物质？

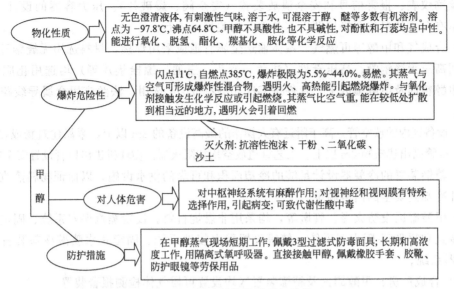

图 2-22　甲醇的物化性质与防护

二、 甲醇的包装与储运

液体产品的包装有两种方式：小批量用户可用桶装；大宗产品是用罐车装运，罐车有火车专用罐车和汽车罐车两种。在灌装时要考虑到甲醇在不同温度下的膨胀系数差异，要按照液体容器的灌装系数准确计算，以免发生危险。灌装完后立即封口，以免影响产品质量。像一些特殊的天气，如雨天、大雾天要采取保护措施，不然不得灌装。除此之外，对槽罐也有一定要求，槽罐要干燥、清洁，符合要求，还要在上面涂上牢固的标志，内容包括：生产厂名称、产品名称、危险品标志等。槽车在装运甲醇过程中应在螺栓口加胶皮垫密封，防止甲醇漏损，严防明火。

工业甲醇应储存在干燥、通风、低温的危险品仓库中，远离火种、热源。库温不宜超过30℃，储存期限 6 个月。保持容器密封。应与氧化剂、酸类、碱金属等分开存放，切忌混储。采用防爆型照明、通风设施。禁止使用易产生火花的机械设备和工具。储区应备有泄漏应急处理设备和合适的收容材料。

长途运输一般采用装有甲醇槽车的火车，短途运输通常用装有卧式甲醇储槽的汽车，运输槽车应有接地链，运输时运输车辆应配备相应品种和数量的消防器材及泄漏应急处理设备，槽内可设孔隔板以减少震荡产生静电。铁路运输要提前报有关部门批准，公路运输要按规定路线，勿在居民区和人口稠密区停留。

三、 甲醇生产的防火防爆措施

（1）装置区内设备、管道、建筑物之间的防火距离严格按照现行《建筑设计防火规范》执行。

（2）合成循环机厂房采用排架式结构，非燃烧体材料，耐火等级应达到二级，且考虑足够的泄爆面积，满足《建筑设计防火规范》要求的 0.05～0.22 要求。

（3）合成和精馏装置全部采用露天布置，以防易燃、易爆气体泄漏后积累。

（4）循环机厂房除采用门、窗自然通风外，另外设置机械排风，采用防爆轴流通风机排除其他有害气体，厂房出入口设两个，门窗向外开启。

（5）压力容器或管道等因超温、超压可能引起火灾爆炸危险的设备，应根据设计要求设置自控检测仪表、报警信号和安全泄放装置（安全阀、爆破片）。压力容器的设计、制造、安装应由有资质的单位严格按照工艺条件及相关规范进行。

（6）合成气和甲醇等可燃气、液体输送金属管道应采用焊接，材料选用无缝钢管，高压部分选用高压无缝钢管。高压管件（法兰、弯头、三通、螺栓垫片等）均选用化肥专用 H 系列，甲醇精馏及甲醇罐区工艺管件按 GB 50292—2014 选用。法兰应用金属导线跨接以消除静电。

（7）设备区内的放空管，高于附近有人操作的最高设备的 2m 以上，紧靠建筑物或在其内部布置的放空管高出建筑物 2m 以上。工艺管道放空均加阻火器。循环机进出口管设置安全阀。

（8）精馏装置的冷凝器设计足够的冷却面积和可靠的供水设施，以保证物料蒸汽充分冷凝回流并冷却到安全的出料温度。

（9）甲醇罐区设防火堤、管墩等，均采用非燃烧材料。设置蒸汽保安系统、固定式水喷淋冷却装置和呼吸阀-阻火器系统。储罐设置静电接地系统、固定式水喷淋冷却装置和呼吸阀-阻火器系统。

（10）合成厂房、甲醇罐区及精馏装置区均设置可燃气体检测报警装置。

（11）按国家相关规范要求设计消防设施，包括设置室内外消火栓和移动式灭火设备。

（12）储罐区设置固定泡沫灭火站和水喷淋冷却设施。

（13）储罐区消防泵房采用两路电源供电，并采用耐火材料电缆配线，设有事故照明。

（14）甲醇储罐设高低限液位报警。

四、 甲醇合成岗位安全操作规程

（1）特别注意甲醇废热锅炉液位控制在 30％～50％，不能烧干锅。

（2）要特别注意甲醇分离器液位的控制，避免液位过高将甲醇液体带入压缩机内而损坏压缩机。也不能过低，避免高压气体窜入低压设备内，导致低压设备爆炸。

（3）杜绝生产中跑、冒、滴、漏，当有毒物质外泄时，必须立即检修，必要时可停车处理。

（4）甲醇岗位严禁烟火，动火必须办理动火许可证。

（5）不能用手直接接触甲醇，要戴好橡胶手套和护目镜后才能处理甲醇液体。

（6）甲醇溅到眼睛里或皮肤上应立即用大量清水冲洗，然后到医务室诊治，污染了的衣服应及时更换。

（7）合成系统因泄漏、爆炸引起着火时，首先要紧急停车，切断气源，及时用消防器材扑灭火焰。

（8）防毒面具、橡胶手套、高筒套鞋、护目镜等防护用品准备齐全。

（9）一氧化碳和甲醇防毒面具、洗眼器等保护设备必须常检查，确保随时可用。

（10）上班时必须穿戴好劳防用品。

（11）严禁设备超温、超压运行。

（12）设备、管道交出检修必须置换合格并隔离，切断气、水、电源。

（13）催化剂必须经氧化降温后才能卸出，不得不经氧化降温直接卸出，防止氧化燃烧造成其他事故。

（14）上、下楼要小心，以防滑跌。

（15）各运转设备必须有安全罩，电器设备接地线必须保持完好。

兴化化工公司甲醇储罐爆炸燃烧事故

贵州兴化化工有限责任公司因进行甲醇罐惰性气体保护设施建设，委托湖北省宜都市昌业锅炉设备安装有限公司进行储罐的二氧化碳管道安装工作（据调查该施工单位施工资质已过期）。

2008年7月30日，该安装公司在处于生产状况下的甲醇罐区违规将精甲醇c储罐顶部备用短接打开，与二氧化碳管道进行连接配管，管道另一端则延伸至罐外下部，造成罐体内部通过管道与大气直接连通，致使空气进入罐内，与甲醇蒸气形成爆炸性混合气体。8月2日上午，因气温较高，罐内爆炸性混合气体通过配管外泄，使罐内、管道及管口区域充斥爆炸性混合气体。由于精甲醇c罐旁边又在违规进行电焊等动火作业（据初步调查，动火作业未办理动火证），引起管口区域爆炸性混合气体燃烧，并通过连通管道引发罐内爆炸性混合气体爆炸，罐底部被冲开，大量甲醇外泄、燃烧，使附近地势较低处储罐先后被烈火加热，罐内甲醇剧烈汽化，又使5个储罐（4个精甲醇储罐，1个杂醇油储罐）相继发生爆炸燃烧。事故造成现场施工人员3人死亡，2人受伤，6个储罐被摧毁。

此次事故是一起因严重违规违章施工作业引发的责任事故，教训十分深刻，暴露出危险化学品生产企业安全管理和安全监管上存在的一些突出问题。

① 施工单位缺乏化工安全的基本知识，施工中严重违规违章作业。施工人员在未对储罐进行必要的安全处置的情况下，违规将精甲醇c罐顶部备用短接打开与二氧化碳管道进行连接配管，造成罐体内部通过管道与大气直接连通。同时又严重违规违章在罐旁进行电焊等动火作业，没有严格履行安全操作规程和动火作业审批程序，最终引发事故。

② 企业安全生产主体责任不落实。对施工作业管理不到位，在施工单位资质已过期的情况下，企业仍委托其进行施工作业；对外来施工单位的管理、监督不到位，现场管理混乱，生产、施工交叉作业没有统一的指挥、协调，危险区域内的施工作业现场无任何安全措施，管理人员和操作人员对施工单位的违规违章行为熟视无睹，未及时制止、纠正；对外来施工单位的培训教育不到位，施工人员不清楚作业场所危害的基本安全知识。

③ 地方安全生产监管部门的监管工作有待加强。

经验教训：

① 企业应加强对从业人员的安全培训工作，增强员工的安全意识、安全知识以及应急能力。

② 加强对外来施工人员的培训教育工作，选择有资质的施工单位来进行施工工作，严格外来施工单位资质的审查。

③ 切实加强对危险化学品生产、储存场所施工作业的安全监管，对施工单位资质不符合要求、作业现场安全措施不到位、作业人员不清楚作业现场危害以及存在严重违规违章行为的施工作业要立即责令停工整顿并进行处罚。

五、 环保节能措施

1. 环保措施

（1）合成系统中，由于循环气中惰性气体及甲烷不断累积，要经常排放。排放气中含有大量的毒物—氧化碳及少量有机物，要全部回收原料系统，主要作为原料，特殊情况可作为燃料，严禁放空。

（2）粗甲醇中间储槽的闪蒸气中，含有较多的毒物—氧化碳和少量有机物，可回收作原料或燃料。

（3）在蒸馏过程中，将轻组分中的不凝性气体引入加热炉作原料，主精馏塔塔底残液也须进行回收处理，不能直接排放。

2. 节能措施

（1）充分回收系统的热量，产生高压过热蒸汽，以驱动压缩机及锅炉给水泵、循环水泵的透平，实现热能的综合利用。

（2）采用新型副产中压蒸汽的甲醇合成塔，降低能耗。

（3）采用节能技术，如氢回收技术、预转化、工艺冷凝液饱和技术、燃烧空气预热技术等，降低甲醇消耗。

（4）在精馏操作中，采用由预精馏塔、加压塔和常压塔组成的三塔双效精馏流程，节省冷却水和加热蒸汽的用量，降低能耗。并使用径向侧导喷射塔板的甲醇精馏塔，它既可以节能，又能比较简单和容易地保证甲醇质量。

项目小结

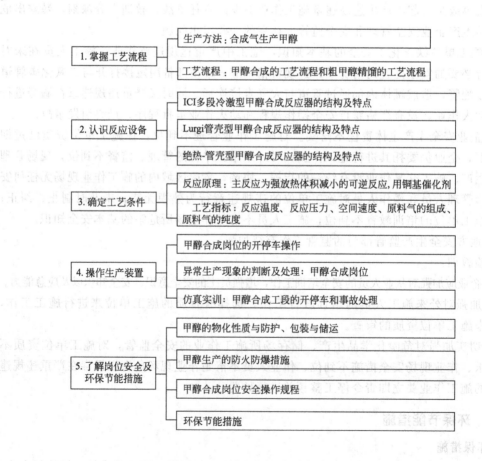

| 1. 掌握工艺流程 | 生产方法：合成气生产甲醇 |
| | 工艺流程：甲醇合成的工艺流程和粗甲醇精馏的工艺流程 |

2. 认识反应设备	ICI多段冷激型甲醇合成反应器的结构及特点
	Lurgi管壳型甲醇合成反应器的结构及特点
	绝热-管壳型甲醇合成反应器的结构及特点

| 3. 确定工艺条件 | 反应原理：主反应为强放热体积减小的可逆反应，用铜基催化剂 |
| | 工艺指标：反应温度、反应压力、空间速度、原料气的组成、原料气的纯度 |

4. 操作生产装置	甲醇合成岗位的开停车操作
	异常生产现象的判断及处理：甲醇合成岗位
	仿真实训：甲醇合成工段的开停车和事故处理

5. 了解岗位安全及环保节能措施	甲醇的物化性质与防护、包装与储运
	甲醇生产的防火防爆措施
	甲醇合成岗位安全操作规程
	环保节能措施

思考与练习

一、填空题

1. 甲醇合成是整个甲醇生产中的核心部分，它的任务是在一定的_____、_____及_____存在的条件下，将精制后的原料气合成为_____，反应后的气体分离甲醇后循环使用。

2. 甲醇合成的工艺方法有三种：_____、_____、_____。其发展过程与新催化剂的应用、净化技术的进步分不开。最早实现的是催化剂的高压流程，自_____催化剂技术发现及脱硫净化技术解决后，出现了低压工艺流程。

3. 甲醇合成反应是_____反应，反应时体积_____，并且只有在催化剂存在的条件下，反应才能较快地进行。

4. _____是甲醇合成的关键设备，作用是使氢气与一氧化碳混合气在塔内催化剂层中合成为_____。

5. 粗甲醇精馏时加碱的作用是_____。

6. 合成系统惰性气体含量高的原因是_____。

7. 预精馏塔底甲醇溶液显酸性的原因是_____。

8. 精馏塔正常操作时的三大平衡是_____、_____、_____。

9. 甲醇合成催化剂在反应中的作用是_____。

10. 为了避免_____的积累，必须将部分循环气从反应系统排出，以使反应系统中_____含量保持在_____。

11. 甲醇生产中合成塔副线的作用是_____。

二、讨论题

1. 合成甲醇的主要反应式及影响因素有哪些？

2. 合成甲醇的原料气中含有少量的 CO_2 对合成甲醇有什么影响？

3. 预精馏塔加水的目的是什么？

4. 预精馏塔塔顶为什么设有两级冷却器？

5. 目前普遍采用的低压法甲醇合成的工艺流程有哪些？

6. 简述铜基催化剂的特点。

项目三

乙烯生产

🎯 学习目标

- 了解乙烯的物化性质、用途及生产方法；
- 掌握管式炉裂解的工艺流程；
- 掌握管式裂解炉的结构、类型及日常维护；
- 掌握烃类热裂解的反应原理、反应特点及工艺条件；
- 了解裂解气的组成、各种净化方法、压缩与制冷及不同的深冷分离流程；
- 了解管式裂解炉的开停车和运行操作；
- 能判断并处理生产运行中的异常现象；
- 能完成乙烯裂解单元冷态开车、正常停车和事故处理仿真操作；
- 能在生产过程中实施安全环保和节能降耗措施。

【认识产品】

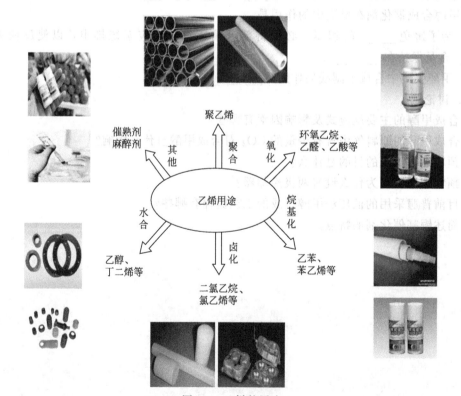

图 3-1 乙烯的用途

石油化工是推动世界经济发展的支柱产业之一，乙烯作为最简单的烯烃，是石油化工的龙头产品，被称为"石油化工之母"。乙烯的生产规模、产量、技术水平标志着一个国家石化工业的发展水平。图 3-1 所示为乙烯的用途。

乙烯装置在生产乙烯的同时，副产大量丙烯、丁二烯、芳烃（苯、甲苯、二甲苯），成为石油化学工业基础原料的主要来源。除生产乙烯外，约 70％的丙烯、90％的丁二烯、30％的芳烃均来自乙烯副产。以"三烯"（乙烯、丙烯、丁二烯）和"三苯"（苯、甲苯、二甲苯）总量计，约 65％来自乙烯生产装置。因此，乙烯生产在石油化工基础原料生产中占主导地位。

据统计，截至 2012 年底，我国已经拥有 11 个百万吨级乙烯生产基地，2012 年全年生产乙烯 1487 万吨，已成为仅次于美国的世界第二大乙烯生产国。其中，中国石化集团公司在世界十大乙烯生产商中位列第 5 名。图 3-2 为乙烯生产的工业装置。

图 3-2　乙烯生产的工业装置

任务一
掌握烃类热裂解生产
乙烯的工艺流程

一、 乙烯的生产方法

目前，乙烯的生产方法主要有烃类热裂解技术、催化裂解技术和合成气制乙烯三种，如图 3-3 所示。

世界上大多数乙烯装置均采用烃类热裂解技术，且以管式炉裂解技术最为成熟，其他工艺路线由于经济性或者存在技术"瓶颈"等问题，所占生产比例较小。到目前为止，在我国采用烃类热裂解技术的装置占乙烯生产总能力的 96.8％；采用 MTO 路线的装置占乙烯生产总能力的 2.3％；采用 CPP 路线的装置占乙烯生产总能力的 0.9％。在这里，我们主要介绍烃类热裂解技术。

烃类热裂解原料的来源主要有两个方面：一是来自油田的伴生气和来自气田的天然气，

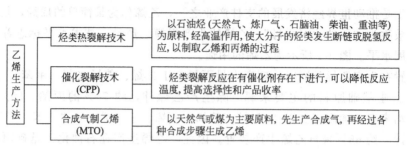

图 3-3　乙烯的生产方法

两者都属于天然气范畴；二是来自炼油厂的一次加工油品（如石脑油、煤油、柴油等）、二次加工油品（如焦化汽油、加氢裂化尾油等）以及副产的炼厂气。另外还有乙烯装置本身分离出来循环裂解的乙烷等。

　　虽然裂解生产乙烯所用的原料和生产技术都有所差异，相应的工艺流程也不完全相同，但均包括原料烃的热裂解和裂解产物的分离两个重要部分。工业上烃类热裂解制乙烯的主要生产过程如图 3-4 所示。

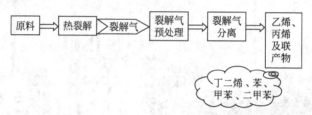

图 3-4　烃类热裂解生产过程简图

二、　管式炉裂解工艺流程

　　裂解部分是乙烯生产装置的主要组成部分之一，包括裂解炉反应和急冷等工序。原料经过预热系统后送入裂解炉裂解，在高温、短停留时间、低烃分压的操作条件下，裂解生产富含乙烯、丙烯和丁二烯的裂解气，送至急冷系统冷却。经过油冷和水冷两步工序，将裂解气降温，经过冷却和洗涤后的裂解气去压缩工段。图 3-5 为管式炉裂解工艺流程框图。

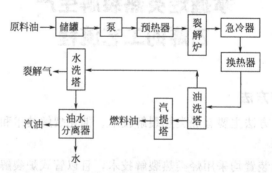

图 3-5　管式炉裂解工艺流程框图

　　管式炉裂解工艺流程如图 3-6 所示。

　　原料油从储罐经预热器 1 和 2 与过热的急冷水和急冷油热交换后与稀释水蒸气混合，进入裂解炉的预热段（经二次预热）。预热过的原料油再进入裂解炉 3 的辐射段进行裂解。炉管出口的高温裂解气迅速进入急冷换热器 4 中，使裂解反应很快终止。

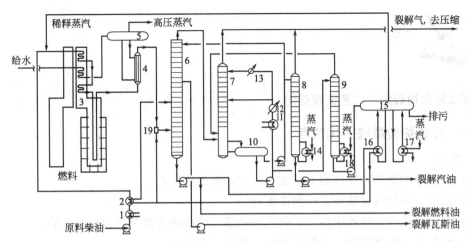

图 3-6 管式炉裂解工艺流程

1,2—预热器；3—裂解炉；4—急冷换热器；5—汽包；6—油洗塔；
7—水洗塔；8—汽油汽提塔；9—工艺水汽提塔；10—油水分离器；11～13—换热器；
14—再沸器；15—稀释水蒸气发生器汽包；16—稀释水蒸气发生器加热器；
17—蒸汽加热器；18—再沸器；19—急冷器

急冷换热器的给水先在对流段预热并局部汽化后送入高压汽包 5，靠自然对流流入急冷换热器 4，产生 11MPa 的高压水蒸气，再经过热后送去蒸汽管网。

从急冷换热器 4 出来的裂解气去油急冷器 19 中用急冷油直接喷淋冷却，然后与急冷油一起进入油洗塔 6，塔顶出来的裂解气为氢气、气态烃和裂解汽油以及稀释水蒸气和酸性气体。

裂解轻柴油从油洗塔 6 的侧线采出，经汽提塔汽提其中的轻组分，作为裂解轻柴油产品，塔釜采出重质燃料油。

自油洗塔塔釜采出的重质燃料油，一部分经汽提塔提出其中的轻组分后，作为重质燃料油产品送出，大部分则用作循环急冷油。急冷油分两股进行冷却，一股用来预热原料轻柴油之后，返回油洗塔作为塔的中段回流，另一股用来发生低压稀释蒸汽，急冷油本身被冷却后送至急冷器 19 作为急冷介质，对裂解气进行冷却。

裂解气在油洗塔 6 中脱除重质燃料油和裂解轻柴油后，由塔顶采出进入水洗塔 7，塔顶和中段用急冷水喷淋，使裂解气冷却，其中一部分稀释水蒸气和裂解汽油冷凝下来。冷凝下来的油水混合物由塔釜引至油水分离器 10，分离出的水一部分供工艺加热用，冷却后的水再经急冷换热器 11 和 12 冷却后，分别作为水洗塔 7 的塔顶和中段回流，此部分水称为急冷循环水。另一部分相当于稀释水蒸气的水量，由水泵送入工艺水汽提塔 9，将工艺水中的轻烃汽提后回水洗塔 7，保证塔釜水中含油少于 0.01%（质量分数）。此工艺水送入稀释水蒸气发生器汽包 15，产生稀释水蒸气，再送入裂解炉。这种稀释水蒸气循环使用，既节约了新鲜的锅炉给水，又减少了污水的排放量。

油水分离器 10 分离出的汽油，一部分送至油洗塔 6 作为塔顶回流循环使用，另一部分送至汽油汽提塔 8，汽提轻组分后作为裂解汽油产品送出。

脱除绝大部分水蒸气和少部分汽油的裂解气（主要是 C_4 以下组分），送至压缩系统。

动笔画一画

画出轻柴油裂解的工艺流程框图。

三、 管式炉裂解法的优缺点

1. 优点

（1）炉型结构简单，操作容易，便于控制，能连续生产。

（2）乙烯、丙烯收率较高，产物浓度高。

（3）动力消耗小，热效率高，裂解气和烟道气的余热大部分可以设法回收。

（4）原料的适用范围随着裂解技术的进步已日渐扩大。

（5）可以多炉组合大型化生产。

2. 缺点

（1）对重质原料的适应性还有一定的限制，重质原料易结焦，运转周期短，裂解深度低，经常性的清焦操作缩短了有效生产时间。

（2）按高温短停留时间和低烃分压的工艺要求，势必增大炉管的表面热强度，要求有耐高温的合金材料和铸管技术，增加了设备的投资。

动手查一查

查阅资料，了解我国目前有多少套乙烯装置，生产能力和技术水平如何？

知识拓展

我国乙烯生产原料多元化

近年来我国加快了乙烯生产原料多元化的步伐，开发出以多种原料制乙烯的技术，并已实现工业化。

1. CPP 工艺路线

2009 年 8 月，沈阳化工集团沈阳石蜡化工有限公司产能为 50 万吨/年的重油催化热裂解制乙烯、丙烯装置顺利投产，这是世界上首套采用国产 CPP 技术由重油直接裂解生产乙烯、丙烯的装置。CPP 项目建成投产，堪称乙烯工业生产的重大技术革命。CPP 装置可以加工廉价的重质渣油，其价格是原油的 0.8 倍。在我国原油偏重，乙烯裂解原料不足的资源特点下，CPP 技术成功开发和应用有着特殊的战略意义，为我国乙烯生产开辟出一条原料丰富、成本低廉的新途径。

2. MTO 工艺路线

我国煤制烯烃产业取得了较快发展，成为乙烯工业新亮点。2012 年国内已建成投产煤基甲醇制烯烃（MTO）装置 3 套，包括神华包头项目、神华宁煤项目和大唐多伦项目。2013 年建成投产的甲醇制烯烃项目包括中石化中原分公司烯烃项目、宁波禾元化学有限公司甲醇制烯烃项目。同时，国内还有多套装置已开始建设。在油价持续走高的情况下，煤制烯烃路线相对石脑油裂解制乙烯路线具有成本优势，会对其造成一定的冲击，预计未来仍将有煤制烯烃项目陆续上马。

综上所述，我国煤基甲醇制烯烃产业化已处于全球领先地位，我国乙烯原料多元化和非石油基化已取得了新的突破。

任务二
认识管式裂解炉

一、管式裂解炉

管式裂解炉是乙烯装置的核心工艺设备。管式炉炉型结构简单，操作容易，便于控制，能连续生产，乙烯、丙烯收率较高，动力消耗少，热效率高，便于实现大型化。我国近年来引进的裂解装置都是管式裂解炉。管式裂解炉装置如图 3-7 所示。

图 3-7　管式裂解炉装置

1. 管式裂解炉的基本结构

管式裂解炉主要由炉体和裂解管两大部分组成。炉体用钢构件和耐火材料砌筑，分为对流室和辐射室。原料预热管及蒸汽加热管安装在对流室内，裂解管布置在辐射室内，在辐射室的炉侧壁或炉底，安装一定数量的烧嘴。管式炉的基本结构如图 3-8 所示。

管式炉运行时，裂解原料和稀释蒸汽先进入对流室炉管内被加热升温，然后进入辐射室炉管内发生裂解反应，生成的裂解气从炉管出来，离开炉子后立刻进入急冷器进行急冷。燃料在烧嘴燃烧后生成高温烟道气，烟道气先经辐射室向裂解管提供大部分反应所需热量，后

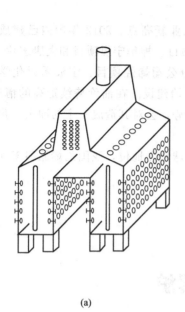

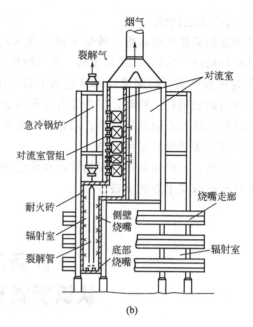

(a)   (b)

图 3-8　管式裂解炉结构

经对流室把余热提供给刚进入预热管内的物料，最后从烟囱排出。烟道气和物料是逆向流动的，这样热量利用更为合理。

画出裂解原料和燃料的走向示意图。

2. 管式裂解炉的炉型

由于裂解管布置方式和烧嘴安装位置及燃烧方式的不同，管式裂解炉的炉型有多种，现介绍一些有代表性的炉型。

（1）SRT 型炉（短停留时间裂解炉）　由美国鲁姆斯公司在 20 世纪 60 年代开发，具有短停留时间、热强度高、低烃分压的特点，是目前世界上大型乙烯装置中应用最多的炉型。SRT 型炉从早期的 SRT-Ⅰ型发展为近期采用的 SRT-Ⅶ型，该炉型的不断改进，是为了进一步缩短停留时间，改善裂解选择性，提高乙烯的收率，对不同的裂解原料有较大的灵活性。近来气体原料多采用 SRT-Ⅱ型或 SRT-Ⅲ型炉（停留时间 0.4s 左右），液体原料采用 SRT-Ⅵ型或 SRT-Ⅶ型炉（停留时间 0.2s 左右）。图 3-9 所示为 SRT-Ⅲ型裂解炉。

（2）USC 型炉（超选择性裂解炉）　由美国斯通-韦勃斯特公司在 20 世纪 70 年代开发，USC 型炉是根据停留时间、裂解温度和烃分压条件的选

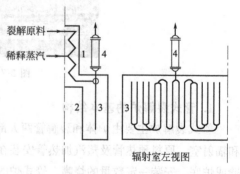

图 3-9　SRT-Ⅲ型裂解炉结构
1—对流室；2—辐射室；
3—炉管组；4—急冷换热器

择，使生成的产品中乙烷等副产品较少、乙烯收率较高而命名的。短的停留时间和低的烃分压使裂解反应具有良好的选择性。采用的炉管构型有 W 形、U 形和 M 形。其中 W 形管长较长，处理能力较大；U 形管长较短，处理能力较小，但裂解选择性更高；M 形炉管处理能力最大，停留时间最长，通常用于轻烃的裂解。图 3-10 为 USC 型裂解炉（W 形盘管）结构。

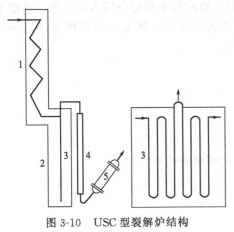

图 3-10　USC 型裂解炉结构

1—对流室；2—辐射室；3—炉管；
4—第一急冷器；5—第二急冷器

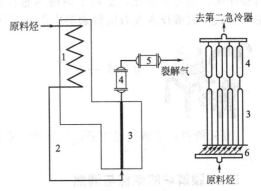

图 3-11　毫秒裂解炉结构

1—对流室；2—辐射室；3—炉管；4—第一急冷器；
5—第二急冷器；6—猪尾管流量分配器

（3）毫秒裂解炉　由美国凯洛格公司在 20 世纪 70 年代开发。在高裂解温度下，使物料在炉管内的停留时间缩短到 0.05～0.1s，因此被称为毫秒裂解炉。该炉型因裂解管是一程，没有弯头，流体阻力小，烃分压低，因此乙烯收率比其他炉型高。毫秒裂解炉由于炉管多，流量不容易平均分配。采用猪尾管来分配流量，效果较好。图 3-11 为毫秒裂解炉结构。

（4）CBL 炉（北方炉）　CBL 炉是我国自行研究开发的具有中国特色的新型裂解炉，该炉具有裂解选择性高、调节灵活、运转周期长等特点。第一台工业炉于 1988 年 10 月在辽阳石油化纤公司建成投产。截至目前，CBL 炉已由 CBL-Ⅰ型发展为 CBL-Ⅶ型，能力从最初的 20kt/a 发展到 200kt/a，原料可以适应从乙烷到加氢尾油。国内外采用 CBL 技术设计的裂解炉总共达 117 台（包括改造和新建），合计乙烯产能达 11530kt/a。

CBL 型炉的主要技术特点可归结为"三个二"：2-1 型炉管构型、稀释蒸汽二次注入新工艺和裂解气二级急冷技术，如图 3-12、图 3-13 所示。2-1 型炉管构型较好地实现了裂解工艺要

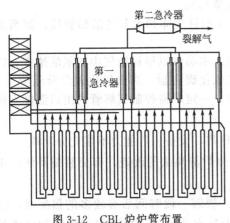

图 3-12　CBL 炉炉管布置

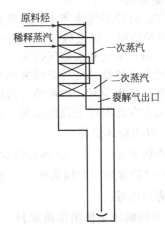

图 3-13　稀释蒸汽二次注入新工艺

求的"高温、短停留时间、低烃分压"目标，从而使裂解的选择性得到提高；稀释蒸汽二次注入新工艺，是在保证对流段不结焦、保持相同裂解深度的状态下，提高物料进入辐射段的温度，降低炉管管壁温度，缩小管壁温差，从而延长炉管寿命和运转周期，降低燃料消耗；裂解气二级急冷技术，既可有效地抑制裂解气二次反应，又能延长急冷锅炉寿命和运转周期，尽可能多地回收高品位热能。

上述的各式管式炉技术成熟，逐步向高温、短停留时间和低烃分压方向发展，适应了原料多样化、装置大型化，提高了裂解的选择性和乙烯的收率，降低了原料的消耗定额。目前，管式炉裂解技术在石油烃裂解中仍占主导地位。

动手查一查

查阅资料，了解我国主要乙烯生产厂家都采用哪种管式裂解炉。

二、 裂解炉的结焦与清焦

1. 裂解炉的结焦

烃类在裂解过程中由于聚合、缩合等二次反应的发生，不可避免地会结焦，焦积附在裂解炉管的内壁上。随着裂解炉运行时间的延长，焦的积累量不断地增加，有时结成坚硬的环状焦层，使炉管内径变小，阻力增大，进料压力增加。另外，还增加了燃料的消耗量，破坏了裂解的最佳工况。故在炉管结焦到一定程度时应及时清焦。

2. 裂解炉的清焦

当出现下列任一情况时，应进行清焦。

(1) 炉管投料量不变的情况下，进口压力增大，压差增大。

(2) 从观察孔可看到辐射室炉管某处因过热而出现光亮点。

(3) 投料量及管出口温度不变，但燃料耗量增加，管壁及炉膛各点温度升高。

(4) 裂解气中乙烯含量下降。

上述现象分别或同时发生，都表明管内结焦，必须及时清焦。两次清焦时间的间隔，称为炉管的运转周期或清焦周期。运转周期越长，越有利于生产。

3. 清焦方法

清焦方法有停炉清焦和不停炉清焦（也称在线清焦）。

(1) **停炉清焦** 将进料及出口裂解气切断后，用惰性气体和水蒸气清扫管线，逐渐降低炉温，然后通入空气和水蒸气烧焦。

由于氧化（燃烧）反应是强放热反应，故需加入水蒸气以稀释空气中的氧的浓度，以减慢燃烧速率。烧焦期间，不断检查出口尾气中的二氧化碳含量，当二氧化碳含量低于0.2%时，可以认为在此温度下烧焦结束。在烧焦过程中，一定严格控制裂解管的出口温度不得超过750℃，以防烧坏炉管。

停炉清焦需3~4天，这样会减少全年的运转日数，设备生产能力不能充分发挥。

(2) **不停炉清焦（在线清焦）** 不停炉烧焦是停炉清焦法的改进，有交替裂解法，水蒸气、氢气清焦法等。

① 交替裂解法是使用重质原料（如轻柴油等）裂解一段时间后有较多的焦生成，需要清焦时切换轻质原料（如乙烷）去裂解，并加入大量水蒸气，这样可起到裂解和清焦的作用。当压降减小后（焦已大部分被清除），再切换为原来的裂解原料。

② 水蒸气、氢气清焦法是定期将原料切换成水蒸气、氢气，方法同上，也能达到不停炉清焦的目的。对整个裂解炉系统，可以将炉管组轮流进行清焦操作。

不停炉清焦时间一般在 24h 之内，这样裂解炉运转周期大为增加。

此外，为减少结焦，可添加结焦抑制剂。这些抑制剂主要是一些含硫化合物，少量添加即能起到抑制结焦和减弱结焦的作用。但当裂解温度高于 850℃ 时，抑制剂也会失效。

 大家来讨论

裂解炉为什么要清焦？清焦方法有哪几种？

三、 裂解炉烧嘴的日常操作

烧嘴是裂解炉的重要部件之一，裂解炉所需的热量是通过燃料在烧嘴中燃烧得到的，烧嘴结构如图 3-14 所示。烧嘴的正确操作和维护保养对于维持良好的、匀称的火焰非常重要。

（1）在日常操作期间，对于发生堵塞的烧嘴，可采用离线轻敲或空气和蒸汽吹扫的办法来清理小孔径的燃料气管道。

（2）同一炉膛里的所有烧嘴应当保持相同的助燃空气量。无论何时调节燃烧量，都必须立即调节烧嘴风门以保证有适量的空气燃烧。

（3）如果由于任何原因致使一个烧嘴关闭的话，则有必要关闭对面的烧嘴以避免辐射段炉管的非均匀受热以及随后可能发生的弯曲变形等危险。

图 3-14　烧嘴结构

（4）在任何时候都必须按镜像方式点燃裂解炉的烧嘴。

 知识拓展

CBL 裂解炉的发展与应用

中国石化 CBL 裂解技术经历了近 30 年的研究、改进和推广，完全实现了工艺、工程设计及设备国产化，并且实现了技术出口。截至目前，CBL 裂解炉已有 CBL-Ⅰ～CBL-Ⅶ型炉投入运行，而且 CBL-Ⅷ 型炉正在研究之中。采用 CBL 技术建设的各型新建及改造（辐射炉管）裂解炉总共达 117 台，总能力达 11530kt/a 乙烯。其中单炉能力小于 100kt/a 裂解炉共有 44 台，总能力约 2445kt/a；100kt/a 及以上裂解炉共有 73 台，总能力达 9090kt/a，分别建于燕山、茂名、天津、镇海和武汉等地。

1.CBL 裂解炉的大型化

1998 年，100kt/a 乙烯裂解炉开始开发，于 2000 年 7 月建成于燕化公司化工一厂，9 月一次投料成功。

2000 年，150kt/a 裂解炉开始开发，于 2010 年 7 月 27 日在镇海石化投入使用，具备分炉膛烧焦能力，并通过了鉴定，达到国际领先水平。

200kt/a 裂解炉的开发工作已完成，已于 2010 年 8 月和 12 月分别通过了总部及国家的验收，目前计划在青岛炼化进行工业化。

2.CBL 裂解炉的技术出口

2010 年 CBL 开发组与中国石化科技开发公司、中国石化国际事业公司一道通过与国外专利商的竞标获得了马来西亚某石化公司新增裂解炉项目，已于 2012 年 11 月 9 日投产，并于 2013 年 2 月通过考核。

CBL 裂解炉技术的首次出口及首个出口项目的顺利投产，表明中国石化的乙烯裂解技术具备了国际竞争力，中国石化已成功跻身于乙烯裂解技术国际专利商行列，为进一步开拓海外技术市场奠定了基础。

任务三
掌握烃类热裂解的反应原理与工艺条件

一、 烃类热裂解的反应原理

烃类热裂解的反应过程非常复杂，它包括脱氢、断链、二烯烃合成、异构化、脱氢环化、脱烷基、叠合、脱氢交联和焦化等一系列反应，裂解产物多达数十种甚至上百种。烃类在裂解过程中的主要产物变化如图 3-15 所示。

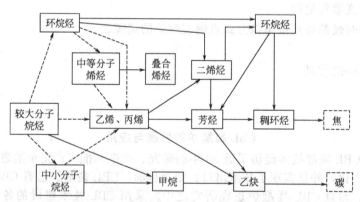

图 3-15　烃类热解过程中一些主要产物变化

在图 3-15 所示的产物变化过程中，按反应的先后顺序，可分为一次反应（虚线箭头所示）和二次反应（实线箭头所示）。

一次反应，即由原料烃类经裂解生成乙烯和丙烯等产物的反应。二次反应指一次反应生成的乙烯、丙烯等低级烯烃进一步发生反应，生成多种产物，甚至最后生成焦或碳。

一次反应是生成目的产物的反应，是生产上所希望的；而二次反应不仅降低了乙烯、丙烯的收率，而且生成的焦或碳会堵塞管道及设备，影响裂解操作的稳定，这是生产上所不希望的。所以我们应尽量促进一次反应的进行，抑制二次反应的发生。

1. 烃类热裂解的一次反应

各类裂解原料中，主要有烷烃、环烷烃和芳香烃，以炼厂气为原料时还含有少量烯烃。下面分述各类烃的裂解反应。

（1）烷烃裂解

① 断键反应　C—C 键断裂，反应产物为碳原子数较少的烷烃和烯烃。其通式为：

$$C_{m+n}H_{2(m+n)+2} \longrightarrow C_m H_{2m} + C_n H_{2n+2}$$

② 脱氢反应　C—H 键断裂，生成碳原子数与原料烷烃相同的烯烃和氢气。其通式为：

$$C_n H_{2n+2} \Longleftrightarrow C_n H_{2n} + H_2$$

脱氢反应是可逆反应，在一定条件下达到动态平衡。

（2）环烷烃裂解　环烷烃裂解时，可以发生断链和脱氢反应，生成乙烯、丁烯、丁二烯和芳烃等。如环己烷裂解。

① 断链反应

② 脱氢反应

（3）芳烃裂解　芳烃的热稳定性很高，在一般的裂解过程中，芳香环不易发生断裂，而主要发生如下反应：

$$苯 \xrightarrow{脱氢缩合} 多环芳烃 \xrightarrow{脱氢缩合} 稠环芳烃$$

$$烷基芳烃 \xrightarrow{断侧链} 苯、甲苯、二甲苯等$$

（4）烯烃裂解　天然石油中不含烯烃，但其加工油品中可能含有烯烃。烯烃在裂解条件下也能发生断链反应和脱氢反应，生成乙烯、丙烯等低级烯烃和二烯烃。

2. 烃类热裂解的二次反应

烃类热裂解的二次反应主要是指一次反应后生成的烯烃产物发生的进一步反应。

（1）烯烃裂解　一次反应生成的大分子烯烃可以继续裂解生成小分子烯烃或二烯烃。

（2）烯烃聚合、环化和缩合反应　烯烃能发生聚合、环化、缩合反应，生成较大分子的烯烃、二烯烃和芳烃。

（3）烯烃加氢和脱氢反应　烯烃可以加氢生成相应的烷烃，也可以脱氢生成相应的二烯烃和炔烃。

（4）结焦生碳反应

$$乙烯 \xrightarrow{脱氢} 乙炔 \xrightarrow{脱氢} 碳和氢气$$

$$乙烯 \xrightarrow{脱氢} 芳烃 \xrightarrow{脱氢缩合} 稠环芳烃 \xrightarrow{脱氢缩合} 焦$$

由上述讨论可知，各种烃热裂解时，正构烷烃最有利于生成乙烯、丙烯，异构烷烃的烯烃总收率低于同碳原子数的正构烷烃，环烷烃生成芳烃的反应优于生成单烯烃的反应，芳烃脱氢缩合结焦的趋势较大。因此，各类烃热裂解生成乙烯的能力有如下顺序：正烷烃＞异烷烃＞环烷烃＞芳烃。

知识链接

碳与焦的区别

　　形成过程不同：烯烃经过乙炔脱氢而生碳；经过芳烃缩合而结焦。

　　形成温度不同：900～1100℃经过炔烃中间阶段而生碳；500～900℃经过芳烃中间阶段而结焦。

　　氢含量不同：碳几乎不含氢；焦含有微量氢。

二、 烃类热裂解反应的特点

烃类裂解的原料可以有所不同，但在工艺、设备和操作上却有一些共同特点。

① 烃类热裂解是强吸热反应，需在高温下进行。

② 为了避免二次反应的发生，裂解气必须尽快离开高温反应区，并立即采取急冷措施，使裂解气快速降温。

③ 烃类裂解反应为分子数增加的反应，烃分压降低，有利于原料向反应产物的平衡方向移动。

④ 反应产物是复杂的混合物，除了裂解气和液态烃之外，尚有固体产物焦生成，所以对裂解炉要定期清焦。

大家来讨论

1. 在烃类热裂解过程中，为什么要促进一次反应，抑制二次反应？

2. 烃类热裂解反应有何特点？

三、 烃类热裂解的工艺条件

根据烃类热裂解的反应原理和反应特点可知，在烃类热裂解工艺过程中，影响裂解的主要因素有裂解温度、停留时间和烃分压。

1. 裂解温度

裂解反应是一个强吸热反应，需要在高温下才能进行。温度越高对生成乙烯、丙烯越有利，对烃类分解成碳和氢的副反应也越有利。因此，应选择一个最适宜的裂解温度，以便得到较高的乙烯收率。

一般当温度低于750℃时，生成乙烯的可能较小或者说乙烯的收率较低。当反应温度超过900℃，甚至达到1100℃时，对结焦和生碳反应极为有利。这样原料的转化率虽有增加，产品的产率却大大下降。表 3-1 为温度对乙烷转化率及乙烯收率的影响。

表 3-1 温度对乙烷转化率和乙烯收率的影响

温度/℃	停留时间/s	乙烷单程转化率/%	乙烯收率/%
832	0.0278	14.8	89.4
871	0.0278	34.3	86.0

因此，理论上烃类裂解制乙烯的最适宜温度一般为 750~900℃，实际裂解温度的选择还与裂解原料、产品分布、裂解技术、停留时间等因素有关。

2. 停留时间

裂解原料在反应区域内所经历的反应时间为停留时间。在一定的反应温度下，每一种裂解原料，都有它的最适宜的停留时间。如果裂解原料在反应区停留时间太短，大部分原料还来不及反应就离开了反应区，使原料的转化率降低；若原料在反应区停留时间过长，则加剧了二次反应的进行，虽然原料的转化率很高，但乙烯的收率反而下降，同时生成大量焦和碳，既浪费了原料，又影响生产的正常进行。停留时间对乙烷转化率和乙烯收率的影响如表 3-2 所示。

表 3-2 停留时间对乙烷转化率和乙烯收率的影响

温度/℃	停留时间/s	乙烷单程转化率/%	乙烯收率/%
832	0.0278	14.8	89.4
832	0.0805	60.2	76.5

一些原料的裂解研究结果表明，裂解温度与适宜停留时间之间存在相互依赖与相互制约的关系。提高反应温度，可以缩短停留时间。温度越高，最适宜的停留时间越短。

由以上讨论可知，烃类裂解必须创造一个高温、快速、急冷的反应条件，使裂解原料很快上升到反应温度，经极短时间停留的高温反应后，迅速离开反应区，然后使裂解气急冷降温，以终止其反应。

3. 烃分压与稀释剂

烃分压是指进入裂解反应管的物料中气相烃的分压。

（1）压力对裂解反应的影响 烃类裂解的一次反应是分子数增多的反应，降低压力有利于反应向正方向进行；缩合、聚合等二次反应，都是分子数减少的反应，降低压力可抑制这些反应的进行。因此，降低压力对烃的裂解是有利的。

裂解是在高温下进行的，高温系统不易密封，如直接采用减压操作，就有可能吸入空气导致爆炸危险。此外，减压操作对以后分离工段的压缩操作也不利。所以，烃类裂解一般不采用直接减压法，而是在裂解原料气中添加稀释剂以降低烃分压。

（2）稀释剂 稀释剂在化学反应过程中应具有较高的稳定性。惰性气体（如氮气）或水蒸气均可做稀释剂，目前工业上采用的是水蒸气，其优点如下。

① 水蒸气易从裂解产物中分离。

② 降低烃分压的作用明显。

③ 具有稳定炉管温度、保护炉管的作用。

④ 可脱除炉管的部分结焦。

⑤ 可抑制原料中的硫对合金钢炉管的腐蚀。

⑥ 减轻了炉管中铁和镍对烃类气体分解生炭的催化作用。

水蒸气的加入量随裂解原料不同而异，一般以防止结焦、延长操作周期为前提。裂解原

料越重，越易结焦，加入的水蒸气量越大，

综上所述，原料烃的裂解宜采用高的裂解温度、短的停留时间和较低的烃分压，产生的裂解气要迅速离开反应区，并加以急冷，以获得较高的乙烯产率。

大家来讨论

1. 影响烃类热裂解的主要因素有哪些？适宜的工艺条件如何？
2. 烃类热裂解过程中，为什么要在原料中加入稀释剂来降低烃分压？

知识拓展

我国乙烯产能情况

近年来，我国乙烯工业发展迅猛，产能已由 2005 年的 785.9 万吨/年增加到 2012 年的 1648.9 万吨/年，年均增长率达 11.2%，乙烯装置平均规模也提高到 61.1 万吨/年，超过世界平均规模的 52 万吨/年，我国已成为仅次于美国的世界第二大乙烯生产国。近年来我国乙烯产能情况、世界十大乙烯生产国（地区）产能统计、世界十大乙烯生产商排名情况分别见表 3-3～表 3-5。

表 3-3 近年来我国乙烯产能情况　　　　　　　　　　单位：万吨/年

生产厂家	2008 年	2009 年	2010 年	2011 年	2012 年
燕山石化	71.0	71.0	71.0	71.0	71.0
北京东方石化	15.0	15.0	15.0	15.0	15.0
上海石化 1 号	14.5	14.5	14.5	14.5	14.5
上海石化 2 号	70.0	70.0	70.0	70.0	70.0
齐鲁石化	80.0	80.0	80.0	80.0	80.0
扬子石化	70.0	70.0	70.0	70.0	70.0
天津石化 1 号	20.0	20.0	20.0	20.0	20.0
天津石化 2 号	—	—	100.0	100.0	100.0
茂名石化	100.0	100.0	100.0	100.0	100.0
中原石化	18.0	18.0	18.0	18.0	18.0
广州石化	21.0	21.0	21.0	21.0	21.0
南京扬巴乙烯	60.0	60.0	60.0	74.0	74.0
上海赛科石化	90.0	119.0	119.0	119.0	119.0
福建联合石油化工	—	80.0	80.0	80.0	80.0
镇海炼化	—	—	100.0	100.0	100.0
中石化合计	629.5	738.5	938.5	952.5	952.5
兰州石化	70.0	70.0	70.0	70.0	70.0
辽阳石化	20.0	20.0	20.0	20.0	20.0
大庆石化	60.0	60.0	60.0	60.0	120.0
抚顺石化	14.4	14.4	14.4	14.4	94.4
独山子石化 1 号	22.0	22.0	22.0	22.0	22.0
独山子石化 2 号	—	100.0	100.0	100.0	100.0
吉林石化聚乙烯厂	70.0	70.0	70.0	70.0	70.0
吉林石化有机厂	15.0	15.0	15.0	15.0	15.0
中石油合计	271.4	371.4	371.4	371.4	511.4
壳牌/中海油乙烯	80.0	80.0	95.0	95.0	95.0

生产厂家	2008 年	2009 年	2010 年	2011 年	2012 年
中海油合计	80.0	80.0	95.0	95.0	95.0
辽宁华锦化工	16.0	61.0	61.0	61.0	61.0
蓝星沈阳化工集团 1 号	—	15.0	15.0	15.0	15.0
蓝星沈阳化工集团 2 号	—	15.0	15.0	15.0	15.0
地方石油化工	31.0	91.0	91.0	91.0	91.0
合计 （装置/套）	1027.9 (22)	1371.9 (26)	1586.9 (28)	1600.9 (28)	1740.9 (28)

表 3-4　世界十大乙烯生产国及地区产能情况统计　　　　　　　　单位：万吨/年

国家/地区	2010 年	2011 年	2012 年
美国	2759.3	2759.3	2759.3
中国	1503.5	1563.5	1703.5
沙特阿拉伯	1195.5	1315.5	1435.5
日本	726.5	726.5	726.5
德国	574.3	649	649
韩国	563	574.3	574.3
加拿大	553.1	553.1	573.4
伊朗	473.4	473.4	553.1
中国台湾	400.6	400.6	400.6
荷兰	396.5	396.5	396.5

表 3-5　世界十大乙烯生产商排名

排名	公司名称	工厂数 /个	总产能/(万吨/年)	股份内能力/(万吨/年)
1	沙特基础工业(沙伯)公司	15	1339.2	1027.4
2	陶氏化学公司	21	1304.5	1052.9
3	埃克森美孚化学公司	20	1251.5	855.1
4	壳牌公司	13	935.8	594.7
5	中国石化集团公司	13	789.5	727.5
6	道达尔公司	11	593.3	347.2
7	雪佛龙菲利浦斯化学公司	8	560.7	535.2
8	利安德巴赛尔公司	8	520.0	520.0
9	伊朗国家石化公司	7	473.4	473.4
10	英力士公司	6	465.6	428.6

任务四
了解裂解气净化与分
离的工艺过程

一、裂解气的组成和分离方法

1. 裂解气的组成

由烃类热裂解得到的裂解气是组成复杂的气体混合物，其中有目的产物乙烯、丙烯，又有副产物丁二烯、饱和烃类，此外还有氢气和少量的一氧化碳、二氧化碳、炔烃、水和硫化物等杂质。

　　裂解气的净化与分离就是除去有害杂质，分离出单一烯烃组分或烃的馏分，为基本有机化工提供原料。

2. 裂解气的分离方法

　　工业生产上采用的裂解气分离方法，主要有深冷分离和油吸收精馏分离两种，在此主要介绍深冷分离法。

　　深冷分离法是在－100℃左右的低温下，将裂解气中除了氢和甲烷以外的其他烃类全部冷凝下来。然后利用裂解气中各种烃类相对挥发度的不同，采用精馏操作将各组分逐一分离。因为这种分离方法采用了－100℃以下的冷冻系统，故称为深度冷冻分离，简称深冷分离。

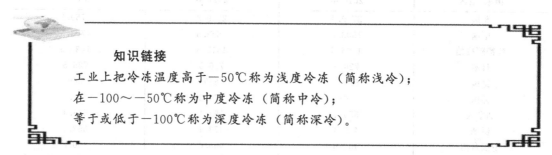

　　知识链接

　　工业上把冷冻温度高于－50℃称为浅度冷冻（简称浅冷）；

　　在－100～－50℃称为中度冷冻（简称中冷）；

　　等于或低于－100℃称为深度冷冻（简称深冷）。

　　深冷分离法是目前工业生产中广泛采用的分离方法。它的经济技术指标先进，产品纯度高，分离效果好，但投资较大，流程复杂，动力设备较多，需要大量的耐低温合金钢。因此，适用于加工精度高的大工业生产。图3-16是深冷分离流程，图中净化位置可以变动，精馏塔数量及其位置也有多种选择，但就其分离过程来说，可由三大系统组成。

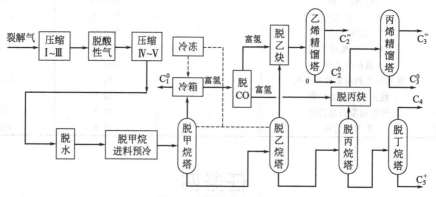

图3-16　深冷分离流程

　　（1）气体净化系统　包括脱酸性气体、脱水、脱炔和脱一氧化碳等操作过程。是为了排除对后续操作的干扰，提高产品的纯度。

　　（2）压缩和制冷系统　该系统的任务是加压、降温，为分离创造条件。

　　（3）精馏分离系统　由一系列精馏塔构成，是深冷分离的核心，其任务是将各组分进行分离并将乙烯、丙烯产品精制提纯。

二、　裂解气的净化

　　为了提高乙烯、丙烯等产品的质量，且使分离过程能正常进行，裂解气在深冷精馏前首先要脱除其中所含杂质，包括脱酸性气体、脱水、脱炔和脱一氧化碳等。

1. 酸性气体的脱除

裂解气中的酸性气体主要指 H_2S、CO_2 和少量有机硫化物，如 COS、CS_2、RSR、RSH、噻吩等。

（1）酸性气体的危害　这些酸性气体含量过多时，对分离过程会带来危害。H_2S 能腐蚀设备管道，使干燥用的分子筛寿命缩短，还能使加氢脱炔用的催化剂中毒；CO_2 在深冷分离过程中会结成干冰，堵塞设备和管道，影响正常生产。所以必须将这些酸性气体脱除。

（2）脱除方法　工业上一般用化学吸收法，即采用适当的吸收剂来洗涤裂解气，可同时脱除 H_2S 和 CO_2 等酸性气体。常采用的吸收剂有 NaOH 溶液、乙醇胺溶液、N-甲基吡咯烷酮等。管式炉裂解气中一般 H_2S 和 CO_2 含量较低，多采用 NaOH 溶液洗涤法，简称碱洗法。

（3）碱洗法流程　碱洗法流程如图 3-17 所示。裂解气进入碱洗塔底部，与碱液逆流接触。碱洗塔分为四段，塔顶为水洗段，以除去裂解气中夹带的碱雾，并达到降温的目的；向下依次为强碱段、中碱段和弱碱段，各段循环碱液的浓度分别控制为 10%～15%、5%～7% 和 1%～3%（均为质量分数）。碱液用泵循环，新鲜碱液用补充泵连续送入强碱段以保持浓度。塔底排出的废碱液送往废碱处理装置。除去酸性气体的裂解气由塔顶流出，去下一个净化分离设备。

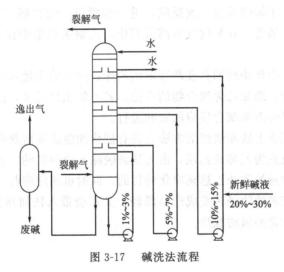

图 3-17　碱洗法流程

大家来讨论

碱洗塔为什么要分成四段进行洗涤？

2. 脱水

由于在裂解原料中加入了稀释水蒸气，所得裂解气在急冷和酸性气体脱除中，又都与水接触，所以裂解气中不可避免地含有一些水分。

（1）水的危害　在低温分离时，水会凝结成冰；另外在一定的温度和压力下，水还能与烃类形成白色结晶水合物，这些水合物在高压低温下是稳定的。冰和水合物冻结在设备管壁上，轻则增加动力消耗，重则堵塞管道，产生局部冻塔，影响正常生产。因此，必须对裂解气进行脱水干燥。

（2）脱除方法　工业上采用吸附法脱水。吸附法是用多孔性的固体吸附剂处理流体混合物，使其中一种或几种组分吸附于固体表面上，以达到分离的目的。吸附剂有分子筛、活性氧化铝或硅胶等，目前广泛采用的是分子筛吸附剂。

知识链接

分子筛

分子筛是一种硅铝酸盐多微孔晶体，具有微小的、直径大小一致的"蜂窝状"孔穴，如图 3-18 所示。这些孔穴能把比其直径小的分子吸附到孔腔的内部，而把比其直径大的分子排斥在外，即具有"筛分"分子的作用，故称分子筛。

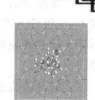

图 3-18 分子筛结构

3. 脱炔

在裂解反应中，由于烯烃发生二次反应，进一步脱氢，使裂解气中含有一定量的乙炔，还有少量的丙炔、丙二烯等。在裂解气分离过程中，乙炔主要集中在 C_2 馏分，丙炔及丙二烯主要集中在 C_3 馏分。

（1）炔烃的危害　少量炔烃的存在严重影响乙烯、丙烯的质量和用途。乙炔的存在还将影响合成催化剂的寿命，恶化乙烯聚合物的性能。若乙炔积累过多，还有爆炸的危险。丙炔和丙二烯的存在，将影响丙烯聚合反应的顺利进行。

（2）脱除方法　工业上脱除炔烃的方法主要有催化加氢法和溶剂吸收法。催化加氢法是将裂解气中的乙炔加氢成为乙烯或乙烷，由此达到脱除乙炔的目的。溶剂吸收法是采用选择性溶剂吸收裂解气中少量的乙炔以达到净化的目的，同时也相应回收一定量的乙炔。

催化加氢法能将有害的炔烃转变成产品烯烃，又不会带入任何新杂质，工艺操作简单，所以工业上大多采用催化加氢法脱炔。

（3）催化加氢法

① 反应原理

主反应：

$$CH \equiv CH + H_2 \longrightarrow CH_2 = CH_2$$

副反应：

$$CH \equiv CH + 2H_2 \longrightarrow CH_3 - CH_3$$
$$CH_2 = CH_2 + H_2 \longrightarrow CH_3 - CH_3$$

乙炔也可能聚合生成二聚、三聚等俗称绿油的物质。

从以上三个反应式来看，怎样才能促使主反应发生，抑制副反应的进行呢？解决问题的关键是采用选择性良好的催化剂。工业上脱炔常用钯系催化剂，在此催化剂上，乙炔的吸附能力比乙烯强，能进行选择性加氢。

② 前加氢与后加氢　根据加氢脱炔过程在裂解气分离流程中所处的位置不同，可分为前加氢脱炔和后加氢脱炔两种方法。

　　在脱甲烷塔前进行加氢脱炔称为前加氢，即利用裂解气中还没有被分离出来的氢气进行加氢脱炔，不需外加氢气，所以前加氢又叫自给加氢。在脱甲烷塔之后进行加氢脱炔称为后加氢，即裂解气经过脱甲烷、氢气后，将 C_2、C_3 馏分用精馏塔分开，然后分别对 C_2 和 C_3 馏分进行加氢脱炔，需要外部加入氢气。前加氢与后加氢技术的比较见表3-6。

表3-6　前加氢与后加氢技术的比较

序号	项目	前加氢	后加氢
1	加氢馏分	裂解气全馏分——H_2、C_1、C_2、C_3 馏分	C_2、C_3 馏分分开后，分别加氢
2	氢气供给	自给,但氢气的量不易控制	外部加入,氢气的量可控
3	工艺流程	简单	复杂
4	处理气量	气体组成复杂,处理量大,反应器的体积也大	气体组成简单,杂质少,反应器体积小
5	催化剂	对催化剂的要求高、用量大、寿命短	催化剂不易中毒,选择性高,使用寿命长
6	氢炔比	不易控制	易于控制
7	产品特点	丙炔和丙二烯有残留	乙烯收率高,乙烯损失少

目前国内外采用后加氢方案的较多。

4. 脱一氧化碳（甲烷化）

裂解气中的 CO 是在裂解过程中稀释水蒸气与结碳发生水煤气化反应而生成的。

（1）CO 的危害　裂解气中少量的 CO 带入富氢馏分中，会使选择性加氢催化剂中毒，而乙烯中若有 CO，将影响聚乙烯产品的性能。因此裂解气分离前必须脱除 CO。

（2）脱除方法　乙烯装置中采用的脱除 CO 的方法是甲烷化法，即 CO 加氢法。该法是在催化剂存在的条件下，使裂解气中的一氧化碳加氢生成甲烷和水，从而达到脱除 CO 的目的。其反应式如下：

$$CO + 3H_2 \longrightarrow CH_4 + H_2O$$

 大家来讨论

裂解气的净化主要脱除哪些杂质？各用什么脱除方法？

三、压缩与制冷

1. 裂解气的压缩

（1）压缩的目的　裂解气中的低级烃类在常温常压下都是气体，它们的沸点都很低。如果在常压下将各组分冷凝分离，则分离温度很低，冷量消耗很大，设备的耐低温要求也很高，在经济上不够合理。

根据物质的沸点随压力增加而升高的规律，对裂解气体进行压缩，使各组分沸点升高，即提高分离的操作温度，这样既有利于分离，又可节约冷量和低温材料。在深冷分离中，一般采用 $3.54 \sim 3.95$ MPa 的压力。

（2）裂解气的多段压缩　裂解气经压缩后，重组分中的二烯烃能发生聚合反应，生成的聚合物或焦油沉积在压缩机内，影响压缩机正常工作。为了避免聚合现象的发生，必须严格控制压缩后的气体温度不能高于 $100℃$。为此，工业上一般采用多段压缩技术，段数的多少可根据压缩机出口排气温度确定。

采用多段压缩技术，在段间设置冷却器，不仅可以节省能量，降低压缩功消耗，而且可分离出相当量的水分和重质烃，减少后续干燥及低温分离的负担。此外，采用多段压缩也便于在压缩段之间进行净化与分离，例如，脱硫、干燥和脱重组分可以安排在段间进行。

目前大规模生产厂的裂解气压缩机都是离心式的，一般为四至五段。图 3-19 为乙烯工业生产中的裂解气压缩机。

图 3-19　乙烯工业生产中的裂解气压缩机

大家来讨论

裂解气压缩后的温度应控制在什么范围？为什么？如何实现？

2. 制冷

深冷分离过程中除了对裂解气进行压缩外，还需要供给冷量把裂解气温度降到－100℃以下，创造高压低温的条件，以完成分离任务。获得冷量的过程称为制冷。深冷分离中常用的制冷方法有两种：冷冻循环制冷和节流膨胀制冷。

（1）冷冻循环制冷　将物料冷却到低于环境温度的冷却过程称为冷冻。冷冻循环制冷的原理是制冷剂自液态汽化时，要从物料或中间物料吸收热量因而使物料温度降低。

① 单级制冷循环

a. 单级制冷循环系统如图 3-20 所示，其四个基本过程如图 3-21 所示。

b. 单级制冷循环系统组成如下：

蒸发器——制冷剂吸热蒸发，变成低温低压气体。

压缩机——制冷剂由低温低压气体变为高温高压气体。

冷凝器——制冷剂在冷凝器中冷却冷凝成液体。

节流阀——压力、温度降低。

c. 制冷剂　工业上常用的制冷剂较多，在深冷分离中使用最多的是氨、乙烯、丙烯和甲烷等。丙烯常压沸点为－47.7℃，可作为－40℃温度级的制冷剂。乙烯常压沸点为－103.7℃，可作为－100℃温度级的制冷剂。甲烷常压沸点为－161.5℃，可作为－160～－120℃温度级的制冷剂。

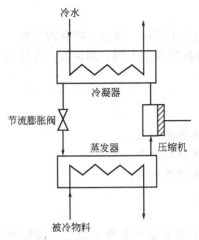

图 3-20　单级制冷循环系统

图 3-21　单级制冷循环系统的四个基本过程

② 复叠制冷循环　在深冷分离系统中，常采用乙烯-丙烯复叠制冷，如图 3-22 所示。复叠换热器中水向丙烯供冷，丙烯向乙烯供冷，乙烯向−100℃冷量用户供冷。对于深冷分离过程中需要低于−100℃的冷量用户，可以采用甲烷-乙烯-丙烯三元复叠制冷。通过两个复叠换热器，使冷水向丙烯供冷，丙烯向乙烯供冷，乙烯向甲烷供冷，甲烷向低于−100℃冷量用户供冷。

（2）节流膨胀制冷　所谓节流膨胀制冷，就是气体由较高的压力通过一个节流阀迅速膨胀到较低的压力，由于过程进行得非常快，来不及与外界发生热交换，膨胀所需的热量，必须由自身供给，从而引起温度降低。

乙烯生产脱甲烷分离流程中，利用脱甲烷塔顶尾气的自身节流膨胀可获得−160～−130℃的低温。

（3）热泵　通过做功将热量从低温热源传递给高温热源的供热系统称为热泵系统，是利用制冷循环在制取冷量的同时又进行供热的系统。

在通常的精馏过程中，塔顶需用外来制冷剂制冷从塔顶移出热量，塔釜又要用外来热剂供给热量。将精馏塔和制冷循环结合起来，通过做功使塔顶气体冷凝，同时冷凝放出的热量转移给塔釜，使塔釜液体被加热汽化，因此构成一个很好的热泵系统。该热泵系统是既向精馏塔塔顶供冷，又向塔釜供热的制冷循环系统。

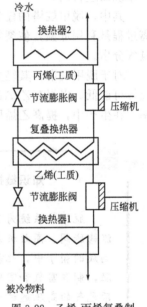

图 3-22　乙烯-丙烯复叠制冷系统

热泵 { 闭式热泵：塔物料与制冷剂自成系统、互不相干的热泵系统。
　　　 开式热泵：直接以塔顶气相物料或塔釜液相物料作制冷剂的热泵系统。

大家来讨论

什么是热泵？热泵有几种类型？各有何特点？

四、 裂解气深冷分离

裂解气经压缩、制冷和净化过程，为深冷分离创造了高压、低温、净化的条件。

深冷分离的任务就是根据裂解气中各低级烃相对挥发度的不同，用精馏的方法逐一进行分离，最后获得纯度符合要求的乙烯和丙烯产品。

1. 精馏分离系统

深冷分离流程中的主要精馏塔如下。

① 脱甲烷塔　将甲烷以及比甲烷轻的组分从塔顶分离出去。

② 脱乙烷塔　将乙烷以及比乙烷轻的组分从塔顶分离出去。

③ 脱丙烷塔　将丙烷以及比丙烷轻的组分从塔顶分离出去。

④ 乙烯精馏塔　分离乙烯、乙烷，简称乙烯塔。

⑤ 丙烯精馏塔　分离丙烯、丙烷，简称丙烯塔。

（1）脱甲烷塔系统　在裂解气分离装置中，脱甲烷塔系统是投资最大、能耗最多的环节。深冷分离流程中，需要在 $-90℃$ 以下的低温条件脱除氢和甲烷，其冷冻功耗约占全装置冷冻功耗的 50% 以上。所以在分离设计中，工艺安排、设备和材质的选择，大多是围绕这一系统而进行的。

其中，脱甲烷塔的任务是将裂解气中甲烷、氢气和乙烯及比乙烯重的组分进行分离。分离过程是利用低温，使裂解气中除甲烷、氢气外的各组分全部液化，然后将不凝气体甲烷、氢气分出。

对于脱甲烷塔，其轻关键组分为甲烷，重关键组分为乙烯。生产上要求塔釜中甲烷含量应尽可能低，以提高乙烯的纯度。同时塔顶尾气中乙烯含量应尽可能低，以提高乙烯回收率。在生产中，提高乙烯回收率的主要措施是节流膨胀制冷，此过程是在冷箱中进行的。

知识链接

冷箱

　　脱甲烷系统为了防止低温设备散冷，减少其与环境接触的表面积，常把节流膨胀阀、高效板式换热器、气液分离器等低温设备，封闭在一个由绝热材料制成的箱子中，此箱称为冷箱。冷箱的用途是将裂解气和脱甲烷塔顶尾气降温，制取富氢和富甲烷，回收尾气中的乙烯。冷箱的工作原理是利用脱甲烷塔顶尾气的高压通过节流膨胀来获得低温。

按冷箱在流程中所处的位置不同，可分为前冷和后冷两种流程。前冷流程是冷箱放在脱甲烷塔之前处理塔的进料，用冷箱冷冻裂解气，即冷冻脱甲烷塔进料。后冷流程是冷箱在脱甲烷塔之后处理塔顶气，通过降温回收乙烯。前冷和后冷两种流程的比较见表3-7。

表3-7　前冷流程和后冷流程的比较

项目	前　　冷	后　　冷
1	流程复杂,自动化要求高	流程简单,温度低,乙烯损失少
2	适应性小	操作弹性大,对原料气组成要求不严格
3	脱甲烷塔的分离效果较高	脱甲烷塔的分离效果一般
4	乙烯的回收率高,富氢的纯度较高,氢气含量90%	乙烯回收不完全,回流比大,富氢的纯度低,氢气含量70%
5	节省低温制冷剂和减轻脱甲烷塔的负荷	脱甲烷塔的负荷较大

前冷流程适用于规模较大、自动化程度较高、原料气较稳定以及需要获得纯度较高的富

氢场合。目前工业生产中应用前冷流程的较多。

大家来讨论

脱甲烷塔系统在深冷分离装置中的地位如何？

（2）乙烯塔和丙烯塔　乙烯塔的任务是分离 C_2 馏分（C_2^0、$C_2^=$），塔顶得到聚合级乙烯，塔底回收乙烷。乙烯塔是出成品的塔，而且消耗冷量较大，占总制冷量的 $38\%\sim44\%$，仅次于脱甲烷塔。因此乙烯塔的操作直接影响着产品的纯度、收率和成本，所以也是深冷分离中的一个关键塔。

丙烯塔的任务是分离 C_3 馏分（C_3^0、$C_3^=$），塔顶得到聚合级丙烯馏分，塔底得到丙烷馏分。由于丙烯、丙烷的相对挥发度很小，彼此不易分离。要达到分离目的，就得增加塔板数、加大回流比。所以，丙烯塔是分离系统中塔板数最多、回流比最大的一个塔，也是运转费和投资费较多的一个塔。

2. 深冷分离流程

深冷分离流程比较复杂，设备较多，包括许多操作单元。每个单元所处的位置不同，可以构成不同的流程。目前具有代表性的三种分离流程是：顺序分离流程（1→2→3流程），前脱乙烷分离流程（2→1→3流程）和前脱丙烷分离流程（3→1→2流程）。（注：1、2、3分别指脱甲烷塔、脱乙烷塔和脱丙烷塔。）

三种流程工艺介绍如下。

（1）顺序分离流程　顺序分离流程按裂解气中各组分碳原子数增加的顺序进行分离，即先分离出甲烷、氢气，其次是脱乙烷和乙烯-乙烷分离，接着是脱丙烷和丙烯-丙烷分离，最后是脱丁烷，塔底得 C_5 馏分，如图 3-23 所示。

顺序分离工艺流程，技术较成熟，运转周期长，稳定性好，对不同组成的裂解气适应性强。该流程适合于所有裂解原料，尤其适合于轻质油作裂解原料所得裂解气的分离。目前，国内外广泛采用顺序分离工艺流程。

（2）前脱乙烷分离流程　前脱乙烷分离流程是以脱乙烷塔为界限，将物料分成两部分。一部分是轻组分，即甲烷、氢气、乙烷和乙烯等组分；另一部分是重组分，即丙烯、丙烷、丁烯、丁烷以及 C_5 以上的烃类。然后再将这两部分各自进行分离，分别获得所需的烃类，如图 3-24 所示。此流程适宜处理轻质原料的裂解气。

（3）前脱丙烷分离流程　前脱丙烷分离流程是以脱丙烷塔为界限，将物料分为两部分，一部分为丙烷及比丙烷更轻的组分；另一部分为 C_4 及比 C_4 更重的组分，然后再将这两部分各自进行分离，获得所需产品，如图 3-25 所示。此流程适宜处理重质原料的裂解气。

大家来讨论

图 3-23、图 3-24、图 3-25 三种分离流程中各采用了哪种加氢方案？冷箱的位置如何？

（4）三种流程的比较

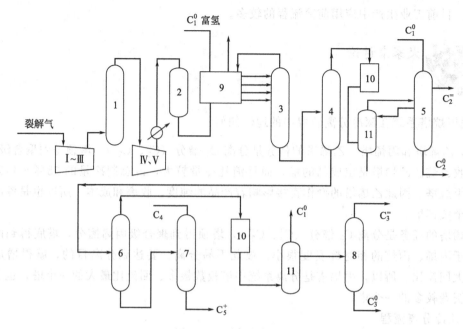

图 3-23　顺序分离流程

1—碱洗塔；2—干燥器；3—脱甲烷塔；4—脱乙烷塔；

5—乙烯精馏塔；6—脱丙烷塔；7—脱丁烷塔；

8—丙烯精馏塔；9—冷箱；10—加氢脱炔反应器；

11—绿油塔

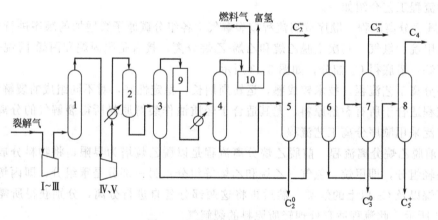

图 3-24　前脱乙烷分离流程

1—碱洗塔；2—干燥器；3—脱乙烷塔；4—脱甲烷塔；5—乙烯精馏塔；

6—脱丙烷塔；7—丙烯精馏塔；8—脱丁烷塔；9—加氢脱炔反应器；10—冷箱

共同点：① 都是采用先易后难的分离方案。

② 都是把出产品的乙烯塔与丙烯塔并联安排，并且排于最后，作为二元组分精馏处理。

不同点：① 精馏塔的排列顺序不同：顺序分离流程（1→2→3流程）；前脱乙烷流程（2→1→3流程）；前脱丙烷流程（3→1→2流程）。

② 加氢脱炔的位置不同：前加氢和后加氢。

③ 冷箱的位置不同：前冷和后冷。

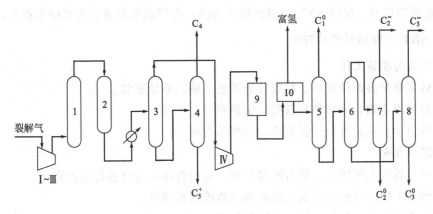

图 3-25　前脱丙烷分离流程

1—碱洗塔；2—干燥器；3—脱丙烷塔；4—脱丁烷塔；5—脱甲烷塔；

6—脱乙烷塔；7—乙烯精馏塔；8—丙烯精馏塔；9—加氢脱炔反应器；10—冷箱

五、 裂解气分离操作中的异常现象

裂解气分离操作中的异常现象及产生原因见表 3-8。

表 3-8　裂解气分离操作中的异常现象及产生原因

序号	生产工序	异常现象	产生原因
1	碱洗法脱硫	①碱洗塔 H_2S 分析不合格 ②碱洗塔 CO_2 分析不合格	①碱洗液浓度过低；碱洗液循环量过少；泵停车 ②碱洗液浓度过高
2	脱水	干燥后水含量不合格	干燥器再生效果不好；使用周期过长；物料含水量过高；干燥剂结炭；装填量不够或干燥剂质量不合格
3	脱炔及 CO	①加氢反应器反应温度过高 ②加氢反应器温差低 ③甲烷化反应器反应温度过低	①氢气加入量过高；进口温度过高；催化剂活性太高而选择性太差，导致乙烯深度加氢 ②氢气与甲烷之比过小；催化剂中毒 ③预热温度不高；氢气流量过高或过低
4	制冷	①制冷机喘振 ②制冷剂用后温度高	①流量低于波动点；吸入的物料温度过高；制冷剂中含不凝气过高 ②制冷剂蒸发压力高；冷剂量少；制冷剂中重组分含量高
5	深冷分离	①塔液泛 ②冻塔	①加热太激烈，釜温过高，负荷过大 ②物料干燥不好，水分积累太多

任务五

了解管式裂解炉的
开停车操作

在化工生产中，开停车的生产操作是衡量操作工人技术水平高低的一个重要指标。开停车进行的好坏、准备工作和处理情况如何，对生产的进行都有直接的影响，所以，开停车是生产中最重要的环节。现以 SRT-Ⅵ型裂解炉为例，介绍该型裂解炉的开停车操作。

一、 SRT-Ⅵ型裂解炉的开车

1. 开车前的准备工作

① 确认裂解炉各部件完好。检查仪表系统，确认系统正常。

② 设定流程正确。拆燃料气盲板，引燃料气至炉前。

③ 现场启动引风机进行炉膛置换，并测爆合格。

2. 裂解炉点火

① 燃料气管线实气置换，进行测爆分析，分析合格后方可进行点火操作。

② 点燃点火棒，通过点火孔点燃底部主烧嘴的长明灯。

③ 打开主烧嘴的燃料气阀门，点燃主烧嘴。

④ 依点火顺序图，按照上述方法点燃其他的底部主烧嘴。

⑤ 调整好炉膛负压和烧嘴的风门开度。未投用的烧嘴风门微开 20°～30°。

3. 裂解炉升温

① 裂解炉点火完毕后，以<100℃/h 的速率进行升温。增点烧嘴以点火顺序图进行。

② 汽包进水充液，控制好汽包液面，投用汽包和废热锅炉的排污管线。

③ 当炉管出口温度达到 200℃，投入稀释蒸汽。根据炉管出口温度调节稀释蒸汽流量。

④ 升温过程中，每两小时对裂解炉整体做全面的检查并做好记录，特别要检查平衡锤、炉管的导向，炉管的热膨胀以及炉墙的情况，发现问题要及时处理，以确保炉管的自由移动。

⑤ 当汽包压力达到 8.0MPa、汽包液面在 70%左右时，切入超高压蒸汽。

⑥ 继续以<100℃/h 的速率进行升温。当炉管出口温度低于所投原料设计裂解温度 20℃时，停止升温。

4. 热蒸汽备用

稀释蒸汽切入汽油分馏塔，投用急冷油和急冷塔系统。

5. 裂解炉投料

① 通知水汽车间原料油岗位，要求投用裂解炉原料。

② 室内进行流量确认。确认调节阀和流量表完好，原料进料畅通。

③ 逐步增加烃进料量，适当降低稀释蒸汽流量。

④ 继续增加烃进料量达到设计值的 100%。控制好裂解炉的出口温度低于设计值 15～20℃。

⑤ 注意裂解炉出口温度对进料量增加反应较快，而对炉膛燃料的反应较慢，在控制时应避免反复。

6. 裂解炉调整

① 当烃流量稳定以后，将裂解炉的烃进料量、炉管出口温度、超高压蒸汽流量和汽包液位等投入自动控制。

② 逐步增加炉管出口温度达到设计值。

③ 检查炉膛燃烧情况，调整炉膛负压、氧含量在规定的指标内。

④ 投用裂解炉的仪表联锁。

⑤ 对现场的设备、仪表、工艺管道进行全面的检查。

 大家来讨论

1. 在裂解炉的升温过程中，如何确保炉管的自由移动？

2. 在裂解炉的投料过程中，控制裂解炉出口温度时应注意什么问题？

二、 SRT-Ⅵ型裂解炉的正常停车

SRT-Ⅵ型裂解炉的正常停车步骤和开车步骤相反。

1. 正常停车

① 联系仪表人员，摘除联锁。

② 逐步降低原料进料量，在 10min 内，将原料量降到零。

③ 在降低原料进料量的同时，降低燃料气的压力或流量。

④ 在裂解炉烃进料停止后，关闭原料进料调节阀，对原料进料管线进行吹扫。

⑤ 停止投用急冷器，关闭急冷油总阀，对急冷油管线进行吹扫。

⑥ 调整炉管出口温度和稀释蒸汽流量，调整裂解炉烧嘴的风门、炉膛压力、烟气氧含量等指标在规定范围内。

2. 裂解炉清焦操作

当裂解炉需要清焦时，按 SRT-Ⅵ型炉日常操作中的清焦操作步骤进行。

3. 降温停炉

① 按点火顺序图相反的方向熄灭烧嘴，以＜100℃/h 的速率进行降温。

② 当炉管出口温度降到 600℃时，熄灭所有侧壁烧嘴。

③ 当炉管出口温度降到 300℃时，切出超高压蒸汽。

④ 当炉管出口温度降到 200℃时，停止稀释蒸汽的通入。

⑤ 当炉管出口温度降到 150℃时，关闭所有底部烧嘴和长明灯，加燃料气盲板。

⑥ 将锅炉给水管线、汽包和废热锅炉倒空，汽包充氮保护。

 大家来讨论

裂解炉降温停炉时，应按什么顺序熄灭烧嘴？

三、 裂解系统异常现象及处理方法

裂解炉运转中，在裂解系统会出现一些不正常现象，可能会危及到裂解炉的安全，生产操作者必须能够及时判断并作出相应处理。裂解系统异常现象及处理方法见表 3-9。

表 3-9　裂解系统异常现象及处理方法

序号	异常现象	产生原因	处理方法
1	裂解气出口温度升高	①指示仪表失灵 ②燃料油量太高	①检查仪表指示是否正确 ②调节燃料油量
2	炉管局部超温	管内壁结焦	清焦
3	汽油精馏塔塔釜温度升高	①急冷油循环泵及附属过滤器堵塞 ②去急冷器循环量不足	①启动备用泵及过滤器,联系检修 ②检查调节阀是否开足,启动备用泵
4	工艺水解吸塔塔釜温度偏低	①仪表失灵或误动作 ②工艺水解吸塔进水泵发生故障 ③釜温高	①检查仪表 ②检查进水泵,必要时启动备用泵 ③调节再沸器及中间回流量,降低釜温
5	急冷废热锅炉液面波动	①指示仪表失灵 ②锅炉给水不正常	①检查仪表是否正常,必要时切断遥控,改用现场手动控制 ②检查锅炉给水系统

四、 仿真实训

1. 实训的目的

① 能完成乙烯裂解单元冷态开车和正常停车仿真操作。

② 能完成乙烯裂解单元事故处理仿真操作。

2. 工艺过程

乙烯车间裂解单元是乙烯装置的主要组成部分之一。裂解炉进料预热系统利用急冷水热源,将石脑油预热到 60℃,送入裂解炉裂解。裂解炉系统利用高温、短停留时间、低烃分压的操作条件,裂解石脑油等原料,生产富含乙烯、丙烯和丁二烯的裂解气,送至急冷系统冷却。急冷系统接收从裂解炉来的裂解气,经过油冷和水冷两步工序,经过冷却和洗涤后的裂解气去压缩工段。

裂解炉废热锅炉系统回收裂解气的热量,产生超高压蒸汽作为裂解气压缩机等机泵的动力。燃料油汽提塔利用中压蒸汽直接汽提,降低急冷油黏度。稀释蒸汽发生系统接收工艺水,发生稀释蒸汽送往裂解炉管,作为裂解炉进料的稀释蒸汽,降低原料裂解中烃分压。来自罐区、分离工段的燃料气,送入裂解炉,作为裂解炉的燃料气,为裂解炉高温裂解提供热量。

3. 仿真系统的 DCS 图

(1) 裂解炉(F101)部分 DCS 图,如图 3-26 所示。

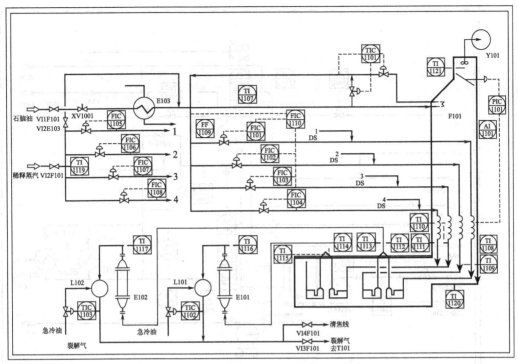

图 3-26　裂解炉（F101）部分 DCS 图

（2）油洗塔（T101）部分 DCS 图，如图 3-27 所示。

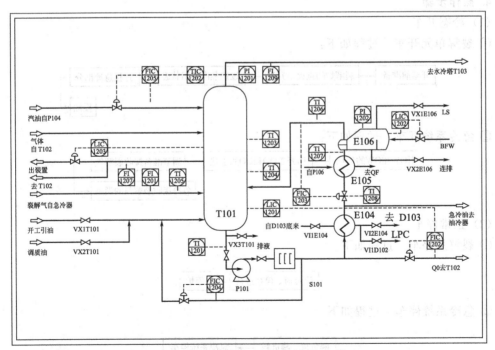

图 3-27　油洗塔（T101）部分 DCS 图

（3）水洗塔（T103）部分 DCS 图，如图 3-28 所示。

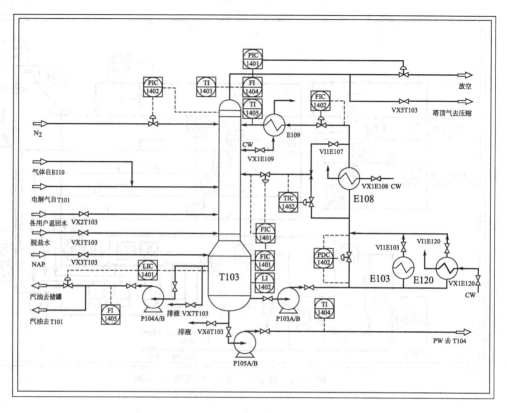

图 3-28　水洗塔（T103）部分 DCS 图

4. 操作步骤

（1）冷态开车

① 裂解单元开车　过程如下：

② 急冷系统开车　过程如下：

（2）正常停车

① 裂解炉停车　过程如下：

② 急冷系统停车　过程如下：

（3）事故处理　操作详见仿真软件。

任务六

了解乙烯生产的
安全操作

烃类热裂解生产乙烯、丙烯的过程中，从原料到产品存在着大量的易燃易爆物质，所以应对所有的设备和装置制定出切实可行的安全操作规程，采取有效的安全预防措施；对操作人员进行安全培训，使其掌握安全操作规程。

一、乙烯的物化性质与防护

乙烯的物化性质与防护见图3-29。

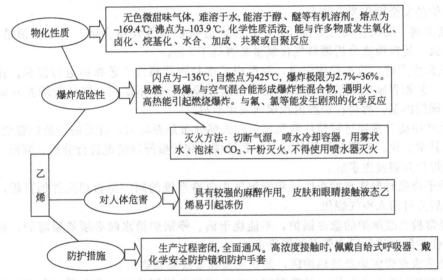

图 3-29　乙烯的物化性质与防护

动手查一查

1. 乙烯的中毒症状和急救措施是什么？
2. 乙烯生产中还有哪些主要有毒、有害物质？

二、乙烯的安全储运

乙烯应储存于阴凉、通风的库房，远离火种、热源，库温不宜超过30℃。保持容器密封，应与氧化剂、卤素分开存放，切忌混储。采用防爆型照明、通风设施。禁止使用易产生火花的机械设备和工具。储区应备有泄漏应急处理设备和合适的收容材料。

运输乙烯的车辆、船舶必须有明显的标志，容器应有接地链，防止产生静电，并配备相应品种和数量的消防器材及泄漏应急处理设备。

乙烯产品通常以液体形态储存，一般有低温储罐和压力球罐两种储存方法。乙烯的低温储罐在−104℃左右，常压，一般用压缩机来制冷。低温储罐的优点是存储量比较大，但是每次使用都要先加热汽化，对钢材的要求比较高。压力球罐压力一般在1.5～2.5MPa，温度在−30℃左右。近年来，常压式低温乙烯罐已在国内投入使用，并已取得良好的经济效益。该种储罐外表为圆柱形拱顶状，带夹层，中间加珠光砂，配BOG压缩机回收蒸发气。该种储罐较通常的球罐储存有较大的优势，为未来的乙烯储存方向。

三、 安全操作重点部位及其操作要点

1. 裂解炉

该炉裂解时的温度在800℃以上，裂解产物大多是呈气态的易燃易爆物质。裂解操作温度远远超过物料的自燃点。一旦因炉管结焦过热烧穿或焊口开裂而发生泄漏，会立即发生自燃。如与空气混合达到爆炸浓度，遇明火会发生爆炸，而生产过程就有加热炉明火。另外，燃料气含氧量超过3%，并带液进入炉膛会造成炉膛正压回火，使裂解炉停车，火从看火口外冒，易烧坏炉周围的仪表、电气设备，严重时会造成炉膛内发生爆炸。

裂解炉的安全操作要点如下。

① 点火前，要检查风门是否打开，炉膛内有机物是否置换合格，自保联锁是否挂上。若初次点火，还应检查分析燃料气含氧量是否低于3%。

② 正常生产时，检查操作记录，看反应温度是否严格按工艺指标进行控制。在开停工时，要按工艺规程确定烘炉的曲线升温、恒温和降温。停车期间，燃料管线要立即加上盲板，以防阀门内漏，燃料在炉膛内积聚而发生事故。

③ 生产中要经常通过视镜注意观察炉内火焰分布是否均匀，有无偏烧及炉管变形情况，及时处理异常变化。定期对炉管的变形、腐蚀情况和管壁测厚情况进行分析、判断，防止炉管烧穿、焊口开裂发生事故。

④ 炉子烧焦时要注意检查原料和裂解气去急冷系统的阀门是否切死并加盲板，用蒸汽置换合格后方可通入空气烧焦。

⑤ 经常检查裂解炉的急冷锅炉，不能烧干锅。停锅炉给水时必须停裂解炉，否则恢复供水时易使炉的对流管段水管及锅炉爆裂。

⑥ 经常检查裂解炉及过热炉区，禁止堆放和排放易燃物料。

⑦ 当装置发生烃类气体大量泄漏时，应立即开启裂解炉的水幕和蒸汽幕进行保护，切断燃料使炉子熄火，同时切断原料停炉。

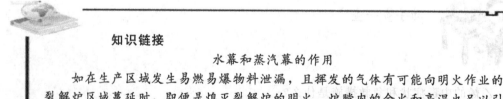

知识链接

水幕和蒸汽幕的作用

如在生产区域发生易燃易爆物料泄漏，且挥发的气体有可能向明火作业的裂解炉区域蔓延时，即便是熄灭裂解炉的明火，炉膛内的余火和高温也足以引燃可燃气体。因此，在这种情况下，必须及时投用水幕和蒸汽幕，隔离、稀释易燃易爆气体，避免次生事故的发生。

2. 压缩机

压缩机包括裂解气压缩机、乙烯压缩机和丙烯压缩机，是为裂解气、乙烯、丙烯增加压

力的关键设备，后两者又作为冷冻机使用。压缩压力可达4MPa，被压缩的物料均为易燃易爆物质，若设备材质不好，设备维护保养不良或年久失修，误操作造成负压或超压，压缩机冷却、润滑不良，管线或设备腐蚀、裂缝等而发生物料泄漏，都会导致设备爆炸和冲料，引起火灾事故。

压缩机的安全操作要点如下。

① 查看负荷是否稳定，保证在稳定区域内运行，防止压缩机发生喘振。

② 监视压缩机各段吸入罐的液位，以防止压缩机因高液位联锁停车或因液面仪表联锁失灵，气体带液进入压缩机而造成事故。

③ 检查压缩机油泵压力、冷却水、轴位移、温度等联锁是否处于正常使用和完好状态。

④ 注意检查裂解气压缩机碱洗塔的操作是否正常，以防带入压缩机而造成事故。

⑤ 严格控制乙烯、丙烯压缩机，不得在负压下操作，特别是注意监视介质的泄漏问题，防止因此而发生爆炸事故。

3. 深冷分离部位

该部位制冷过程是在$-165 \sim -30℃$超低温状态下进行的，如果原料气不干，设备系统残留水分，就会发生"冻堵"而引起胀裂漏料；或者在设备停车泄放物料时，由于违反操作规程，致使设备冷脆破裂，造成可燃物料在设备焊缝及接头连接等处大量外泄，都会引起火灾、爆炸事故。

深冷分离部位的安全操作要点如下。

① 裂解气须经干燥脱水后，方可进入深冷分离系统。

② 冷箱的设备、管道、仪表管线必须干燥，并检查裂解气露点的控制是否低于$-65℃$。若水含量高，会使冷管线及塔盘"冻堵"引起事故。

③ 冷区的设备在停车泄放物料（如将塔倒空）时，要防止发生"冷脆"现象。操作时，应在保压条件下，先将液相物料排尽，然后再放压、系统置换（若临时停车则保压），不得先泄压，后排液相物料。

④ 发生"冻堵"时，应用水蒸气暖解或用甲醇解冻疏通；冻堵严重时，应停车检查处理。

4. 加氢反应器

加氢过程包括乙炔加氢和C_3加氢，工艺条件苛刻，若反应器的进料氢炔比例控制不当，会引起反应器"飞温❶"，若"飞温"严重，反应器温度骤升，使器壁热蠕变，导致破裂着火，甚至发生爆炸。

加氢反应器的安全操作要点：要监视氢炔比例的控制是否符合工艺规定，安全联锁装置是否投用若"飞温"时联锁装置失灵，应提示将氢气和物料切断，关闭入口和出口阀门，并泄压至火炬。

5. 甲烷化反应器

通过该反应器达到脱除氢气中一氧化碳而供加氢使用。在一氧化碳含量增高时，若散热跟不上，便会发生"飞温"，有着火爆炸的危险。

---

❶ 反应器处在非稳定的操作状态下，当操作参数有小的扰动时，反应器的局部地方或整个反应器中的温度便会大幅度地上升的现象称为"飞温"。

　　甲烷化反应器的安全操作要点：要检查裂解原料中是否夹带甲醇，裂解气中一氧化碳含量有无超标，进入反应器的氢气中烯烃含量是否控制在 0.5% 以下。

 案例分析

"5·9"火灾烧伤事故

　　2000 年 5 月 9 日下午 1 点，某化工厂乙烯车间汽油加氢装置停工退料准备检修。车间技术员在检查脱戊烷塔冷凝器是否处理干净时，开冷凝器底部导淋阀，残余的 C_5 喷在附近的蒸汽管线上引发火灾，造成该技术员全身 80%Ⅱ、Ⅲ度烧伤。

　　事故原因：

　　① 该技术员没有严格执行装置的停工方案。

　　② 没有执行"严禁就地排放易燃、易爆物料及危险化学品"的规定，在排放过程中没有采取任何防范措施。

　　③ 没有严格执行"阀门应缓慢开启，发现存有物料，应关闭阀门，采取其他措施处理"的操作规程。暴露出员工安全意识淡薄，没有真正落实安全责任的问题。

　　经验教训：

　　① 应增强企业员工的安全意识，杜绝违章操作。及时总结出现事故的原因，并在以后的工作中加以改正及控制。

　　② 车间生产主管领导对员工安全生产技术教育不够，承担管理责任和领导责任。

　　③ 车间应配合安环部门，建立完善的安全检修管理体系，认真落实安全检修方案，积极总结，相互借鉴，杜绝各类事故的发生，搞好安全生产、安全检修。

四、裂解岗位生产运行安全操作

　　① 每个操作工上岗前，必须穿戴好工作服、安全帽、劳保鞋，严禁酒后上岗。

　　② 界区内禁止使用明火，在装置区内禁止吸烟。如果设备需检修动火，必须办理动火证，经分析合格后，才能动火。

　　③ 严格按照操作规程进行操作，不得违反操作规程。

　　④ 所有的设备、管道、容器、机泵及附属部件保持严密，严禁发生跑、冒、滴、漏现象。

　　⑤ 设备管线抽堵盲板时，不许带压操作，2m 以上的高处作业要系好安全带。

　　⑥ 本岗位在操作中有时需向大气中排放烃类气体，特别是在地面排放时，要在蒸汽覆盖下缓慢进行。

　　⑦ 本岗位多为高温区，如设备或管线发生泄漏或火灾时，用蒸汽覆盖或扑灭。

　　⑧ 总控人员随时监控裂解炉炉膛的氧含量和负压以及温度的变化，现场人员及时通过观察孔观察炉膛内的情况，防止炉管断裂造成损害。

　　⑨ 防止汽包压力超高现象的发生。

　　⑩ 控制工艺水的 pH 值在 7~9，防止管道和设备的腐蚀。

　　⑪ 炉管金属温度测量。在打开任何观察孔之前，应首先确定炉膛内是负压。如果炉膛正压，高温烟气会对测温人员造成人身伤害。注意：在打开看火孔时，应站在看火孔的侧面。

海因里希法则——事故三角形

1941 年，美国安全工程师海因里希统计分析了 55 万起事故，在这些事故中，重伤亡、轻伤和无伤害事故的比例为 1：29：300，国际上把这一法则叫做事故法则，也叫"1：29：300 法则"。

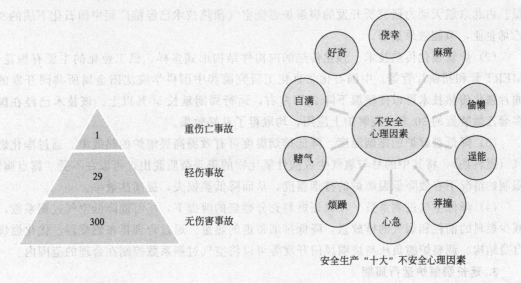

安全生产"十大"不安全心理因素

任务七
了解乙烯装置的节能措施与技术

对于乙烯生产装置，无论是工艺设计还是技术改造，最重要的内容之一就是能量的有效利用，"节能、降耗、减排"已成为乙烯装置重要的课题。乙烯装置主要包括裂解炉、急冷、压缩及分离几个系统，针对这几个系统的各种节能措施与技术的应用在一定程度上降低了乙烯装置的能耗。

一、裂解炉系统

裂解炉是乙烯装置的能耗大户，其能耗占装置总能耗的 50％～60％。因此，裂解炉系统的节能尤为重要。目前主要的节能措施与技术有以下几个方面。

1. 提高裂解选择性

对于相同的裂解原料和工艺装置而言，乙烯收率提高 1％，单位能耗和物耗大约降低 3％。因此，裂解选择性是决定乙烯装置能耗的最基本因素。

(1) 改进炉管设计　辐射段炉管是裂解炉的关键组成部分，辐射段炉管的设计很大程度上决定着裂解炉的裂解性能和处理能力。通过改进辐射段炉管的设计，可以增加裂解炉的处理能力，提高裂解选择性。国内较老的乙烯装置可以结合炉管报废或技改时更换高选择性炉管提高乙烯收率，降低能耗。

(2) 优化工艺操作条件　相同的裂解原料对应于不同的炉型具有不同的最佳操作条件，通过优化操作条件，可以使乙烯/双烯收率最大化，从而降低装置的物耗和能耗。

2. 提高裂解炉的热效率

(1) 预热燃烧空气和燃料气技术　利用乙烯装置的废热来预热燃烧空气可以减少燃料用量。由北京航天动力研究所开发的裂解炉燃烧空气预热技术已经推广到中国石化下属的 9 家乙烯企业，节能效果显著。

(2) 炉管强化传热技术　强化传热的内构件结构形式多样，已工业化的主要有梅花管、MERT 管和扭曲片管等。中国石化北京化工研究院和中国科学院沈阳金属所共同开发的扭曲片强化传热技术可以使壁温下降 20℃ 左右，运行周期延长 50% 以上。该技术已经在国内多套乙烯装置的 30 多台裂解炉上应用，均取得了良好效果。

(3) 降低裂解炉的排烟温度　降低排烟温度可有效提高裂解炉的热效率。通过净化燃料气 (燃料油)，将其中的易与氧气生成酸性氧化物的硫等杂质脱出，可以在不受"露点腐蚀"限制的情况下有效降低裂解炉的排烟温度，从而降低热损失，提高热效率。

(4) 降低空气过剩系数　在保证燃料充分燃烧的前提下，尽可能降低空气过剩系数，以减少燃料的消耗和烟气的排放量，降低排烟带走的热量。通过合理排布燃烧器、优化燃烧器自身结构、调整炉膛负压与烧嘴风门开度等可以将空气过剩系数控制在合理的范围内。

3. 延长裂解炉运行周期

(1) 采用结焦抑制技术　开发结焦抑制技术对延长装置运行周期、降低能耗和提高裂解炉生产效率具有重大意义。目前结焦抑制技术主要有炉管涂覆技术和添加结焦抑制剂技术两种，都具有较好的抑制结焦效果，均已投入生产应用。

(2) 采用先进的清焦技术　事实证明，采用在线清焦技术可大大减少废热锅炉的机械清焦次数，有效地降低乙烯装置的能耗。中国石化北京化工研究院最近开发出一种在线分析技术，试验结果表明，采用该技术可以使清焦时间由原来的 20～27h 缩短为 4～8h。

(3) 采用新型炉管　陶瓷炉管由于不含促进结焦的镍等，抑制了结焦的形成，这种材料可在较高的裂解温度下操作且不会形成催化结焦的物质。采用这种炉管，乙烷裂解生成乙烯的转化率为 90%，而采用普通炉管时乙烷的转化率仅为 65%～70%。陶瓷炉管还可有效地控制裂解炉结焦的形成，大幅度延长裂解炉的运行周期。

4. 裂解炉与燃气轮机联合

近年来，为进一步降低乙烯生产的能耗，国外有很多乙烯装置采用裂解炉与燃气轮机联合的节能措施，节能效果十分显著。

裂解炉与燃气轮机联合的方案是：燃料气先进入燃气轮机发电，产生 450～550℃ 的高温富氧燃气，将这些高温富氧燃气再送入裂解炉作为助燃空气。由此，燃气轮机的余热可以得到充分的利用，从而使裂解炉的燃料消耗大大下降。但是，这种节能措施的投资很大，并且受燃料气供应条件的限制。因此，必须根据投资和燃料价格等因素评估其经济性。

 大家来讨论

在乙烯装置中，裂解炉系统采取了哪些节能措施与技术？

二、急冷系统

根据急冷区热量回收情况，设置减黏塔，提高急冷油的热量利用是急冷系统降低能耗的重要手段。我国引进乙烯装置中采用最多的是顺序分离工艺，在早期的设计中，均没有设置急冷油减黏系统。近几年引进的工艺，无论是新建装置还是老装置改造，大都开始使用乙烷裂解炉的高温裂解气作为减黏介质进行急冷油减黏。该方法减黏效果相对较好，可以确保装置长周期连续运行。

三、压缩系统

裂解气压缩机是乙烯装置的核心设备，压缩机系统的聚合结焦问题已成为影响装置性能和长周期稳定运转的难点，是造成装置停车的重要原因之一。阻止和减少裂解气压缩机系统聚合结焦最直接、最有效的方法是降低压缩机出口温度。压缩机级间注水技术是通过把水喷在叶片出口、扩压器入口，水经喷嘴雾化后进入压缩机壳内与裂解气接触汽化，吸收大量的热，来降低压缩过程中气体的温度，并使其更接近于等温压缩，这样既可减少压缩机功耗，又可减少聚合结焦。

四、分离系统

1. 低能耗乙烯分离技术（LECT）

低能耗乙烯分离技术是中国石化自主开发的拥有自主知识产权的一种低能耗、易操作、运行稳定的乙烯分离新技术。该技术既具备了前脱丙烷前加氢的传统优点，又避免使用特殊设备——分凝分离器，节省了投资，具有推广应用的价值。目前已经投产的武汉 800kt/a 乙烯装置即采用了该技术。

2. 分凝分馏塔技术

分凝分馏塔是中国石化自主开发的工艺设备技术。在乙烯装置的深冷分离区采用分凝分馏塔，可减少低温冷量的消耗，节省制冷压缩机功耗。另外，此方法还可减少脱甲烷塔负荷，节省低温合金材料的消耗，节省设备投资费用。正常运转时还可减少乙烯损失。

3. 热集成精馏系统（HRS）

此技术为美国石伟国际公司（S&W）工艺，应用于前脱丙烷前加氢分离流程中。HRS系统是在先进的回收系统（ARS系统）的基础上发展而来的。HRS系统的优点：① 投资比ARS系统少得多；② 用常规塔替代冷分凝分离器，可以按需要来设计理论塔板数。

近年来，随着新的乙烯装置建设及老装置的扩能改造，新技术、新工艺及相关系统的设计优化的应用，我国乙烯装置能耗显著下降。为进一步降低乙烯装置能耗，应加大节能降耗新工艺、新技术的开发和推广应用。

 动手查一查

查阅资料，了解在乙烯装置中，还有哪些节能新技术？

项目小结

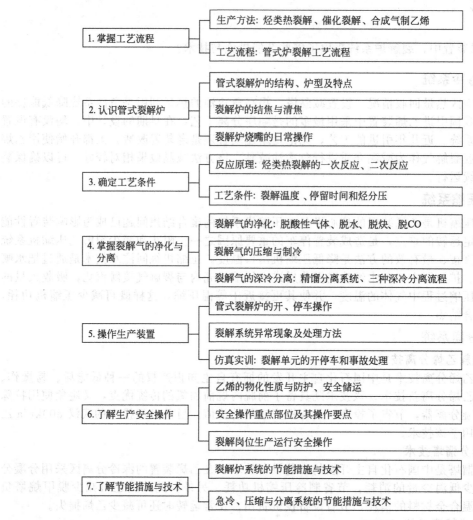

1. 掌握工艺流程	生产方法：烃类热裂解、催化裂解、合成气制乙烯
	工艺流程：管式炉裂解工艺流程
2. 认识管式裂解炉	管式裂解炉的结构、炉型及特点
	裂解炉的结焦与清焦
	裂解炉烧嘴的日常操作
3. 确定工艺条件	反应原理：烃类热裂解的一次反应、二次反应
	工艺条件：裂解温度、停留时间和烃分压
4. 掌握裂解气的净化与分离	裂解气的净化：脱酸性气体、脱水、脱炔、脱CO
	裂解气的压缩与制冷
	裂解气的深冷分离：精馏分离系统、三种深冷分离流程
5. 操作生产装置	管式裂解炉的开、停车操作
	裂解系统异常现象及处理方法
	仿真实训：裂解单元的开停车和事故处理
6. 了解生产安全操作	乙烯的物化性质与防护、安全储运
	安全操作重点部位及其操作要点
	裂解岗位生产运行安全操作
7. 了解节能措施与技术	裂解炉系统的节能措施与技术
	急冷、压缩与分离系统的节能措施与技术

思考与练习

一、填空题

1. 烃类热裂解的主要目的是＿＿＿＿＿，同时可得＿＿＿＿＿，通过进一步的分离还可以得到＿＿＿＿＿以及＿＿＿＿＿、＿＿＿＿＿和＿＿＿＿＿等产品，它们都是重要的基本有机原料。

2. 烃类热裂解的生产工艺包括＿＿＿＿＿和＿＿＿＿＿两个重要部分。

3. 裂解炉的清焦方法有＿＿＿＿＿和＿＿＿＿＿。

4. 烃类热裂解的适宜工艺条件为＿＿＿＿＿、＿＿＿＿＿和＿＿＿＿＿。

5. 裂解气的深冷分离流程由三大系统组成，分别是＿＿＿＿＿、＿＿＿＿＿、＿＿＿＿＿。

6. 根据加氢脱炔过程在裂解气分离流程中所处的位置不同，可分为＿＿＿＿＿脱炔和

_____脱炔两种方法。

7. 乙烯生产中，裂解气采用吸附的方法脱水，常用的吸附剂是_____。

8. 裂解气经压缩、制冷和净化过程，为深冷分离创造了_____、_____和_____的条件。

9. 在裂解气的深冷分离中，使用最多的制冷剂是_____、_____和_____等。

10. 在裂解气分离的精馏分离系统中，通过节流膨胀提高乙烯回收率的精馏塔是_____，塔板数最多的精馏塔是_____。

二、讨论题

1. 为什么在烃类热裂解中要促进一次反应，抑制二次反应？

2. 结焦与生碳的区别是什么？

3. 为什么要采用加入稀释剂的办法来实现减压目的？采用水蒸气作稀释剂有何优点？

4. 管式裂解炉结焦的原因和危害是什么？如何清焦？

5. 裂解气的净化包括哪些过程？各采用什么方法？

6. 裂解气深冷分离为何采用多段压缩技术？采用该技术有何优点？

7. 为什么要脱除裂解气中的炔烃？脱炔的工业方法有几种？怎样才能做到既脱除炔烃又增加乙烯收率？

8. 什么是前加氢和后加氢？两者有何区别？试比较其优缺点。

9. 什么是冷箱？冷箱的作用和工作原理是什么？

10. 深冷分离流程中主要有哪几个精馏塔？它们的作用分别是什么？

11. 裂解气深冷分离的流程有哪几种？试比较其共同点和不同点。

12. 乙烯的储运应注意哪些问题？

13. 裂解炉的安全操作要点有哪些？

14. 简述裂解炉系统的节能措施与技术。

项目四

环氧乙烷生产

🎯 学习目标

- 了解环氧乙烷的物化性质、用途及生产方法；
- 掌握乙烯氧气氧化法生产环氧乙烷的反应原理、影响因素及工艺流程；
- 掌握环氧乙烷反应器的结构与特点；
- 了解环氧乙烷生产装置的开停车和运行操作；
- 能应用反应原理确定工艺条件；
- 能判断并处理生产运行中的异常现象；
- 能完成环氧乙烷反应岗位正常开车、正常停车和事故处理仿真操作；
- 能在生产过程中实施安全环保和节能降耗措施。

【认识产品】

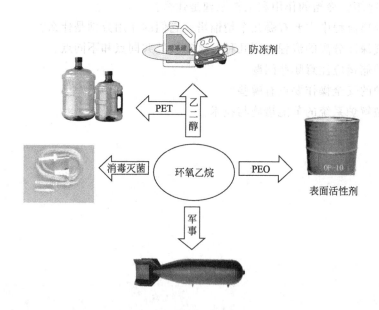

图 4-1 环氧乙烷的用途

环氧乙烷（EO）又称氧化乙烯，是最简单的环状醚。环氧乙烷是乙烯系重要的产品之一，仅次于聚乙烯，是用途广泛的有机合成中间体，由环氧乙烷可衍生得到一系列重要的精细化工产品。

如图 4-1 所示，环氧乙烷的主要用途是生产乙二醇，乙二醇是生产聚酯纤维的主要原料之一，也被用作汽车冷却剂及防冻剂。环氧乙烷其次是用于生产非离子型表面活性剂、各种溶剂、合成洗涤剂、润滑剂、增塑剂、胶黏剂等，广泛应用于洗染、纺织、造纸、汽车、石油开采与炼制等众多领域。

　　环氧乙烷的直接用途是作消毒剂及熏蒸剂等。环氧乙烷是广谱、高效的气体杀菌消毒剂，在医学消毒和工业灭菌上用途广泛。环氧乙烷作为熏蒸剂常用于粮食、食物的储藏。例如，干蛋粉在储藏中常因细菌的作用而分解，用环氧乙烷熏蒸处理，可防止变质，而蛋粉的化学成分，包括氨基酸等都不受影响。环氧乙烷易与酸作用，因此可作为抗酸剂添加于某些物质中，从而降低这些物质的酸度或者使其长期不产生酸性。另外，环氧乙烷自动分解时能产生巨大能量，可作为火箭和喷气推进器的动力。但总的来说，环氧乙烷上述这些直接用途消费量很少，大部分的环氧乙烷被用于制造其他化学品。图 4-2 为环氧乙烷的工业生产装置。

图 4-2　环氧乙烷的工业生产装置

任务一
掌握环氧乙烷生产的
工艺流程

一、环氧乙烷的生产方法

　　环氧乙烷的生产方法主要有氯醇法和乙烯直接氧化法，其中乙烯直接氧化法由于所采用的氧化剂不同又分为空气氧化法和氧气氧化法，如图 4-3 所示。

　　工业生产环氧乙烷最早采用的方法是氯醇法，由于该法在生产过程中存在诸多不利因素，现已被淘汰。1931 年法国催化剂公司的 Lefort 发现，乙烯和氧在适当载体的银催化剂上作用可生成环氧乙烷，并取得了空气直接氧化制取环氧乙烷的专利。与此同时，美国 UCC 公司亦积极研究乙烯直接氧化法制备环氧乙烷技术，并于 1937 年建成第一个空气直接氧化法生产环氧乙烷的工厂。以氧气直接氧化法生产环氧乙烷技术是由 Shell 公司（壳牌化学公司，英荷合资）首次于 1958 年实现工业化的。

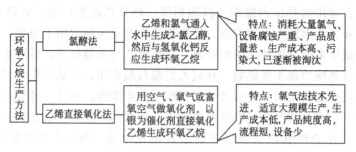

图 4-3　环氧乙烷的生产方法

目前，Shell 公司、美国 SD 公司及美国 UCC 公司是乙烯直接氧化法生产环氧乙烷技术的主要拥有者，其中 UCC 公司是全球最大的环氧乙烷生产商。

由于氧气氧化法无论是在生产工艺、生产设备、产品收率和反应条件上都比空气氧化法具有明显的优越性，因此，近年来新建的环氧乙烷生产装置均采用氧气氧化法。

 动手查一查

查阅相关资料，了解我国环氧乙烷主要的消费领域以及近年来的生产情况。

二、 乙烯氧气氧化法生产环氧乙烷的工艺流程

乙烯氧气氧化法生产环氧乙烷的工艺流程包括氧化反应部分和环氧乙烷回收精制部分，其基本过程如图 4-4 所示。

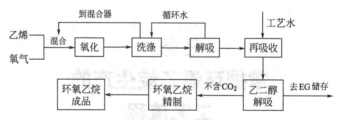

图 4-4　环氧乙烷生产流程

氧气氧化法生产环氧乙烷的工艺流程如图 4-5 所示。

1. 氧化反应部分

新鲜原料乙烯和含抑制剂的致稳气在循环压缩机的出口与循环气混合，然后经气体混合器 3 与氧气混合。混合器的设计非常重要，要确保迅速混合，以免因混合不好造成局部氧浓度过高而超过爆炸极限浓度，进入热交换器时引起爆炸。工业上采用多孔喷射器高速喷射氧气，以使气体迅速均匀混合，并防止乙烯循环气返回含氧气体的配管中。为确保安全，需安装自动分析监测系统，并配制自动报警联锁切断系统。混合后的气体通过热交换器 2 与从反应器 1 出来的高温产物气换热后，进入列管式固定床反应器 1 的管内。在银催化剂的作用下，进行环氧化反应，生成环氧乙烷。

反应器流出的气体经热交换器 2 冷却后进入吸收塔 4，环氧乙烷可与水以任意比互溶，

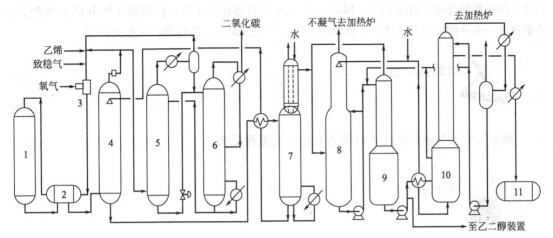

图 4-5　氧气氧化法生产环氧乙烷工艺流程

1—环氧乙烷反应器；2—热交换器；3—气体混合器；4—环氧乙烷吸收塔；
5—CO_2 吸收塔；6—CO_2 吸收液再生塔；7—解吸塔；8—再吸收塔；9—脱气塔；
10—精馏塔；11—环氧乙烷储槽

采用水作吸收剂，可将环氧乙烷完全吸收。从环氧乙烷吸收塔 4 排出的气体，含有未转化的乙烯、氧气、二氧化碳和惰性气体，应循环使用。为了维持循环气中 CO_2 的含量不过高，其中 90% 左右的气体作循环气，剩下的 10% 送往 CO_2 吸收塔 5，用热 K_2CO_3 溶液吸收 CO_2，生成 $KHCO_3$ 溶液，该溶液送至 CO_2 吸收液再生塔 6，再生后的 K_2CO_3 溶液可循环使用。自 CO_2 吸收塔 5 排出的气体经冷却分离出夹带的液体后，返回至循环气系统。

 大家来讨论

在氧化反应部分，原料气的混合应注意什么问题？工业上采用什么措施来避免这一问题？

2. 环氧乙烷回收精制部分

回收精制部分包括将环氧乙烷从水溶液中解吸出来和将解吸得到的粗环氧乙烷进一步精制两步。如图 4-5 所示，自环氧乙烷吸收塔 4 塔底排出的环氧乙烷吸收液，含少量甲醛、乙醛等副产物和二氧化碳，需进一步精制。根据环氧乙烷用途的不同，提浓和精制的方法不同。

环氧乙烷吸收塔塔底排出的富环氧乙烷吸收液经热交换、减压闪蒸后进入解吸塔 7 顶部，在此环氧乙烷和其他气体组分被解吸。被解吸出来的环氧乙烷和水蒸气经过塔顶冷凝器，大部分水和重组分被冷凝，解吸出来的环氧乙烷进入再吸收塔 8 用水吸收，塔底可得环氧乙烷水溶液，塔顶排放解吸的二氧化碳和其他不凝气如甲烷、氧气、氮气等，送至蒸汽加热炉作燃料。所得环氧乙烷水溶液经脱气塔 9 脱除二氧化碳后，一部分可直接送往乙二醇装置，剩下部分进入精馏塔 10，脱除甲醛、乙醛等杂质，制得高纯度（可达到 99.99%）环氧乙烷。塔顶蒸出的甲醛（含环氧乙烷）和塔下部采出的含乙醛的环氧乙烷，均返回脱气塔 9。

在环氧乙烷回收和精制过程中，解吸塔和精馏塔塔釜排出的水，经热交换后，作环氧乙烷吸收塔的吸收剂，闭路循环使用，以减少污水量。

空气氧化法的工艺流程与氧气氧化法的不同之处有两点：其一是空气中 N_2 就是致稳气；其

二是不用碳酸钾溶液来脱除 CO_2，因而没有 CO_2 吸收塔和再生塔。控制循环气中 CO_2 含量的方法是排放一部分循环气到系统外，故排放量比氧气法大得多，乙烯的损失亦大得多。

画出乙烯氧气氧化法生产环氧乙烷的工艺流程框图。

环氧乙烷生产工艺技术的新进展

近年来，环氧乙烷生产工艺有了一些新进展。在氧烃混合方面，日本触媒公司将含氧气体在吸收塔气液接触的塔盘上与反应生成气接触混合，吸收环氧乙烷后，混合气再经净化并补充乙烯，作反应原料。由于塔盘上有大量的水存在，因此，该方法安全可靠，同时，可省去以前设置的专用混合器。

在环氧乙烷回收技术方面，美国 DOW 化学公司采用碳酸乙烯酯代替水作吸收剂，碳酸乙烯酯与水相比，具有对环氧乙烷溶解度大、比热容小等特点。因此，可减小吸收塔体积，降低解吸时的能耗。Halcon 公司采用超临界萃取技术，利用二氧化碳从环氧乙烷水溶液中萃取环氧乙烷，然后在亚临界条件下蒸馏回收环氧乙烷。与水溶液解吸法相比，可节约大量的能量。SAM 公司利用膜式等温吸收器，在 50～60℃、0.1～3.0MPa 下，等温水吸收反应生成气中的环氧乙烷，在膜式吸收器底部形成高浓度环氧乙烷水溶液，送往闪蒸器闪蒸，在其底部得不含惰性气体的环氧乙烷溶液，将其中残留的乙烯回收后，可直接送往乙二醇装置作为进料。该方法具有明显的节能效果。日本触媒公司使用热泵精馏等技术在环氧乙烷精制过程中开发利用低位能方面也取得了进展。

任务二
认识环氧乙烷生产的
反应设备

一、 环氧乙烷反应器

乙烯环氧化制环氧乙烷是一强放热反应，反应的选择性对温度又很敏感，所以这种反应最好采用流化床反应器。但因为细颗粒的银催化剂易结块也易磨损，流化质量很快恶化，催化剂效率急速下降，故工业上普遍采用的是列管式固定床反应器，如图 4-6 所示。

反应器外壳是用钢板焊制的筒体，考虑到受热膨胀，常设有膨胀圈。反应器上、下有椭圆形封头，封头用不锈钢衬里。上封头顶部设有防爆口和催化剂床层测温孔，防爆口上安装防爆膜。封头侧面设置有两个相对的按切线方向的原料入口。

　　反应器内部的反应管由管板固定，管数需视生产能力而定，可从数百根至万根以上。催化剂均匀分装在反应管内，管间走载热体。反应温度是借插在反应管中的热电偶来测量。为了能测到不同截面和高度的温度，需选择不同位置的管子，将热电偶插在不同高度。反应管间设有折流板，以提高流速，改善传热效果。反应器的上下部都设置有分布板，使气流分布均匀。

　　在筒体上下部设有载热体出入口，换热方式采用强制外循环的方式换热。载热体根据实际需要可选择加压热水或联苯-联苯醚混合物等有机载热体。

　　原料混合气从反应器顶侧部进入，在管内催化剂床层进行氧化反应，产物气从反应器底部引出。

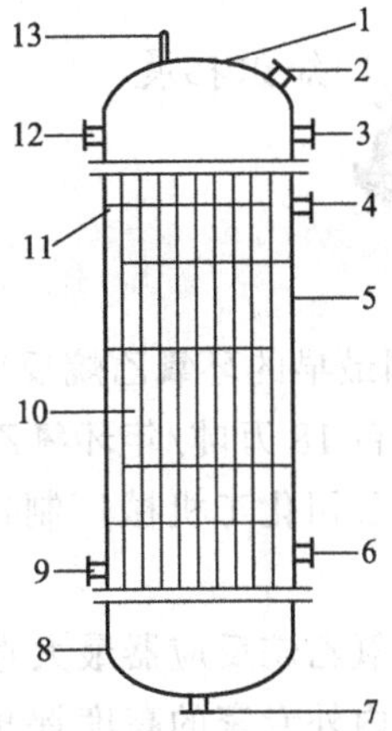

图 4-6　环氧乙烷反应器原理

1—上封头；2—防爆口；3，4—载热体入口；
5—外壳；6—载热体出口；7—反应器出口；
8—下封头；9—载热体放净口；10—列管；
11—折流板；12—原料入口；13—催化剂床层测温孔

二、 环氧乙烷反应器的异常生产现象

　　在反应器出口端，如果催化剂粉末随气流带出，会促进生成的环氧乙烷进一步深度氧化和异构化为乙醛，这样既增加了环氧乙烷的分离提纯难度，又降低了环氧乙烷的选择性，而且反应放出的热量会使出口气体温度迅速升高，带来安全上的问题，这就是所谓的"尾烧"现象。目前工业上采用加冷却器或改进反应器上下封头的方法来加以解决。

　　改进反应器上下封头的方法是使上下封头的内腔都呈喇叭状，这一结构可以减少进入反应器的含氧混合气在进口处返混而造成的乙烯燃烧，并使气体分布更均匀。同时也可使反应后的物料迅速离开高温区，以避免反应物料离开催化剂床层后，发生"尾烧"。

三、 反应器的日常维护

① 随时检查反应状况是否正常。
② 反应器无超温、超压等异常情况，出现异常及时调整。
③ 反应器及接管上的安全附件齐全灵敏、准确可靠。
④ 与反应器相关的仪表测量、联锁保护系统工作正常。
⑤ 保温层无破损、脱落、潮湿现象，出现问题及时修补。
⑥ 反应器无泄漏。
⑦ 反应器与相邻构件无异常振动、响声、相互摩擦。
⑧ 定期检查，保证导淋畅通，循环气无带液现象。
⑨ 按照操作进行运行状况的定时巡查，同时设备人员每天至少巡回检查一次。

大家来讨论

　　环氧乙烷反应器在安全方面采取了哪些措施？

我国环氧乙烷反应器之最

1. 我国最早的环氧乙烷反应器

我国首台 18 万吨/年环氧乙烷反应器于 2011 年 9 月 22 日顺利竣工，该反应器是由中国石化南化公司化工机械厂制造的，是扬子石化公司环氧乙烷系统改造工程项目的核心设备。

这台环氧乙烷反应器最大直径 7m，长 22m，重达 820t，总造价超过 1 亿元。该反应器受到了国内外专家的高度评价，世界著名环氧乙烷技术商、美国科学技术设计（SD）公司项目经理拜瑞尔对该反应器也给予高度赞扬。

我国首台自主制造的环氧乙烷反应器填补了国内空白，结束了石化行业环氧乙烷反应器长期依赖进口的历史。

图 4-7　我国首台大型环氧乙烷反应器

图 4-7 为即将出厂发运的我国首台大型环氧乙烷反应器。

2. 我国最大的环氧乙烷反应器

我国最大的环氧乙烷反应器是辽宁奥克化学股份公司为扬州化工园区奥克环氧乙烷项目制造的。该反应器重约 1300t，于 2014 年年底运达扬州化工园区。投产后可年产 20 万吨环氧乙烷及近 30 万吨的下游衍生物，是目前国内环氧乙烷行业中最大的反应器。

奥克 20 万吨环氧乙烷及其衍生物项目共分为两期，一期项目于 2013 年 4 月 18 日开工，地下工程已经完成 80%，正处于设备吊装阶段，2014 年春节后将进入配管阶段；二期项目于 2014 年 12 月一次试车成功。该项目投产后可实现年产值 37 亿元，并将有效带动环氧乙烷下游产品链式集聚发展。

任务三
掌握环氧乙烷生产的
反应原理与工艺条件

一、反应原理

乙烯氧化反应按氧化程度不同可分为选择氧化和深度氧化。在通常氧化条件下，乙烯容易发生深度氧化而生成二氧化碳和水。而在特定氧化条件下，可发生选择氧化生成目的产物环氧乙烷。

乙烯在银催化剂上进行直接氧化，除生成目的产物环氧乙烷外，还生成副产物二氧化碳和水，并有少量甲醛和乙醛生成。其反应式如下。

主反应：

$$2\,CH_2{=}CH_2 + O_2 \longrightarrow 2\,CH_2{-}CH_2 \atop \qquad\qquad\qquad O$$

副反应：

$$CH_2{=}CH_2 + 3O_2 \longrightarrow 2CO_2 + 2H_2O$$

$$2CH_2{-}CH_2 + 5O_2 \longrightarrow 4CO_2 + 4H_2O$$

上述氧化反应都为放热反应，特别是深度氧化反应，它的反应热为主反应的十几倍。因此，欲使乙烯氧化生成环氧乙烷，必须选择特定而适宜的反应条件及合适的催化剂，以免副反应加剧。否则，容易引起操作条件恶化，甚至发生催化剂床层"飞温"（由于催化剂床层大量积聚热量造成催化剂床层温度突然飞速上升的现象），使正常生产遭到破坏。

二、催化剂

乙烯氧化生产环氧乙烷的最佳催化剂是银催化剂。大多数金属和金属氧化物催化剂对乙烯氧化反应的选择性都很差，氧化产物主要是二氧化碳和水。只有金属银是例外，在银催化剂上乙烯能选择性地被氧化为环氧乙烷。银催化剂是由活性组分、载体和助催化剂所组成的。

1. 活性组分

活性组分是金属银，其质量分数一般为 $10\% \sim 20\%$。

2. 载体

载体的主要功能是提高活性组分的分散度，防止银的微小晶粒在高温下烧结，使其活性保持稳定。银催化剂常用的载体有碳化硅、α-氧化铝等，一般比表面积为 $0.3 \sim 0.4\,m^2/g$，孔隙率为 $30\% \sim 50\%$，平均孔径为 $10\,\mu m$ 左右。

3. 助催化剂

采用的助催化剂有碱金属、碱土金属和稀土元素等，而且两种或两种以上的助催化剂具有协同作用，其效果优于单一组分。添加助催化剂，不仅能提高反应速率和环氧乙烷的选择性，而且可以使最佳反应温度下降，防止银晶粒的烧结失活，延长催化剂使用寿命。

目前氧气氧化法生产环氧乙烷的工业催化剂选择性已达 $83\% \sim 84\%$，以 Shell、SD 和 UCC 三家公司的技术为代表。我国对银催化剂的研究也已达到国际先进水平，北京燕山石化公司研究院开发的 YS 系列银催化剂已广泛应用于工业装置，其活性和选择性均达到或优于国外同类催化剂水平。

 大家来讨论

乙烯氧化反应按氧化程度不同可分为哪两种？若生成目的产物环氧乙烷应选择什么催化剂？为什么？

三、 工艺条件

1. 反应温度

乙烯氧化生产环氧乙烷的主反应与深度氧化副反应之间存在着激烈的竞争,反应温度是解决这一问题的关键。升高温度能加快反应速率,但是温度升高,副产物增多,选择性下降,并且影响催化剂的性能。

工业生产中,综合考虑反应速率、选择性以及催化剂性能等因素,一般空气氧化法控制在 220～290℃,氧气氧化法控制在 204～270℃。适宜的反应温度还与催化剂的活性温度范围有关,催化剂使用初期活性较高,宜选择温度范围的下限;随着使用时间增长,催化剂活性逐渐下降,宜相应提高反应温度。

2. 反应压力

由反应原理可知,乙烯氧化生产环氧乙烷的主副反应都是不可逆的,因此压力对主副反应的平衡和选择性影响不大。但加压可提高乙烯和氧气的分压,加快反应速率,提高收率,因此工业上大都采用加压氧化法。但是,压力不宜过高,否则设备耐压要求提高,催化剂易磨损,环氧乙烷也会在催化剂表面产生聚合和积炭,影响催化剂寿命。一般工业上采用的操作压力为 1～3MPa。

3. 空间速度

空间速度是影响反应转化率和选择性的另一因素。一般提高空速,原料在催化剂上的接触时间缩短,转化率降低,选择性提高;降低空速,延长原料在催化剂上的接触时间,转化率提高,但是副反应可能增多,产物的选择性降低,生产能力也降低。工业上采用的空速与选用的催化剂、反应器和传热速率有关,一般空气氧化法取 $7000h^{-1}$ 左右,氧气氧化法为 $5500～7000h^{-1}$。

4. 原料气配比及循环比

原料气中乙烯与氧气的配比对氧化反应影响很大,另外,乙烯与氧气混合易形成爆炸性气体,因此,乙烯与氧气的配比要考虑爆炸极限。

为了提高乙烯和氧气的浓度,可以加入致稳气(又称稀释剂)来减小混合气的爆炸极限。致稳气还可以有效地移出部分反应热,增加体系的稳定性。工业上曾广泛使用氮气作致稳气,近年来多采用甲烷作致稳气。甲烷不仅导热性能好,而且比氮气更能缩小氧气和乙烯的爆炸极限,有利于氧气允许浓度增加,还可提高反应选择性,增加环氧乙烷收率。

由于所用氧化剂不同,进入反应器的原料气组成也不同。用空气作氧化剂时,空气中的氮气充当致稳气,乙烯浓度为 5%(体积分数,下同)左右,氧气浓度为 6%左右。以纯氧作氧化剂,加入氮气作致稳气时,乙烯浓度为 15%～20%,氧气浓度为 7%～8%。

循环比是指循环送入主反应器的循环气占主吸收塔顶排出气体总量的比例。生产中应根据生产能力、动力消耗及其他工艺指标来确定适宜的循环比,通常采用的循环比为85%～90%。

5. 原料气纯度

对原料乙烯的纯度要求是体积分数在 98%以上,同时必须严格控制有害杂质的含量。对于硫化物、砷化物及卤化物等会使催化剂中毒的杂质,要求是硫化物含量$<1\times10^{-6}$kg/m^3,氯化物含量$<1\times10^{-6}$kg/m^3。氢气和 C_3 以上的烷烃和烯烃都可发生燃烧反应,使反应热效应增加,造成局部过热,导致催化剂失活。因此,要求氢气含量$<5\times10^{-6}$kg/m^3,

C_3 以上烃含量<1×10^{-5}kg/m³。乙炔不仅能使催化剂永久性中毒，还能与银生成有爆炸危险的乙炔银。因此，要求严格控制原料气中乙炔的含量<5×10^{-6}kg/m³。

6. 抑制剂

抑制剂的作用是抑制深度氧化等副反应的发生，以提高反应选择性。在环氧乙烷生产中，二氯乙烷作抑制剂，以气相形式加入到反应物料中。

 大家来讨论

乙烯氧化生产环氧乙烷的工艺条件有哪些？如何确定？

任务四
了解环氧乙烷生产装置的开停车操作

一、 环氧乙烷反应岗位操作

1. 反应岗位开车准备

（1）反应器蒸汽发生系统清洗

① 用脱盐水清洗。

② 关闭脱盐水阀门、打开汽包和反应器壳程各排放阀排液。

③ 重新向系统中加水和排水直到系统干净。

（2）用泵循环清洗

① 确认低点排放的液体变干净。

② 启动反应器开车泵。

③ 打开汽包和反应器壳程各排放阀，把系统的水排掉。

④ 重复上述操作直至排放液中没有铁锈和其他碎屑为止。

（3）系统热试验

① 打开 3.2MPa 蒸汽阀门、排凝阀。

② 确认蒸汽管线充分暖管、排净凝液。

③ 关闭排凝阀。

2. 反应系统正常开车

（1）反应器蒸汽发生系统开车

① 建立液位。

② 用 3.2MPa 蒸汽升温到 200℃。

③ 启动循环压缩机。

④ 继续加热至 200℃，汽包压力约 1.456MPa，维持 10%循环气循环。

⑤ 在 OMS（氧气混合站）开车前，保持加热状态，以保持系统的温度。

（2）反应器气体冷却器蒸汽发生系统开车

① 打开脱盐水管线上的手阀。

② 建立气体冷却器蒸汽包液位。

③ 用 3.2MPa 蒸汽升温到 216℃。

（3）抑制剂系统开车

① 将水浴注满水。

② 将 EDC（二氯乙烷）注入。

③ 启动电加热器进行加热。

④ 启动搅拌器和浸没式加热器。

（4）OMS 开车

① 启动 OMS。

② 通知脱碳岗位。

③ 逐渐增加循环气流量，直至正常流量。

④ 设置按投氧计划设定在高于氧气流量预定比值上。

⑤ 准备给循环气系统补充 N_2。

⑥ 调至流过反应器的循环气流量为 25％。

⑦ 投少量的氧气、乙烯进行催化剂初始活化。

⑧ 投料前反应器汽包温度保持在 220℃，反应器压力为 1555kPa。

⑨ 打开乙烯、氧气原料气管线上的手阀。

⑩ 慢慢调节调节器输入乙烯。

⑪ 预期反应温度为 200～210℃，注意反应开始有 EO 产生，8h 后移到后工序。

⑫ 继续维持反应器入口氧气浓度为 4％，乙烯浓度为 3％。

⑬ 调整循环气量；调整反应温度。

⑭ 继续提高乙烯浓度，逐步把乙烯浓度从 3％提到 8％、12％、16％、20％。

⑮ 提高氧气浓度，氧气浓度从 4.0％提高到 4.5％，稳定 15h。

按反应最佳化操作，最终使反应器入口氧气浓度为 8.0％，乙烯浓度为 27％，在负荷变化中调整反应温度及 EDC 加入量，使乙烯单程转化率为 8.3％左右，选择性接近或超过设计值 8.2％，反应器出口氧气浓度控制在 6.0％以下，反应温度 210～220℃。

3. 正常停车

（1）反应器降负荷　停车期间对循环气进行置换，则应使循环气中最后的氧气浓度为 1％，乙烯浓度为 0％，以减少原料的损失。如不进行置换，则应使循环气中最后的氧气浓度为 0％，乙烯浓度为 1％，以达到安全的目的。因此在停 OMS 前，最好先将乙烯浓度降到 5.0％，氧气浓度降到 4.0％。

① 降氧

a. 反应器进口氧气浓度以每 10min 0.2％的速率从 8.0％降到 6.0％（约 100min）。

b. 乙烯浓度不超过 28.0％。

c. 逐步降低反应温度。

d. 出口氧气浓度不超过5％。

e. 反应器进口氧气浓度以每10min 0.2％的速率从6.0％降到4.0％（约100min），降低过程中，注意联锁停车。

② 降乙烯

a. 反应器进口乙烯浓度以每10min 0.3％的速率从25％降到15％。

b. 反应器进口氧气浓度维持在6.0％。

c. 抑制剂进料速率降到先前的50％。

d. 应器进口乙烯浓度以每10min 0.3％的速率从15％降到5.0％。

e. 反应器进口氧气浓度维持在4.0％。

f. 停止抑制剂加入。

降氧气、乙烯同步进行，降负荷过程中，先把抑制剂进料速率降到原进料速率的50％。降低反应温度使O_2保持在1.0％～1.5％范围内。降氧过程中避免造成OMS过早停车。按需要增加反应器冷却器汽包压力，尽量维持反应器热自保。维持反应器入口氧气浓度4.0％，乙烯浓度5.0％，在无EDC添加的状态下至少保持8h，这样可以使吸附在催化剂上的大多数氧化物解吸，以免下次开车期间催化剂出现惰性。

（2）停氧气混合站（OMS）

① 手动拉出OMS停车按钮。

② 关闭氧气进料管线截止阀。

③ 打开放空阀，使三个截止阀之间的氧气放空。

④ 打开吹扫阀吹扫到大气。

⑤ 关乙烯进料阀。

⑥ 关EDC进料阀。

⑦ 关甲烷进料阀。

⑧ 关抑制剂系统乙烯进料阀。

（3）置换原料气、循环气系统、EDC系统。

二、 环氧乙烷精制岗位操作

1. 精制岗位开车准备

（1）氮气置换

① 依次打开各管线的放空阀、高低点的排放阀、取样阀。

② 经过一段时间后关闭各管线的放空阀、高低点的排放阀、取样阀。

③ 在排液阀、取样阀处取样分析，控制氧气浓度低于0.5％。

④ 停止放空，关闭放空阀、取样阀。

（2）检查确认各阀门的关闭位置

（3）系统升压

① 打开管线上的阀门，向系统加入氮气。

② 调节氮气流量使其达到设计值。

2. 精制塔开车

（1）升压　当精制塔压力达到248kPa时，将控制器打在自动位置使系统压力保持在 248kPa。

（2）进料

① 按精馏塔进料速率大致成比例地调整蒸汽流量。

② 调节阀门开度，与塔釜温度大致成比例地调节进料温度直至 95℃。

（3）开车

① 当精制塔塔底液位＞80％时将精制塔釜液送至精馏塔。

② 保持精制塔塔底液位不低于 50％。

③ 将塔顶气体引入精制塔气体再沸器，保持塔底液位在 70％左右。

④ 逐渐加大回流量，以保持液位为 50％。

3. 精制岗位停车

（1）精馏塔停车置换

① 确认反应器进料减少。

② 适当减少再沸器蒸汽量。

③ 进料中不含环氧乙烷时，塔顶温度超过 51℃，在达到 60℃之前，环氧乙烷基本被耗尽。

④ 关闭进料阀，停泵。

⑤ 减少再沸器蒸汽用量。

⑥ 将氮气注入到精馏塔。

⑦ 关闭塔底阀停止排放。

⑧ 加水冲洗精馏塔。

（2）精制塔停车

① 继续给精制塔加热，直至将其存料降低到最低点。

② 停蒸汽。

③ 停止采出。

④ 倒空精制塔回流罐。

⑤ 待出口压力降低，立即停泵。

⑥ 向系统注入氮气，防止压力低。

⑦ 向系统加脱盐水，导淋进行排水。

三、 异常生产现象的判断及处理

乙烯氧化制环氧乙烷异常生产现象的判断及处理方法见表 4-1。

表 4-1　乙烯氧化制环氧乙烷异常生产现象的判断及处理方法

序号	异常现象	发生原因	处理方法
1	催化剂床层热点位置下移	①催化剂床层上部永久中毒或烧结 ②二氯乙烷过量 ③原料乙烯或空气质量不合格	①必要时更换催化剂 ②二氯乙烷减量或停通，适当降低乙烯浓度，逐步使催化剂复活 ③通知空气净化岗位进行处理，乙烯中乙炔含量高于 $3 \times 10^{-5} kg/m^3$ 时可停车

续表

序号	异常现象	发生原因	处理方法
2	催化剂床层温度上升快,甚至"飞温"	①导生液入口温度升高 ②导生液流量减少或中断 ③原料气中乙烯浓度高于定值或氧气浓度高于定值 ④反应器负荷突然减小 ⑤选择性差 ⑥开车时乙烯浓度提高太快	①适当降低导生液入口温度 ②检查导生液下泵运转情况并调节流量,如导生液中断应紧急停车 ③检查仪表是否失灵,减少乙烯通入量或短期切断乙烯,减少空气通入量或短时间切断空气,如不奏效,停车 ④稳定操作,当循环量低于50%,且无法恢复时,应停车处理 ⑤适当降低反应温度 ⑥乙烯应逐级提浓
3	"尾烧"	①催化剂银粉脱落,堆积在反应器出口管内 ②导生液在反应器底部有死角,局部过热	①停车检查,拆除出口管弯头,清除银粉 ②严格按照规定方法装入催化剂,下部瓷环填料不可太短
4	吸收塔液泛(冲塔)	①淋水量过大 ②气体负荷增大过快 ③浮阀阀片与塔板咬死	①减小喷淋量 ②通知氧化岗位要求控制好速率 ③必要时停车检修
5	解吸塔气相出料中环氧乙烷含量低	出料温度高	调节加热蒸汽量及釜温,调节顶温及回收塔吸收剂量
6	解吸塔液泛	①塔顶冷凝器管程堵塞 ②浮阀阀片与塔板咬死 ③进料量过大 ④蒸发量过大	①必要时停车检修 ②必要时停车检修 ③减小吸收的喷淋量 ④调节加热蒸汽量,加大塔顶冷凝
7	解吸塔灵敏点温度波动较大	①蒸发量不稳定 ②进料量和冷凝回流量变化 ③气相出料量有变化	①调节并稳定蒸发量 ②调节并稳定进料量和冷凝回流量 ③调节并稳定气相出料量

四、仿真实训

1. 实训目的

① 能完成环氧乙烷反应岗位正常开车和正常停车仿真操作。

② 能完成环氧乙烷反应岗位事故处理仿真操作。

2. 工艺过程

在甲烷致稳、221~271℃、2.1~2.3MPa 条件下,乙烯和氧气以一定浓度气相通过银催化剂固定床反应器,部分生成环氧乙烷。反应气体经水洗将环氧乙烷与其他气体分离得到稀环氧乙烷水溶液,经解吸、再吸收得到10%（质量分数）环氧乙烷水溶液,再经 EO 进料汽提塔脱除大部分有机酸和 CO_2 及烃类后,环氧乙烷水溶液分别送往乙二醇反应蒸发系统和环氧乙烷精制系统。

3. 仿真系统的 DCS 图和现场图

(1) 环氧乙烷反应器（R110）DCS 图,如图 4-8 所示。

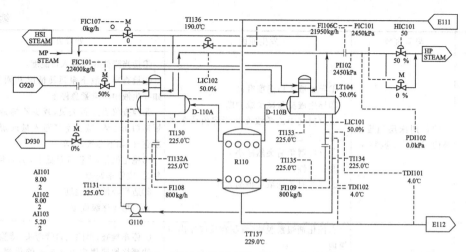

图 4-8　环氧乙烷反应器（R110）DCS 图

（2）环氧乙烷反应器（R110）现场图，如图 4-9 所示。

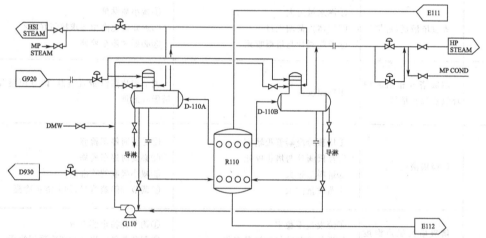

图 4-9　环氧乙烷反应器（R110）现场图

4. 操作步骤

（1）环氧乙烷反应岗位正常开车（甲烷作致稳气）过程如下：

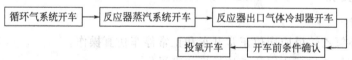

（2）环氧乙烷反应岗位正常停车和事故处理　操作详见仿真软件。

任务五
了解岗位安全及环
保节能措施

本装置从原料到产品存在着大量的易燃易爆物质，比如乙烯、氧气、环氧乙烷、甲烷、二氯乙烷等，所以应对所有的设备和装置制定出切实可行的安全操作规程，采取有效的安全预防措施。

一、 环氧乙烷的物化性质与防护

环氧乙烷的物化性质与防护见图 4-10。

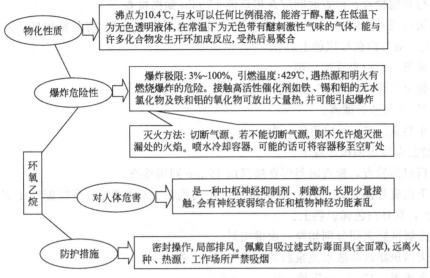

图 4-10　环氧乙烷的物化性质与防护

 **动手查一查**

1. 环氧乙烷的中毒症状和急救措施是什么？
2. 环氧乙烷生产中还有哪些主要有毒、有害物质？

二、 环氧乙烷的包装与储运

环氧乙烷是易燃、易爆、有毒物品，用专用钢瓶包装，压力为 1.0MPa。包装容器上应加贴化学品安全标签，标签的编写应符合国家标准《化学品安全标签编写规定》。

环氧乙烷储存于阴凉、通风的库房。远离火种、热源，避免光照，库温不宜超过 30℃。应与酸类、碱类、醇类、食用化学品分开存放，切忌混储。不宜长期储存。采用防爆型照明、通风设施。禁止使用易产生火花的机械设备和工具。储区应备有泄漏应急处理设备。应严格执行极毒物品"五双"管理制度。

铁路运输时，应严格按照铁道部《危险货物运输规则》中的危险货物配装表进行配装，并禁止溜放。采用钢瓶运输时，必须戴好钢瓶上的安全帽。钢瓶一般平放，并应将瓶口朝同一方向，不可交叉；高度不得超过车辆的防护栏板，并用三角木垫卡牢，防止滚动。运输时运输车辆应配备相应品种和数量的消防器材。装运该物品的车辆排气管必须配备阻火装置，禁止使用易产生火花的机械设备和工具装卸。严禁与酸类、碱类、醇类、食用化学品等混装混运。夏季应早晚运输，防止日光暴晒。中途停留时应远离火种、热源。公路运输时要按规定路线行驶，禁止在居民区和人口稠密区停留。

三、 岗位安全操作规程

1. 定期操作管理规定

（1）反应岗位定期操作规定

① 进行班前检查，检查时间应在接班前 15 min 到岗检查。

② 每天白班外操8：00～9：00对反应岗位备用机泵进行盘车，将泵轴旋转 180°，单日红色标识朝上，双日白色标识朝上。

③ 每轮第一个白班系统加药。

④ 每轮第二个白班 EDC 系统水浴补水。

⑤ 每月 10 日清过滤器。

⑥ 每个整点±15min 内巡检一次。

（2）精制岗位定期操作规定

① 进行班前检查，检查时间应在接班前 15min 到岗检查。

② 每天白班外操8：00～9：00对精制岗位备用机泵进行盘车，将泵轴旋转 180°，单日红色标识朝上，双日白色标识朝上。

③ 每天罐区罐之间分别切换一次进出料。

④ 每天白班罐区事故水池泵启动，下午15：00 停。

⑤ 每个半点±15min 内巡检一次。

2. 日常操作规定

（1）反应岗位日常操作规定

① 操作中应严格按照工艺卡片进行操作，正常操作中禁止超标的现象发生。

② 在操作中，应努力使装置处于平稳运行状态，对于各种参数的调整，应避免较大的波动。

③ 对于能够影响到其他岗位的参数调整，应事先通知该岗位操作员，做好相应准备。

④ 在事故状态下，应准确判断事故的原因，快速正确处理各种事故，将事故损失减小到最小。

⑤ 装置达到启用装置自保条件时，应准确判断快速启用自保。

（2）精制岗位日常操作规定

① 平稳操作，控制好各塔各点温度、压力和回流量，以保证产品质量。

② 控制好塔底温度和塔顶温度，保证塔的汽提效果。

③ 控制好塔底液位，防止塔液面过高蒸汽加不上去而影响汽提效果。

④ 控制好蒸汽的使用量，防止温度过高、液面过低。

⑤ 控制好塔顶压力和塔底温度，保证再吸收塔的吸收效果。

⑥ 保证再吸收塔吸收水的流量，必要时打手动放空，防止因没有吸收水系统发生危险。

⑦ 精馏塔进料温度不能波动太大，保证精馏塔稳定操作。

⑧ 控制住塔顶、塔底温度，严防"飞温"、淹塔事件发生。

⑨ 当循环冷却水发生异常时，一定要控制好精制塔的压力，防止压力过高。

⑩ 控制好塔底温度，防止流量过大、塔底温度过高使合格产品无法正常采出。

⑪ 反应切断进料时，精制岗位必须做到：保证精制塔塔底足够的液位，必要时要进行返料操作。

⑫ 发生事故时，要冷静分析，查出原因，果断处理，并做好与有关岗位（反应、循环

水）的联系。

案例分析

"7·6" 爆罐事故

2006年7月6日14:38分，某石化厂操作工李某发现密封罐液位低而报警，通知外操工王某到现场查看。王某跑到现场，发现密封液已经没有，密封漏，马上停泵，再复查液位时，密封罐爆裂，王某马上用对讲电话通知控制室现场出事了，遂跑到有水处清洗脸部，这时领班张某已跑到现场，帮其再次清洗，同时大家赶到现场切断物料，看到密封罐已破裂。

事故产生原因：泵密封漏，瞬间漏量特别大，导致密封液大量漏出，纯环氧乙烷返回罐内，瞬间汽化，导致罐内压力瞬间超压爆裂（因为密封罐压力报警的同时罐爆裂，所以罐的耐压力强度有待分析）。

事故损失：一个密封罐报废，压力、液位测量件损坏。

防范措施：

① 密封罐加冷却水，避免密封过热。

② 更换新型波纹管式密封。

四、环保节能措施

1. 环保措施

① 空气氧化法中，空气洗涤水中含有碱，必须排入专门的化工废水管道，送往污水处理厂处理，以减少对土壤和地下水的污染。

② 再吸收塔和精馏塔塔顶排放的尾气送加热炉作燃料，以减少对大气的污染。

③ 采用工艺水循环和置换方法，减少废水排放量，以减少污染。

2. 节能降耗措施

① 预热是通过热的产物气和冷的原料气在换热器内进行的，这种热交换是最简单、最常用的热能利用方式，也为后面产物气的降温创造了条件，有利于减少冷量的消耗。

② 对解吸塔塔顶尾气采取冷凝、洗涤等回收措施，降低环氧乙烷的损失。

③ 设有工艺循环水处理系统，通过控制置换水量，节约用水。

④ 对再吸收塔和精馏塔塔顶排放的尾气回收利用。

⑤ 从采样点取出的样品，凡是物料，均回收至系统。

知识链接

清洁生产应贯穿于两个"全过程"

① 生产的组织全过程。即从产品开发、规划、设计、建设到运营管理的全过程，采取必要措施防止污染产生。

② 物料转化全过程。即从原材料加工到产品生产、产品使用甚至报废处置的各个环节采取必要的措施，实施污染控制。

 项目小结

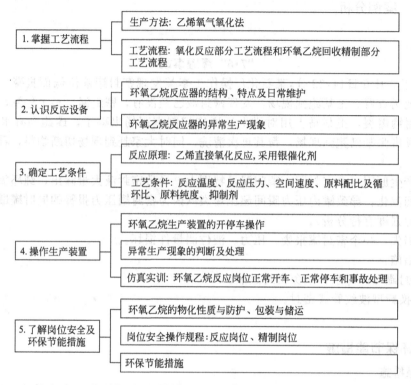

	生产方法: 乙烯氧气氧化法
1. 掌握工艺流程	工艺流程: 氧化反应部分工艺流程和环氧乙烷回收精制部分工艺流程
2. 认识反应设备	环氧乙烷反应器的结构、特点及日常维护
	环氧乙烷反应器的异常生产现象
3. 确定工艺条件	反应原理: 乙烯直接氧化反应, 采用银催化剂
	工艺条件: 反应温度、反应压力、空间速度、原料配比及循环比、原料纯度、抑制剂
4. 操作生产装置	环氧乙烷生产装置的开停车操作
	异常生产现象的判断及处理
	仿真实训: 环氧乙烷反应岗位正常开车、正常停车和事故处理
5. 了解岗位安全及环保节能措施	环氧乙烷的物化性质与防护、包装与储运
	岗位安全操作规程: 反应岗位、精制岗位
	环保节能措施

 思考与练习

一、填空题

1. 环氧乙烷又称_____, 主要用途是生产_____。

2. 乙烯直接氧化法生产环氧乙烷, 由于所采用的氧化剂不同, 又分为_____法和_____法。

3. 乙烯氧化制环氧乙烷工艺所用的反应器是_____, 所用催化剂是_____。

4. 在环氧乙烷生产中, 提高空速, 原料与催化剂的接触时间_____, 转化率_____, 选择性_____。

5. 在使用催化剂时, 前期控制反应温度在催化剂活性温度的_____, 随着活性下降, 后期控制反应温度在催化剂活性温度的_____。反应温度要与_____温度相适应。

二、讨论题

1. 识读氧化法生产环氧乙烷的工艺流程图, 并说明流程中主要设备的名称及主要物料的走向。

2. 什么是"尾烧"现象? 工业上采用什么方法避免这一现象?

3. 乙烯直接氧化生产环氧乙烷的主反应有何特点? 同时还发生哪些副反应? 副反应产物有哪些?

4. 氧气法制环氧乙烷工艺中，致稳气的作用是什么？工业上一般选用哪种物质作致稳气？

5. 氧气法制环氧乙烷工艺中，抑制剂的作用是什么？采用哪种物质作抑制剂？抑制剂如何加入？

6. 环氧乙烷吸收塔发生液泛现象，产生的原因有哪些？分别是如何处理的？

7. 举例说明在环氧乙烷生产中，采用了哪些环保节能措施。

项目五

氯乙烯生产

学习目标

- 了解氯乙烯的物化性质、用途及生产方法；
- 掌握乙烯氧氯化法合成氯乙烯的反应原理、影响因素及工艺流程；
- 掌握氯乙烯合成反应器的结构与特点；
- 了解氯乙烯生产装置的开停车和运行操作；
- 能应用反应原理确定工艺条件；
- 能判断并处理生产运行中的异常现象；
- 能在生产过程中实施安全环保和节能降耗措施。

【认识产品】

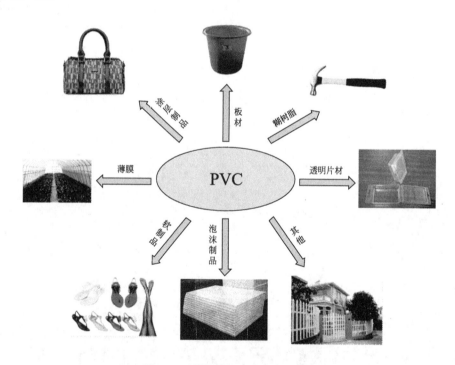

图 5-1 聚氯乙烯（PVC）的用途

氯乙烯（VC）的主要用途是生产聚氯乙烯（PVC），PVC 是五大通用合成树脂之一，全球使用量在各种合成材料中高居第二，仅次于聚乙烯（PE），具有价格低廉、易加工、质量轻、强度高、耐化学药品性良好等优点，可经由不同的配料与加工程序制成各种不同形貌且功能各异的产品，广泛应用于建筑、农业、包装、鞋类、家具、玩具、电器、医疗、卫生等生产生活领域，比如 PVC 管、PVC 地板、PVC 墙纸等。图 5-1 列出了聚氯乙烯的用途。

世界 PVC 树脂消费以硬制品为主，占总消费量的 64%，软制品占 36%。硬制品主要包括各种型材、管材、板材、硬片、瓶等，用量最大的是管材和管件。软制品主要包括电线电缆、各种用途的膜、铺地材料、织物涂层、人造革、各类软管、塑料鞋、玩具、手套以及一些专用涂料和密封剂等，其中用量最大的是膜和片。

我国也是 PVC 树脂的生产和消费大国之一，随着建筑化学建材、包装、电子电气、汽车等下游行业对 PVC 需求的快速增长，未来几年我国对聚氯乙烯的需求仍将保持较高的增长速度。图 5-2 为生产氯乙烯单体的工业装置。

图 5-2　氯乙烯生产的工艺装置

任务一
掌握氯乙烯生产的
工艺流程

一、氯乙烯的生产方法

目前，氯乙烯的工业生产方法主要有两种：乙炔法和乙烯平衡氧氯化法，如图 5-3 所示。

乙炔法于 1930 年实现工业化，乙炔主要由电石生产，因此也称为电石法，其基本过程如图 5-4 所示。

由于电石制取乙炔耗电量大，导致该法成本高，而且所用的氯化汞催化剂毒性较大，受到安全生产、环境保护等条件限制，不宜大规模生产。

乙烯平衡氧氯化法于 20 世纪 60 年代实现工业化。该法具有反应器生产能力大、生产效率高、生产成本低、杂质含量少和可连续操作等优点。据估算，使用平衡氧氯化法生产氯乙烯的生产价格比乙炔法低约 27.5%，而且"三废"污染少，能源消耗低。目前，在世界范

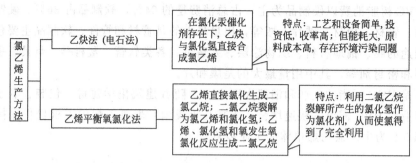

图 5-3　氯乙烯的生产方法

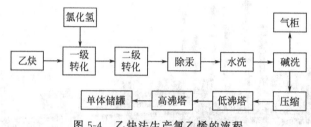

图 5-4　乙炔法生产氯乙烯的流程

围内，采用乙烯平衡氧氯化法生产的氯乙烯达 90％以上，该法是世界公认的技术先进、经济合理的氯乙烯生产方法。

　动手查一查

查阅资料，了解我国 PVC 生产企业的地域分布情况和生产能力情况。

二、乙烯平衡氧氯化法生产氯乙烯的工艺流程

目前，我国乙烯平衡氧氯化生产工艺主要有氧气法氧氯化和空气法氧氯化两种。由于氧气法氧氯化比空气法氧氯化反应效果好、流程较简单、设备投资费用较少，自实现工业化以来，已被许多工厂采用，并有取代空气法氧氯化的趋势。这里我们介绍氧气法氧氯化工艺。

氧气法氧氯化的工艺过程主要包括乙烯直接氯化、乙烯氧氯化、二氯乙烷精制、二氯乙烷裂解和氯乙烯精制等工序，如图 5-5 所示。乙烯直接氯化就是乙烯和氯气直接反应生成二氯乙烷；二氯乙烷裂解生成氯乙烯和氯化氢；乙烯氧氯化就是乙烯、氧气和氯化氢生成二氯乙烷。其中，氯化氢来源于二氯乙烷裂解的副产物。氯化氢在氧氯化法的整个生产过程中始终保持平衡，不需补充也不需处理。氧气法氧氯化工艺流程如图 5-6 所示。

1. 乙烯直接氯化单元

原料氯气和乙烯在比率控制器的控制下，经混合一起进入直接氯化反应器 1 中进行反应生成二氯乙烷。该反应是以 $FeCl_3$ 为催化剂在二氯乙烷为溶剂的液相中进行的。

直接氯化反应为放热反应，为将反应热及时而有效地移出，通常采用外循环办法，将自反应器顶部逸出的二氯乙烷冷凝，凝液部分返回反应器，利用其蒸发移出反应热。冷凝液的另一部分作为本单元产品送往二氯乙烷精制单元。未被冷凝的气体因其中含有少量乙烯，经过压缩分离其中夹带的二氯乙烷后，送往氧氯化单元作为原料使用。

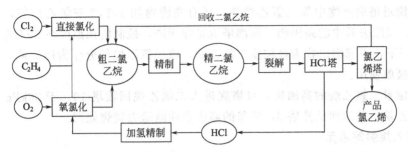

图 5-5　氧气法氧氯化生产氯乙烯流程框图

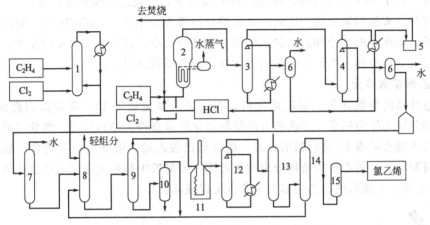

图 5-6　氧气法氧氯化生产氯乙烯工艺流程

1—直接氯化反应器；2—氧氯化反应器；3—急冷塔；4—洗涤塔；5—循环气压缩机；6—分离器；7—脱水塔；8—低沸塔；
9—高沸塔；10—回收塔；11—裂解炉；12—二氯乙烷急冷塔；13—氯化氢塔；14—氯乙烯塔；15—氯乙烯干燥器

2. 乙烯氧氯化单元

首先将来自直接氯化单元含有乙烯的不凝气和本单元的部分不凝气作循环气与补充的新鲜乙烯原料气混合预热后，再与氯乙烯精制单元来的氯化氢相混合，控制适当的配比与氧气混合预热后，进入氧氯化反应器 2。在低压、反应温度不超过 240℃ 和铜催化剂作用下，进行反应生成二氯乙烷。生成气进入急冷塔 3，用二氯乙烷-水溶液进行冷却。急冷塔为填料塔，通过喷淋除去未反应的氯化氢并降低生成气的温度，塔底收集的冷凝下来的液体，经分离器 6 除水，与洗涤塔塔底物料混合处理后，送往二氯乙烷精制单元提纯。

急冷塔塔顶的不凝气体送入洗涤塔 4 用碱液洗涤，除去其中的二氧化碳。同时向塔内加入少量的亚硫酸钠溶液，以除去进入该塔的直接氯化尾气中的游离氯。

洗涤塔 4 顶部逸出的气体经过冷凝，大部分二氯乙烷和水被冷凝下来，与急冷塔 3 底部物料混合送入分离器（倾析器）6，冷凝后的不凝气经压缩机加压，部分循环至氧氯化反应器作为原料使用，部分送去焚烧处理。分离器分出的粗二氯乙烷经水洗后进入储槽，待送至二氯乙烷精制单元提纯，分离器分出的污水送往废水处理。

3. 二氯乙烷精制单元

将来自氧氯化单元含水的二氯乙烷经换热至一定温度后进入脱水塔 7，在常压下，水与二氯乙烷形成共沸物自塔顶逸出，经冷凝后，将水分出。塔底物料与直接氯化单元和氯乙烯精制单元来的粗二氯乙烷，分别送往二氯乙烷低沸塔 8 处理。

二氯乙烷低沸塔为浮阀塔，在近于常压下，控制塔顶温度在 80℃ 左右，将低沸物（如氯乙烷、氯丁二烯和苯等）蒸出，经过冷凝，所得凝液全部回流至本塔内，不凝气体送去焚烧处理；低沸塔塔底产物中除二氯乙烷外，还有高沸物如 1,1,2-三氯乙烷等，送入二氯乙烷高沸塔 9，以除去其中的高沸物。高沸塔也是浮阀塔，控制塔顶温度在 90℃左右，塔釜温度在 100℃以下，顶部馏出物为高纯度二氯乙烷，该二氯乙烷部分作为回流液，其余作为本单元产品供裂解使用。

含有一定量二氯乙烷的高沸物，自塔底进入二氯乙烷回收塔 10，于 36kPa 下真空回收其中的二氯乙烷，并返回低沸塔 8，塔釜的高沸物残液送去焚烧处理。

4. 二氯乙烷裂解单元

来自二氯乙烷精制单元的纯二氯乙烷送至裂解炉 11，二氯乙烷在此经过加热、蒸发、过热和裂解，在 1.96MPa 压力和不超过 510℃温度下，生成氯乙烯和氯化氢。

从裂解炉出来的裂解生成气进入二氯乙烷急冷塔 12，在约 1.96MPa 下，对经多层喷嘴喷淋塔并通过循环冷却器冷却的二氯乙烷混合物进行骤冷，以防止二次反应发生。经骤冷后的裂解生成气，再经热交换进行余热回收后送往氯乙烯精制单元。

5. 氯乙烯精制单元

来自急冷塔的含氯化氢、氯乙烯物料，首先进入氯化氢塔 13，塔顶得到高纯氯化氢，经冷凝后部分液化作为回流，其余部分送往氧氯化反应器作为原料使用。氯化氢塔塔釜物料经减压后送入氯乙烯塔 14 进行精馏分离。塔顶蒸出氯乙烯，塔釜液中主要含二氯乙烷，送二氯乙烷精制单元。氯乙烯塔塔顶分出的氯乙烯，经碱液中和除去氯化氢后送往氯乙烯干燥器 15 进行干燥，干燥后的氯乙烯即为本装置最终成品。

动笔画一画

画出氧气法氧氯化生产氯乙烯的工艺流程框图。

知识拓展

聚氯乙烯的生产方法

目前，世界上 PVC 的主要生产方法有四种：悬浮法、本体法、乳液法和溶液法。其中以悬浮法生产的 PVC 占 PVC 总产量的近 90%，在 PVC 生产中占重要地位。近年来，该技术已取得突破性进展。

1. 本体法聚合生产工艺

本体聚合仅由单体和少量（或无）引发剂组成，产物纯净，后处理简单，是比较经济的聚合方法。本体聚合生产工艺，其主要特点是反应过程不需要加入水和分散剂。虽然从表面上看是很简单的生产过程，然而在实施过程中却存在很多需要特殊技术才能解决的问题。

2. 乳液聚合生产工艺

乳液法聚氯乙烯的商品化生产已有 70 年的历史。20 世纪 30 年代初首先在德国用乳液聚合的方法生产出聚氯乙烯。乳液法产量不多，约占 PVC 产量 10%左右。由于乳液法高聚物的干固物含量低，喷雾干燥所需要热能较大，所得到的树脂中杂质较多，最终制品力学性能和热性能均较差。

3. 溶液聚合生产工艺

单体溶解在一种有机溶剂（如正丁烷或环己烷）中引发聚合，随着反应的进行，聚合物沉淀下来。溶液聚合专门用于生产特种聚乙烯与醋酸乙烯共聚物。溶液聚合反应生产的共聚物纯净、均匀，具有独特的溶解性和成膜性。

4. 悬浮聚合生产工艺

悬浮法 PVC 生产技术易于调节品种，生产过程易于控制，设备和运行费用低，易于大规模组织生产而得到广泛的应用，成为诸多生产工艺中最主要的生产方法。

任务二
认识氯乙烯生产的
反应设备

一、 直接氯化反应器

1. 直接氯化反应器的结构

直接氯化反应器如图 5-7 所示，反应器内有氯化液，它是催化剂 $FeCl_3$ 和溶剂 1,2-二氯乙烷的混合物。首先将氯气从反应器底部引入，再进乙烯气体，反应在液相中进行。反应器内还设有一个特殊的气体分布器并充填一定高度的填料，以使反应气体更好地分布，同时促使氯气全部转化。反应温度为 50℃ 左右，由于反应是放热的，为将反应热及时而有效地移出，通常采用氯化液外循环的方法，将自反应器顶部逸出的二氯乙烷冷凝，凝液部分返回反应器的分配器，以使进料反应气有效而均匀分布，并蒸发移出反应热。

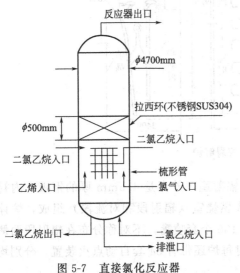

图 5-7　直接氯化反应器

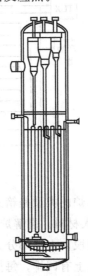

图 5-8　氧氯化反应器

2. 直接氯化反应器的日常维护

① 经常检查设备本体及各连接部位，一旦发现问题，应及时处理。

② 密切注意梳形分布器的堵塞情况，一旦有堵塞现象，应及时调节冲洗液量，并应经常清洗冲洗液过滤器。

③ 严格控制各项参数，以防腐蚀。

二、 氧氯化反应器

1. 氧氯化反应器的结构

氧氯化反应器如图 5-8 所示，反应器为不锈钢材料，其主要由以下三部分组成：下部为一不锈钢制作的孔板式气体分配器，该分配器对进入反应器的混合气体分布和催化剂的流化起着重要作用；反应器中部设有为除去反应热的冷却管，管内充以沸水作为冷却剂以移走反应热，并副产蒸汽可供使用；反应器上部安装三级旋风分离器系统，以分离和收集反应生成气中夹带的催化剂，收回的催化剂送回反应器底部。

2. 氧氯化反应器的日常维护

① 经常检查设备各连接部位及蒸汽伴热有无泄漏，保温层有无损坏，一旦发现问题，应及时处理。

② 经常检查旋风分离器的堵塞情况。

③ 严格控制进料温度，以防露点腐蚀。

三、 二氯乙烷裂解炉

1. 二氯乙烷裂解炉的结构

二氯乙烷裂解炉如图 5-9 所示，其作用是将精制后的纯二氯乙烷进行热裂解，生成氯乙

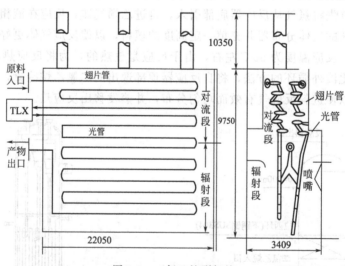

图 5-9 二氯乙烷裂解炉

烯和氯化氢。本炉的类型是箱式（双蛇箱）对流辐射型，外壳是 4.5mm 厚的钢板，内衬是 250mm 厚的耐火材料。裂解炉由两个矩形叠置式燃烧室（辐射段和对流段）组成，炉体的下半部分为辐射段，上半部分为对流段。每炉有 136 个套喷嘴，不对称分布在辐射段两侧炉壁上，每侧炉壁上有四排，每排 17 个喷嘴。同时每炉还带有 34 套自动点火装置，分别均匀分布在最底一排喷嘴上，喷嘴喷射 C_4 燃料。

在炉膛内设置两列被加热的蛇管。管子呈水平平行排列。对流段有 16 根翅片管（翅片螺旋形）、8 根光管，辐射段有 40 根光管。该炉管内受高温和烟气的腐蚀尤为严重，所以采用特殊材料合金钢。

2. 裂解炉的日常维护

① 裂解炉应保持在设计规定的负压下运行，不允许正压操作。

② 各组炉管出口温度偏差保持在 5℃ 以内，若偏差过大，应调整烧嘴的燃料量和进风量，保持炉膛温度分布均匀，不应该靠调节进料量来维持出口温度。

③ 烟气横跨温度不得超过设计允许温度的 20℃ 以上。

④ 辐射段各炉管管壁温度不得超过设计允许温度，应定期测温。

⑤ 炉出口压力不得超过设计值。

⑥ 烟气含氧量应维持在 2%～3%，烟囱不冒黑烟。

⑦ 燃烧器应定期进行检查、调整和清理，并保证完好，应采用多火嘴、短火焰、齐火苗的方法进行调整，保证燃烧完全，炉膛清亮，火焰不得舔炉管，不得有油滴喷在炉墙和炉管上。

⑧ 应保证防爆门、紧急放空及联锁装置的齐全、好用。

⑨ 应保证烟道挡板及轴承灵活好用。

⑩ 必须保证锅炉给水的连续供给，汽包液面计应准确、好用。

⑪ 保持吹灰器完好，并按设计要求定期吹灰。

⑫ 裂解炉运行 3 万～4 万小时后，应每年检测一次炉管蠕胀和伸长情况，并做好记录，同时应开始对管壁和弯头的裂纹进行逐年检测。

⑬ 炉出口热电偶每年至少应检查、校验一次。

⑭ 定期检查炉管导向移动情况，炉管弯曲挠度小于两倍直径，且不影响导向移动可不进行更换，但应注意调整炉子火焰分布，校正弯曲。

⑮ 定期检查炉壁板变形、凸出及出现的热斑，炉壁变形量不应超过 25mm，否则应予以更换并修理相应的耐火衬里。

 大家来讨论

氧氯化反应器在结构上具有哪些特点满足反应的要求？

任务三
掌握氯乙烯生产的反应原理与工艺条件

一、 反应原理

乙烯平衡氧氯化法生产氯乙烯主要包括三个过程：乙烯直接氯化生成二氯乙烷、二氯乙烷裂解生成氯乙烯和氯化氢、乙烯氧氯化生成二氯乙烷，反应式如下。

乙烯直接氯化：

$$CH_2 \!=\!\!=\! CH_2 + Cl_2 \longrightarrow ClCH_2CH_2Cl$$

二氯乙烷裂解：

$$ClCH_2CH_2Cl \longrightarrow CH_2 \!=\!\!=\! CHCl + HCl$$

乙烯氧氯化：

$$CH_2 \!=\!\!=\! CH_2 + 2HCl + 1/2O_2 \longrightarrow ClCH_2CH_2Cl + H_2O$$

总反应式：

$$2CH_2 \!=\!\!=\! CH_2 + Cl_2 + 1/2O_2 \longrightarrow 2CH_2 \!=\!\!=\! CHCl + H_2O$$

由此可见，乙烯平衡氧氯化法生产氯乙烯的原料只需乙烯、氯气和氧气（或空气），氯气可以全部被利用，其关键是要计算好乙烯与氯气加成和乙烯氧氯化两个反应的反应量，使1,2-二氯乙烷裂解所生成的 HCl 恰好满足乙烯氧氯化所需的 HCl。这样才能使 HCl 在整个生产过程中始终保持平衡。

二、 催化剂

乙烯液相氯化反应的催化剂常用 $FeCl_3$。加入 $FeCl_3$ 的主要作用是抑制取代反应，促进乙烯和氯气的加成反应，减少副反应，提高氯乙烯的收率。

二氯乙烷裂解反应在高温下进行，不需要催化剂。

乙烯氧氯化制二氯乙烷需在催化剂存在下进行。工业常用催化剂是以 γ-Al_2O_3 为载体的 $CuCl_2$ 催化剂。根据氯化铜催化剂的组成不同，可分为单组分催化剂、双组分催化剂和多组分催化剂。近年来，还发展了非铜催化剂。

三、 工艺条件

1. 乙烯直接氯化部分

（1）原料配比 生产中乙烯与氯气的物质的量比常采用 1.1∶1.0。略过量的乙烯可以保证氯气反应完全，使氯化液中游离氯含量降低，减轻对设备的腐蚀并有利于后处理。同时，还可以避免氯气和原料气中的氢直接接触而引起的爆炸危险。生产中控制尾气中氯气含量不大于 0.5%（体积分数），乙烯含量小于 1.5%（体积分数）。

（2）反应温度 乙烯液相氯化是放热反应，反应温度过高，会使副反应加剧，对主反应不利；反应温度过低，则反应速率相应减慢，也不利于反应。一般反应温度控制在 50℃左右。

（3）反应压力 从乙烯氯化反应式可看出，加压对反应是有利的。但在实际生产中，若采用加压氯化，必须用液化氯气，由于原料氯气加压困难，故反应一般在常压下进行。

（4）原料纯度 氯气中含水会导致 $FeCl_3$ 催化剂水解，生成盐酸，从而造成设备的腐蚀，因此水分含量要严格控制。

2. 二氯乙烷裂解部分

（1）原料纯度 裂解原料二氯乙烷中若含有抑制剂，则会减慢裂解反应速率并促进生焦。二氯乙烷中能起强抑制作用的杂质是 1,2-二氯丙烷，杂质 1,1-二氯乙烷对裂解反应也有较弱的抑制作用。铁离子会加速深度裂解副反应，水会加剧对设备和炉管的腐蚀。故生产上一般控制原料中 1,2-二氯丙烷含量低于 0.2%（体积分数），含铁量要求不大于 $1 \times 10^{-4} \, kg/m^3$，水分含量控制在 $5 \times 10^{-6} \, kg/m^3$ 以下。

（2）反应温度　二氯乙烷裂解是吸热反应，提高反应温度对反应有利。温度在450℃时，裂解反应速率很慢，转化率较低，当温度升高到500℃左右，裂解反应速率显著加快。但反应温度过高，二氯乙烷深度裂解等副反应也相应加速。当温度高于600℃，副反应速率将显著大于主反应速率。因此，反应温度的选择应从二氯乙烷转化率和氯乙烯收率两方面综合考虑，生产中一般控制反应温度在500～550℃。

（3）反应压力　二氯乙烷裂解是体积增大的反应，提高压力对反应平衡不利。但在实际生产中常采用加压操作，其原因是为了保证物流畅通，维持适当空速，使温度分布均匀，避免局部过热；加压还有利于抑制分解生碳等副反应，提高氯乙烯收率；加压也利于降低产品分离温度，节省冷量，提高设备的生产能力。目前，工业生产采用的有低压法（0.6MPa）、中压法（1MPa）和高压法（＞1.5MPa）等几种。

（4）停留时间　停留时间长，能提高反应转化率，但同时副反应增多，使氯乙烯收率降低，且炉管的运转周期缩短。工业生产采用较短的停留时间，以获得高收率并减少副反应。通常停留时间为10s左右，二氯乙烷转化率为50%～60%。

3. 乙烯氧氯化部分

（1）反应温度　乙烯氧氯化反应是强放热反应，因此反应温度的控制十分重要。升高温度对反应有利，但温度过高，乙烯完全氧化反应加速，CO_2和CO的生成量增多，副产物三氯乙烷等的生成量也增加，反应的选择性下降。温度升高催化剂的活性组分$CuCl_2$挥发流失快，催化剂的活性下降快，寿命短。因此，反应温度一般控制在220～300℃。

（2）反应压力　常压或加压反应皆可，一般在0.1～1MPa。压力的高低要根据反应器的类型而定，流化床宜低压操作，固定床为克服流体阻力，操作压力宜高些。当用空气进行氧氯化时，反应气体中含有大量的惰性气体，为了使反应气体保持一定的分压，常用加压操作。

（3）原料配比　按乙烯氧氯化反应式的计量关系，C_2H_4：HCl：$O_2＝1$：2：0.5（物质的量分数）。在实际生产中，通常控制乙烯和氧气过量，以提高HCl转化率，但乙烯和氧气的含量必须在爆炸极限外。若HCl过量，则过量的HCl会吸附在催化剂表面，使催化剂颗粒胀大，密度减小；如果采用流化床反应器，床层会急剧升高，甚至发生腾涌现象，以至不能正常操作。生产中一般控制原料配比为C_2H_4：HCl：$O_2＝1.05$：2：（0.75～0.85）（物质的量比）。

（4）原料气纯度　原料气中的乙炔、丙烯和C_4烯烃含量必须严格控制，因为它们都能发生氧氯化反应，而生成四氯乙烯、三氯乙烯、1,2-二氯丙烷等多氯化物，使产品的纯度降低而影响后加工。原料气HCl主要由二氯乙烷裂解得到，通常会含有一定量的炔，一般要进行除炔处理。

（5）停留时间　要使HCl接近全部转化，必须有较长的停留时间，但停留时间过长会出现转化率下降的现象。在低空速下操作时，适宜的停留时间一般为5～10s。

各部分工艺条件汇总见表5-1。

表5-1　各部分工艺条件汇总

	（1）原料配比	C_2H_4：$Cl_2＝1.1$：1.0（物质的量比）
乙烯直接氯化部分	（2）反应温度	50℃左右
	（3）反应压力	常压
	（4）原料纯度	控制含水量

二氯乙烷裂解部分	(1)原料纯度	1,2-二氯丙烷含量低于 0.2%（体积分数），含铁量不大于 $1\times10^{-4}kg/m^3$，水分含量控制在 $5\times10^{-6}kg/m^3$ 以下
	(2)反应温度	500～550℃
	(3)反应压力	低压法：0.6MPa 中压法：1MPa 高压法：>1.5MPa
	(4)停留时间	10s 左右
乙烯氧氯化部分	(1)反应温度	220～300℃
	(2)反应压力	0.1～1MPa
	(3)原料配比	C_2H_4：HCl：$O_2=1.05:2:(0.75～0.85)$（物质的量比）
	(4)原料气纯度	控制乙炔、丙烯和 C_4 烯烃含量
	(5)停留时间	5～10s

大家来讨论

乙烯平衡氧氯化法中各部分工艺条件选择的依据是什么？

知识拓展

聚氯乙烯（PVC）工业技术进展情况

聚氯乙烯工业技术进展大致可分为以下三个方面。

（1）在氯乙烯单体生产技术方面，采用乙烯作为原料，用直接氧氯化法生产出低成本的氯乙烯。

（2）在 PVC 树脂生产技术方面，新技术的发展集中在进一步解决聚合体系的稳定及防粘釜问题上，改进悬浮 PVC 树脂的粒径分布以及开发一些使用性能更好的专用树脂，如更易于加工的聚氯乙烯薄膜专用树脂，性能更好的丙烯酸改性聚氯乙烯型材专用树脂等。

（3）在 PVC 加工方面，现已研究出用聚丁烯改进制品冲击强度和热稳定性的新技术，研制出黏结力强、耐风化性好的汽车车体防锈涂料，采用交联 PVC 发泡生产出仪表盘发泡板，开发出水性 PVC 涂料，防雾性能更好的农膜，生产出高强度的 PVC 地板夹，热变形温度高的超韧性 PVC 合金等。

近年来我国 PVC 产能扩张较为迅速。截至 2013 年 12 月底，中国 PVC 现有产能为 2476 万吨（其中糊树脂 102 万吨）。2013 年内中国 PVC 新增加产能为 286 万吨，同期宣布正式退出的规模为 151 万吨，全年净增 135 万吨，增长 5.8%。2013 年，全国 PVC 产量屡创新高，全年产量达到 1530 万吨，比 2012 年增长 16.1%。全年市场走势无明显的淡旺季，起伏波动较小。

中国聚氯乙烯行业依靠规模扩张的粗放型的发展模式已经难以适应市场要求。在淘汰落后产能的同时，构建上下游一体化产业链，加大科研投入，采用更加清洁环保的生产工艺已经成为聚氯乙烯企业可持续发展的主要方向。

任务四
了解氯乙烯生产装置的开车操作

一、乙烯氧氯化岗位开车操作规程

1. 开车前的准备工作、步骤及应达到的标准

（1）本单元及回收系统各设备（包括：反应器、塔、槽、换热器、泵、管道、阀门、安全阀）安装和检修完毕。在清洗和干燥后能随时开启。

（2）所有电器设备、仪表及联锁系统调试合格。

（3）工艺用水系统运行正常，液位控制在80%。

（4）通知碱站送碱，液位到3m后通知碱站停送，碱泵开始运行。

（5）冷却水正常供给。

（6）冷冻已开始供0～5℃冷冻水，并且冷冻单元开始供给氟利昂（R22）。

（7）高压蒸汽正常供应，压力≥1.1MPa（表压）。

（8）低压蒸汽正常供应，压力≥0.4MPa（表压）。

（9）仪表空气正常供给，压力≥0.5MPa（表压）。

（10）净化空气供应正常，压力＞0.6MPa。

（11）高纯氮气正常供应，压力＞1.1MPa。

（12）氧氯化用催化剂备好。

（13）加氢催化剂填装完毕。

（14）乙烯已引入界区。

（15）供给氯化氢压力＞0.6MPa。

（16）氢气纯度＞98%。

（17）各系统的准备工作

① 开启预热器。

② 氧氯化反应器开车准备。

③ 加氢反应器开车准备。

④ 氧氯化反应器冷却循环系统的准备。

⑤ 装填催化剂。

⑥ 开启骤冷循环系统。

（18）调试氧氯化反应器全部联锁点

① 当停车时间超过24h后，在开车前要进行联锁调试。

② 调联锁的准备：调联锁需在氧氯化反应器填装催化剂前，氧氯化反应器引入工艺空

气后进行，此时氧氯化反应器顶部压力高（H）低（L）限具备开车条件。

③ 联锁调试。

（19）氧氯化反应器填装催化剂。

注：自催化剂装入氧氯化反应器起，工艺空气系统就不能停车。分布器所通氮气不能停。必须供给足够的净化空气，压力＞0.6MPa（表压）。

在做好以上各项准备工作之后，本单元各部分都已处于独立运转状态，本单元各部分可按下列程序分别投入全线运转开车。

2. 开车程序

（1）将乙烯引至氧氯化反应器进料口

① 在进入氧氯化反应器前，乙烯总阀关闭的情况下，将乙烯管线上的盲板倒到相通的位置。

② 观察界区乙烯总管压力调节阀是否打开。

③ 现场打开乙烯总压调节阀前后阀，关闭旁通阀。

④ 打开乙烯总压调节阀。

⑤ 打开泄空阀的前阀。

⑥ 缓慢打开乙烯总阀，引入乙烯至泄空阀泄空处并少量泄出。

⑦ 当泄空放空处有乙烯时，关闭泄空阀，关闭乙烯总阀。

⑧ 打开过滤器的旁通阀，关闭过滤器的前后手阀。

（2）氧氯化反应器升温

① 现场开启汽包底部吹出阀，将汽包液位降到20％。

② 调整汽包高压蒸汽进口阀的开度，使高压蒸汽压力＞1MPa，氧氯化反应器继续升温到175℃以上，升温速率掌握在约10℃/h。

（3）骤冷系统正常运转操作

① 调整中和槽加碱量，确保循环液pH值在11～12。全线开车稳定后可关闭碱泵。

② 氧氯化反应器开车前，检查骤冷塔加碱管线。

③ 调整倾析器加碱量，使泵出口取样pH值在8～9。

（4）加氢反应器开车准备

① 从加氢反应器底取样分析，要求$O_2<1\%$。

② 停止加氢反应器，通氮气。

③ 关闭加氢反应器的废气阀。

④ 打开加氢反应器的出口阀。

⑤ 在氯化氢总阀关闭的情况下，把氯化氢管线的盲板倒到相通的位置上。

⑥ 送氯化氢。

（5）氧氯化反应器开车

① 检查关闭乙烯管线上所有泄空阀，打开氧氯化反应器入口阀等阀门，只留总阀不开。

② 检查关闭氯化氢管线（包括加氢反应器）全部泄空阀，打开氧氯化反应器进出口阀等阀门，只留总阀不开。

③ 现场操作工将管线中冷凝水在最低点放净后，打开加热器的入口阀。

（6）投料操作

① 氧氯化反应器开车前必须把尾气乙烯联锁挂上，摘除尾气含氧的联锁。

② 现场操作工缓慢打开氯化氢总阀，注意观察。

③ 控制室操作人员在调整好氯化氢压力的情况下，通过调节器向氧氯化反应器投入氯化氢。当有显示后，迅速将氯化氢投入量调至设计值，同时调节调节器，使加热器出口温度达到 138～177℃。

④ 在氯化氢流量有显示的同时，控制室操作工手动调整乙烯压力（现场迅速开启乙烯总阀），向氧氯化反应器投入乙烯，调节调节器，使加热器出口温度达 135℃。

⑤ 特别强调，通入足够氯化氢量至通入乙烯的时间不得超过 2min。按照以上步骤操作的时间越快越好。若超过 2min，应停止开车操作，氧氯化反应器至少空吹含酸合格后，重新开车。

⑥ 氯化氢通入氧氯化反应器后，现场操作工注意观察骤冷塔底的 pH 值，若含酸过高，可向骤冷塔加入少量碱。

　大家来讨论

开车前的准备工作对于正常开车的重要性。

二、 生产管理、 维护要求及注意事项

（1）要求本岗位人员对本岗位工艺熟悉，严格按照车间岗位操作规程进行操作，对班长以及车间领导的要求严格执行，对本岗位严格巡检，发现问题及时进行处理，不能处理的通知班长联系车间领导做进一步处理；严格按照车间岗位操作规程进行操作。

（2）交接班之前要穿戴好劳保用品，严格遵守上下班时间，不脱岗、不串岗、不睡岗，不做与工作无关的事。

（3）定期对车间设备进行维护、保养，严禁用铁器对设备进行敲打。维修设备时必须保证该设备与系统断开且维护期间无安全隐患，且有专人监护。电气设备进行维护、保养时必须切断电源并挂"严禁合闸"警示牌，严禁带电工作。

（4）严格按照生产劳动保护应知应会和安全生产禁令进行操作。

（5）在正常生产和检修中，当皮肤或者眼睛受到液态氯乙烯单体、二氯乙烷等污染时，应立即用大量清水冲洗，然后送医院救治。

三、 生产运行中异常现象的判断及处理

氯乙烯生产装置的异常现象及处理方法见表 5-2。

表 5-2　氯乙烯生产装置的异常现象及处理方法

序号	单元	异常现象	产生原因	处理方法
1	直接氯化单元	反应温度失去控制	①循环二氯乙烷冷却器冷却水不足 ②温度控制阀失常 ③负荷改变太大,温度调节器无法适应温度变化	①增加冷却水量 ②检修温度控制阀 ③改变负荷要缓慢
		反应压力太高	①冷却水故障,去产品 EDC 冷凝器的冷却水减少太多 ②排空气体管路堵塞或关闭 ③液体夹带到反应器顶部导致液封	①检查和调节冷却水流量和压力 ②检查排空管线的温度和压力 ③检查反应器顶部系统是否有液体 EDC

续表

序号	单元	异常现象	产生原因	处理方法
2	氧氯化单元	氧氯化反应器温度失控	①反应器冷却器罐液位太低 ②反应器冷却器罐压力波动 ③催化剂流化态不好,导致盘管受热不均 ④氯化氢进料低,乙烯氧化严重	①增加锅炉进水量 ②查明原因,进行检修 ③查明原因,进行调整 ④提高氯化氢进料量
		加氢反应器温度过高	①氯化氢塔不稳定或塔顶温度过高,导致氯乙烯含量高 ②氯化氢换热器泄漏	①增加回流量,降低塔顶温度 ②停车,检修换热器
3	二氯乙烷精制单元	高沸塔二氯乙烷含水量大	①低沸塔含水量大 ②循环二氯乙烷含水量大 ③再沸器或冷凝器泄漏	①检查低沸塔 ②检查二氯乙烷循环前工序 ③进行设备处理
4	二氯乙烷裂解单元	二氯乙烷流量变小	①二氯乙烷蒸发器结焦 ②二氯乙烷过热器结焦 ③裂解炉盘管结焦 ④流量控制阀两端压差小 ⑤过热器换热量过高	①清焦 ②清焦 ③清焦 ④提高蒸发器压力 ⑤提高过热器出口温度,开大支路
		进料中三氯乙烷含量超标	直接氯化中形成的,高沸塔的高沸物上升到塔顶	加强直接氯化,加大高沸塔回流
5	氯乙烯精制单元	氯乙烯塔顶温度高	①塔顶冷凝器水流量低 ②冷凝效果不好 ③塔顶回流量小 ④压力控制阀失灵	①增大冷却水量 ②排放塔顶气体到裂解单元 ③增加回流量 ④改手动,检修
		氯化氢塔压力高	①塔釜再沸器蒸汽通量过大 ②塔顶冷却效果不好 ③到氧氯化的氯化氢不足 ④塔顶有惰性气体	①减少蒸汽通量 ②调整对氯化氢的制冷 ③裂解与氧氯化的氯化氢负荷要匹配 ④适当排空

任务五
了解岗位安全及环保节能措施

一、 氯乙烯的物化性质与防护

氯乙烯的物化性质与防护见图5-10。

动手查一查

1. 氯乙烯的中毒症状和急救措施是什么?
2. 氯乙烯生产中还有哪些主要有毒、有害物质?

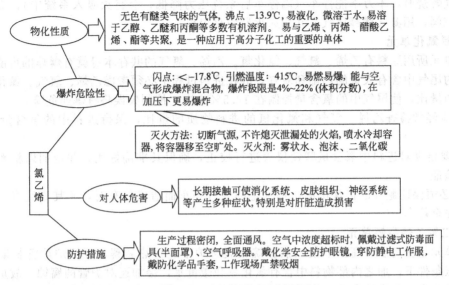

图 5-10 氯乙烯的物化性质与防护

二、 氯乙烯的包装与储运

包装方法：钢质气瓶；磨砂口玻璃瓶、螺纹口玻璃瓶或铁盖压口玻璃瓶外普通木箱；安瓿瓶外普通木箱；塑料瓶或金属桶（罐）外普通木箱。

氯乙烯储存时必须注意容器的密封，并应添加少量阻聚剂。应储存于阴凉、通风的库房。远离火种、热源。库温不宜超过 30℃。应与氧化剂分开存放，切忌混储。采用防爆型照明、通风设施。禁止使用易产生火花的机械设备和工具。储区应备有泄漏应急处理设备。

铁路运输时应严格按照铁道部《危险货物运输规则》中的危险货物配装表进行配装。采用钢瓶运输时必须戴好钢瓶上的安全帽。钢瓶一般平放，并应将瓶口朝同一方向，不可交叉；高度不得超过车辆的防护栏板，并用三角木垫卡牢，防止滚动。运输时运输车辆应配备相应品种和数量的消防器材。装运该物品的车辆排气管必须配备阻火装置，禁止使用易产生火花的机械设备和工具装卸。严禁与氧化剂、食用化学品等混装、混运。夏季应早晚运输，防止日光暴晒。中途停留时应远离火种、热源。公路运输时要按规定路线行驶，禁止在居民区和人口稠密区停留。铁路运输时要禁止溜放。

三、 岗位安全操作规程

1. 直接氯化单元

该单元采用乙烯和氯气进行直接氯化反应。由于原料氯气中含氧达 4％，故反应后的尾气中有氧气存在，而直接氯化反应中为使氯气转化率尽可能提高，采取了乙烯与氯气物质的量比为 1.1∶1.0，所以在尾气中氧气与乙烯共存，有形成爆炸性混合物的可能，一旦控制不好就有可能发生事故。另外，该单元有部分尾气放空（单独开车时，将全部放空），尾气中 90％是乙烯，与空气接触时，若遇到明火就会爆炸，所以放空是很危险的，特别是在雷雨天气时。

① 要经常检查乙烯与氯气投料物质的量比和尾气中的氧含量，使之控制在 10％以内，防止氧含量超过 12.5％而进入爆炸范围。

② 应定期对尾气氧含量联锁系统进行校验、维护维修，使之保持完好的工作状态。当氧气表出现问题时，必须及时维修。在此期间，尽量控制较高的物质的量比，并通过色谱分析氧含量，以指导生产。

③ 要经常对尾气放空部位进行检查，在放空部位要放好消防灭火设施。一旦因明火使

放空尾气燃烧时，千万不能停车（因停车后系统压力降低，会将火吸入系统中），而应打开氮气程控阀，用氮气稀释尾气，并用灭火器将火熄灭。

2. 氧氯化单元

该单元所用原料有乙烯、氧气、氯化氢。乙烯、氧气的共存本身就有爆炸的可能。反应后产生的尾气中含有大量的乙烯和氧气，故在进料过程中必须考虑乙烯、氧气、氯化氢的进料物质的量比，使尾气中的氧含量控制在 12.5% 之内，控制失误将有爆炸危险。

① 应经常检查乙烯、氧气和氯化氢的进料物质的量比，保持进料中的氧含量在 10% 以内。

② 要定期对进料中氧含量联锁仪表进行校正，确保其准确好用，并定期以精密仪器分析进行验证。

③ 必须保证氮气的正常供应，特别是因空分停车而造成停车时，尤其要注意，以保证该单元安全停车。

3. 二氯乙烷裂解单元

该单元是在高温、高压下使二氯乙烷在裂解炉中进行热裂解，裂解炉炉管长期处在高温、高压条件下，加之内部物料中含有氯化氢和微量水，会加速对炉管的腐蚀，故炉管长时间使用必将会出现腐蚀穿孔，物料泄漏入炉膛内而引起燃烧爆炸事故；另外，其他设备（如急冷塔、换热器）也有腐蚀的可能。因此，该单元的原料必须很好地控制，使之不含水，否则腐蚀会进一步加速。

① 要对裂解炉进行科学管理，其中包括开、停车的升降温速率要按规定进行；每年大检修对炉管进行全面检查、测厚；保证所进物料全面合格等。

② 要严格检查所进物料的含水量不大于 $1 \times 10^{-5} \mathrm{kg/m^3}$，否则应停止进料。

③ 经常检查 C_4 液化气罐和燃料系统，防止燃料系统泄漏。坚持每天的正常排水，并坚持两人操作，其中一人监护。

4. 氯乙烯精制单元和罐区

该单元的任务是将氯化氢、氯乙烯及二氯乙烷分离。这三种物料沸点相差很大，故精馏较难控制，一旦控制不好，不但分离效果不好，还会引起部分设备超压，使安全阀起跳，大量易燃易爆物料喷出。由于氯化氢存在，一旦系统中存有水，也会造成设备的腐蚀而发生意外事故。因此水是氯乙烯装置的"万恶之源"。

罐区包括氯乙烯罐、粗二氯乙烷罐，氯乙烯和二氯乙烷都是易燃易爆、有毒有害物质，操作维护不当就有发生泄漏事故的危险。

① 在氯乙烯精馏单元，要注意对各控制点操作条件的检查，发现问题要及时调整，防止经常性超压放空；本系统的设备腐蚀情况也要进行定期检查和检测。

② 对罐区内的各密封点，必须坚持经常性的巡回检查，遇到问题及时处理。

③ 对本装置的消防及防护设备应定期检查，接触有毒有害物质的作业必须严格做好个人防护。

 案例分析

"1·18"聚合釜爆燃事故

2005 年 1 月 18 日 0：15，北京某 PVC 厂区接连发生两次断电，尽管厂区是两路供电，但氯乙烯聚合工段聚合釜的动力却没有恢复，值班人员紧急对高温高压的聚合釜"卸压"。由于断电造成聚合釜憋压太久，聚合釜发生了爆燃，造成 7 人受轻伤。

原因分析：工厂突遇断电，聚合工段动力未恢复，无法终止聚合反应，聚合釜憋压引起爆燃。

事故教训：

① 突然停水、断电，造成聚合釜内温度、压力上升时，应及时加入终止剂终止聚合反应或将釜内物料排至沉析槽。如必须大量排空时，应采取应急措施，防止事故蔓延。

② 聚合系统的动力、仪表、照明和冷却水系统等应有备用电源，并应具备防止停电的安全措施。

③ 安全阀要保持动作灵敏和密封性能良好，必须加强日常维护检查。运行中应经常检查爆破片法兰处有无泄漏，爆破片有无变形。通常情况下，爆破片应每年更换 1 次，发生超压而未破裂的爆破片应立即更换。

④ 聚合生产岗位应设置氯乙烯泄漏自动检测报警装置。

⑤ 直接接触氯乙烯生产、储运、回收和使用的作业人员，必须进行专业培训和安全生产技术教育，经考试取得岗位安全合格证后，方可上岗操作。

四、 环保节能措施

1. 环保措施

① 生产中各种废水（来自分离器、脱水器、设备地面、废气洗涤塔等）排入废物处理系统。

② 生产中各种废气（来自脱水塔、冷凝器等）送往废气处理装置。

③ 废催化剂送往渣场处理，废油泥送相关企业处理。

④ 减少废物处理单元的泄漏，减少再沸器的冲洗次数。

⑤ 处理废物时，不要随便停车，待全部处理完毕后方可停车。

⑥ 稳定各种操作，保证对气体的冷凝效果。

⑦ 盐酸废气必须排入事故废气洗涤塔中进行洗涤合格后排空。

2. 节能降耗措施

① 余热余压回收利用　蒸汽冷凝水回用，氯乙烯转化热水余热利用，蒸汽回水回收。

② 废水的循环利用。

③ 再沸器蒸汽冷凝水部分作为物料管线的伴热水或用于聚氯乙烯脱离子水制备系统的原料水。

④ 尾气、余气回收再利用　氯乙烯精馏系统尾气变压吸附治理回收，氯乙烯精馏系统尾气变压吸附制氢治理回收。

 知识拓展

聚氯乙烯如何绿色生产？

近年来，在国际上，聚氯乙烯生产技术不断地得到改进和完善，特别是节能减排方面取得了相当大的进步。齐鲁氯碱厂在二轮改造时，由德国伍德公司做基础设计，引进国际上最先进的氯乙烯生产技术之一——德国 VINNOLIT 生产技术。相对早期的平衡氧氯化生产技术，新装置的生产过程易于控制，产品质量优异，排放更少，综合能耗低。

投产近 10 年来，齐鲁氯碱厂通过对引进技术的逐步消化吸收，生产水平不断提升，节能环保优势明显。

装置直接氯化采用闪蒸出料，节能效果显著。在工艺流程中设置冷热介质间能量交换，既节约了蒸汽消耗，又节约了冷却水；高效回收氧氯化反应热、裂解气余热以及焚烧余热等用于产生蒸汽。每小时可产生中压蒸汽 47t，低压蒸汽 56t。回收蒸汽冷凝水，除本装置用于生产蒸汽外，其余送出界区，每小时送出 12t。

此外，直接氯化采用复合催化剂技术，减少了产生高沸点副产物，便于利用反应热和避免因低温氯化需要水洗而产生的废水；氧氯化反应采用纯氧，可大大减少尾气排放；设置焚烧单元，对生产过程中的废液、废气进行无害化焚烧处理，使废液、废气在高温下分解、氧化，生成二氧化碳、水和氯化氢。通过对烟道气的处理，从而使装置排放的废气达到环保要求的标准。同时还对氯化氢进行回收循环利用。

项目小结

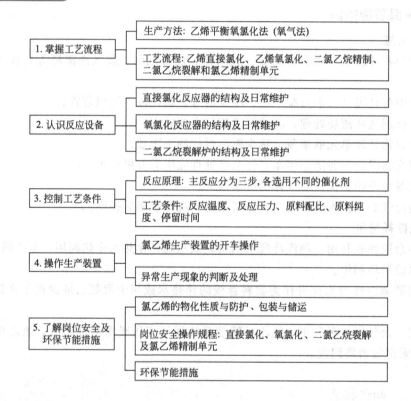

思考与练习

一、填空题

1. 氯乙烯的主要用途是生产_____。

2. 在平衡氧氯化法生产氯乙烯中，工艺的"绿色性"体现在_____。

3. 平衡氧氯化法生产氯乙烯的工艺流程包括 _____、_____、_____、_____ 和 _____ 等工序。

4. 二氯乙烷裂解产物急冷时，采用的急冷介质是 _____。

5. 在平衡氧氯化法生产氯乙烯工艺中，乙烯直接氯化反应常用的催化剂是 _____，乙烯氧氯化反应常用的催化剂是 _____。

二、讨论题

1. 从环保和降耗角度简述乙烯平衡氧氯化法的优点。

2. 乙烯平衡氧氯化法中，对粗二氯乙烷的分离采取了哪些工艺措施？

3. 对二氯乙烷裂解产物进行急冷的原因是什么？

4. 简述氧氯化反应器的结构和特点。

5. 二氯乙烷裂解为什么采用加压操作？

6. 氧氯化反应器温度失控，产生该异常现象的原因有哪些？应如何处理？

7. 在氧氯化单元和二氯乙烷裂解单元应注意哪些安全问题？

项目六

丙烯腈生产

🎯 **学习目标**

- 了解丙烯腈的物化性质、用途及生产方法;
- 掌握丙烯氨氧化法生产丙烯腈的反应原理、影响因素及工艺流程;
- 掌握丙烯腈反应器的结构与特点;
- 了解丙烯腈生产装置的开停车和运行操作;
- 能应用反应原理确定工艺条件;
- 能判断并处理生产运行中的异常现象;
- 能完成丙烯腈合成工段正常开车、正常停车和紧急停车仿真操作;
- 能在生产过程中实施安全环保和节能降耗措施。

【认识产品】

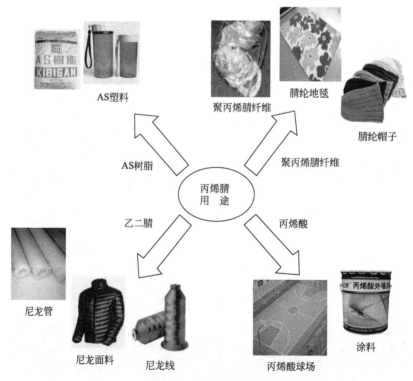

图 6-1 丙烯腈的用途

丙烯腈是三大合成材料(纤维、橡胶、塑料)的重要单体。丙烯腈主要用来生产聚丙烯腈纤维,商品名称叫"腈纶",俗称人造羊毛。图 6-1 所示为丙烯腈的用途。丙烯腈与苯乙烯共聚可生产 AS 塑料,与丁二烯、苯乙烯共聚可生产 ABS 塑料。这两种塑料常用于汽车和电器材料上，在日常生活中也有很多应用。丙烯腈还可以制取不少重要的化工产品，如涂料、抗水剂、纤维改性剂、纸张增强剂、尼龙 66 等。目前，我国纺织、家电行业发展迅速，对腈纶、ABS 塑料等产品的需求剧增，丙烯腈市场的开发将会有更加广阔的前景。图 6-2 为丙烯腈生产的工业装置。

图 6-2　丙烯腈生产的工业装置

任务一
掌握丙烯腈生产的
工艺流程

一、 丙烯腈的生产方法

丙烯腈自 1894 年在实验室问世以来，相继开发了环氧乙烷法、乙醛法、乙炔法、丙烯氨氧化法和丙烷氨氧化法等方法，如图 6-3 所示。

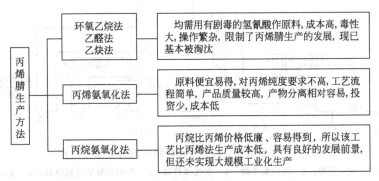

图 6-3　丙烯腈的生产方法

丙烷氨氧化法是近年来开发的新工艺，该技术的投用将大大降低丙烯腈的成本，尤其适合中东等丙烷富裕地区和氢氰酸需求量大的地区采用。目前只有日本已投入工业化生产，其他国家还处于研究开发阶段。丙烯氨氧化法是 20 世纪 60 年代以来生产丙烯腈的主要方法，世界 95％以上的丙烯腈生产都采用丙烯氨氧化法，我国也大多采用该方法。

动手查一查

查阅资料，了解国内外丙烷氨氧化法生产丙烯腈的发展概况。

二、 丙烯氨氧化法生产丙烯腈的工艺流程

丙烯氨氧化法生产丙烯腈的工艺流程可分为三个部分：反应部分、回收部分和精制部分，其基本过程如图 6-4 所示。

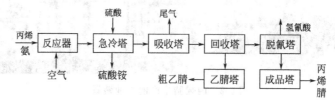

图 6-4　丙烯氨氧化法生产丙烯腈的工艺流程框图

1. 反应部分工艺流程

反应部分工艺流程如图 6-5 所示。经过滤后的洁净空气由空气压缩机 1 加压，在空气预热器 4 中与反应器出口物料换热，预热至 300℃左右，从流化床反应器底部的下分布板进入流化床反应器 6。丙烯和氨分别经丙烯蒸发器 3 和氨蒸发器 2 汽化后，从流化床反应器底部的上分布板进入，空气、丙烯和氨均需控制流量按一定比例投入。

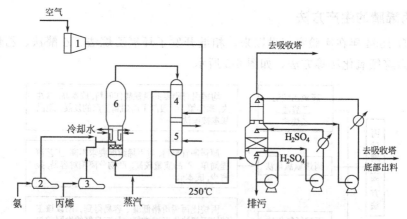

图 6-5　丙烯氨氧化法生产丙烯腈反应部分工艺流程

1—空气压缩机；2—氨蒸发器；3—丙烯蒸发器；4—空气预热器；5—冷却管补给水加热器；6—反应器；7—急冷塔

丙烯、氨和空气在反应器催化剂料层中进行反应，控制反应温度在 430～450℃；由流化床内的 U 形冷却管通入高压热水移去反应热，反应温度是通过所使用冷却管的数量以及

原料空气的预热温度来控制。U 形冷却管移出的高压过热水蒸气（2.8MPa 左右）可作为空气压缩机的动力，经压缩机利用后变为低压水蒸气（0.35MPa 左右），可作为回收和精制部分的热源。

反应产物气从反应器顶部排出，经床顶的内旋风分离器除尘，回收催化剂之后，进入空气预热器 4 和冷却管补给水加热器 5，冷却到 250℃左右，进入急冷塔 7 进行处理。由于产物气中含有未反应的氨，如果用水进行喷淋急冷，会形成碱性溶液，并能生成许多副产物，不仅会堵塞管道，还会导致产物丙烯腈和副产物 HCN 的损失，使回收率降低，所以必须先除氨。

除氨的方法有多种，目前工业上均采用硫酸中和法，硫酸含量为 1.5%（质量分数）左右，中和过程中循环液 pH 保持在 5.5～6.0。

除氨在急冷塔中进行，故急冷塔又称氨中和塔，中和过程同时也是反应物料的冷却过程。氨中和塔分为三段，上段为多孔筛板，中段装置填料，下段是空塔，设置液体喷淋装置。产物气从中和塔下部进入，在下段首先与酸性循环水接触，清洗夹带的催化剂粉末、聚合物，中和大部分氨，产物气温度从 200℃左右急冷至 84℃左右，然后进入中段。在中段进一步清洗后进入上段水洗，与中性水接触，洗去夹带的酸雾，冷却到 40℃左右进入回收系统。氨中和塔底部可得硫酸铵溶液，经精制可得硫铵。

 大家来讨论

1. 在该流程中为什么要除氨？工业上采用什么方法除氨？
2. 氨中和塔的结构如何？在该流程中是如何除氨的？

2. 回收部分工艺流程

回收部分主要由三个塔组成：吸收塔、萃取精馏塔和乙腈解吸塔，其工艺流程如图 6-6 所示。

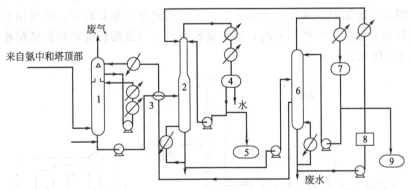

图 6-6　丙烯氨氧化法生产丙烯腈回收部分工艺流程

1—吸收塔；2—萃取精馏塔；3—热交换器；4—油水分离器；5—粗丙烯腈储槽；
6—乙腈解吸塔；7—回流罐；8—过滤器；9—粗乙烯腈储槽

去除氨后的气体主要是丙烯腈、氢氰酸和乙腈，还有 N_2、CO、CO_2 等以及少量的丙烯醛、丙酮、丙烯酸等副产物。其中丙烯腈、氢氰酸、乙腈、丙烯醛等能与水部分互溶，而未反应的丙烯以及 N_2、CO、CO_2 等不溶于水或溶解性很小。所以，工业上用水作吸收剂，可使产物、副产物与其他气体分开。

由急冷塔出来的产物气进入吸收塔 1，用 5～10℃水吸收，产物丙烯腈、副产物氢氰酸、乙腈、丙烯醛等溶于水，得到粗丙烯腈水溶液，其他气体由塔顶排出。排出的气体可经催化燃烧并利用其热量后放空。

粗丙烯腈水溶液含丙烯腈 4%～5%（质量分数），含副产物约 1%（质量分数），经加热后进入萃取精馏塔 2（又称回收塔），在此塔中将丙烯腈与乙腈分离。丙烯腈与乙腈的相对挥发度很接近，用一般的精馏方法难以分离，工业上一般采用萃取精馏。用水作萃取剂进行萃取，氢氰酸和丙烯腈以和水的共沸物的形式从塔顶蒸出，乙腈残留在萃取塔塔釜。

由于丙烯腈和水是部分互溶，塔顶共沸物经冷却后分为水相和油相两层，油相为粗丙烯腈，进入粗丙烯腈储槽 5 作为精制工序的原料，水相回至萃取精馏塔循环利用。萃取塔塔釜的乙腈废水送到乙腈解吸塔 6，得到粗乙腈。水循环回水吸收塔和萃取精馏塔作为吸收剂和萃取剂用，形成闭路循环。自乙腈解吸塔排出的少量含氰废水送污水处理装置。

知识链接

萃取精馏

萃取精馏是向原料液中加入第三组分（称为萃取剂或溶剂），以改变原有组分间的相对挥发度，使普通精馏难以分离的液体混合物变得易于分离的一种特殊的精馏方法。

共沸物

当两种或多种不同成分的均相溶液，以一个特定的比例混合时，在固定的压力下，仅具有一个沸点，此时这个混合物即称为共沸物。

3. 精制部分工艺流程

由回收工序得到的粗丙烯腈含丙烯腈 80% 以上，氢氰酸 10% 左右，水约 8% 以及其他微量杂质，需进一步精制以满足工业需要。由于它们的沸点相差较大，故可用普通精馏方法分离。精制部分也是由三个塔组成的，即脱氢氰酸塔、氢氰酸精馏塔和丙烯腈精馏塔，其工艺流程如图 6-7 所示。

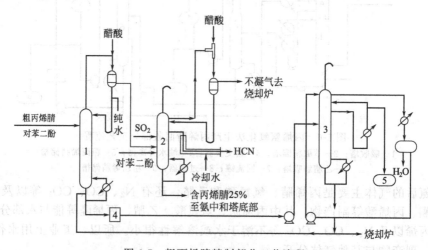

图 6-7　粗丙烯腈精制部分工艺流程

1—脱氢氰酸塔；2—氢氰酸精馏塔；3—丙烯腈精馏塔；4—过滤器；5—成品丙烯腈储槽

粗丙烯腈先进入脱氢氰酸塔 1，塔顶蒸出的氢氰酸进入氢氰酸精馏塔 2，得到纯度为 99.5％的氢氰酸。脱氢氰酸塔釜液进入丙烯腈精馏塔 3，塔上部侧线采出丙烯腈产品，塔顶蒸出丙烯腈与水的共沸物，经冷却冷凝后浸入油水分离器，油层丙烯腈回流入塔，水层分出。塔釜水层送污水处理。

精制过程需要采取一些措施防止物料自聚：一是丙烯腈精馏采用减压操作；二是加入阻聚剂。氢氰酸一般采用二氧化硫、醋酸等酸性物质作阻聚剂，丙烯腈一般采用对苯二酚等酚类物质作阻聚剂。

动笔画一画

画出丙烯氨氧化法生产丙烯腈的生产过程示意图。

知识拓展

丙烷氨氧化制丙烯腈工艺简介

目前，丙烷氨氧化生产丙烯腈有直接氨氧化法（一段法）和丙烷脱氢后丙烯再氨氧化法（二段法）。

1. 丙烷直接氨氧化制丙烯腈工艺

丙烷直接氨氧化工艺是丙烷在催化剂作用下，同时发生丙烷氧化脱氢反应和丙烯氨氧化反应。

20 世纪 90 年代初，美国 BP 公司开发出了丙烷氨氧化一步法新工艺，该工艺采用了一种新开发的催化剂，它对丙烯腈的选择性很高，而对副产物丙烯酸的选择性较低。日本旭化成公司开发的丙烷固定床直接氨氧化法，将丙烷、氨和空气通入装有专门催化剂的固定床中反应，在 410℃、0.1MPa 条件下，丙烷转化率为 91.0％，丙烯腈选择性为 65.5％，丙烯腈收率为 59.7％。

2. 丙烷脱氢丙烯氨氧化工艺

丙烷脱氢后再丙烯氨氧化工艺是以丙烷为原料分两步进行：①丙烷脱氢生成丙烯；②用传统丙烯氨氧化工艺生成丙烯腈。

日本三菱化学和 BOG 公司成功开发丙烷两段氨氧化工艺。其特点是采用选择性烃吸附分离体系的循环工艺，可将循环物流中的惰性气体和碳氧化物选择性地除去，原料丙烷和丙烯可全部被回收，使生产成本降低约 10％，原材料费用降低约 20％，从而解决了低转化率带来的原料浪费问题。

目前，BP 公司、三菱化学和旭化成等公司已在不同地点进行了丙烷直接氨氧化制丙烯腈的中试试验。旭化成公司已建成世界上首套丙烷原料丙烯腈生产线，这条生产线建立在该公司位于韩国蔚山的工厂（Tongsuh 石化公司）。新装置利用现有的 7 万吨/年的丙烯腈生产线进行改造，利用丙烷生产丙烯腈，已于 2007 年 1 月 20 日开始投入使用。2006 年 2 月初，旭化成公司还与泰国 PPT 公司组建了投资为 2 亿美元的合资企业，使旭化成公司开发的丙烷制丙烯腈技术推向工业化。两家公司还在泰国建设了 25 万吨/年丙烯腈装置，已于 2009 年投产。

任务二
认识丙烯腈生产的
反应设备

一、 流化床反应器的结构

丙烯氨氧化的反应装置多采用流化床反应器，其结构如图6-8所示。流化床反应器按其外形和作用分为三个部分，即床底段、反应段和扩大段。

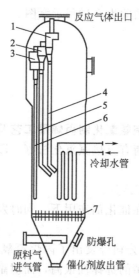

图 6-8 丙烯氨氧化流化床反应器

1—第三级旋风分离器；2—第二级旋风分离器；3—第一级旋风分离器；4—三级料腿；
5—二级料腿；6—一级料腿；7—气体分布板

床底段为反应器的下部，许多流化床的底部呈锥形，故又称锥形体。此部分有气体进料管、防爆孔、催化剂放出管和气体分布板等部件。床底段主要起原料气预分配的作用，气体分布板除使气体均匀分布外，还起到支撑催化剂的作用。常见气体分布板形式如图6-9所示。

反应段是反应器中间的圆筒部分，其作用是为化学反应提供足够的反应空间，使化学反应进行完全。催化剂受气体的吹动而呈流化状，主要集中在这一部分，催化剂粒子的聚集密度最大，故又称浓相段。为排出反应放出的热量，在浓相段设置一定数量的垂直U形管，管中通入高压软水，利用水的汽化带出反应热，产生的蒸汽可作能源。

扩大段是指反应器上部比反应段直径稍大的部分，其中安装了串联成二级或三级的旋风分离器，它的主要作用是回收气体离开反应段时带出的一部分催化剂。在扩大段中催化剂的聚集密度较小，故也称为稀相段。

在流化床反应器中，旋风分离器的作用是分离回收反应气体中夹带的固体催化剂颗粒，最大限度地降低夹带所造成的催化剂损失。反应气体在离开反应器之前通过分离器，除去了大部分随气流夹带出来的催化剂，催化剂落入每级分离器底部的料腿，并返回催化剂床。第

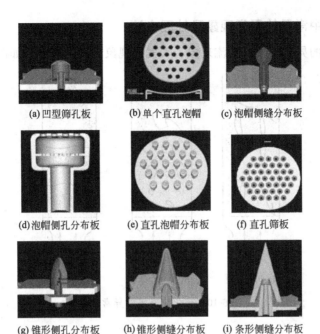

(a) 凹型筛孔板　　　(b) 单个直孔泡帽　　　(c) 泡帽侧缝分布板

(d) 泡帽侧孔分布板　　(e) 直孔泡帽分布板　　(f) 直孔筛板

(g) 锥形侧孔分布板　　(h) 锥形侧缝分布板　　(i) 条形侧缝分布板

图 6-9　常见气体分布板形式

一级料腿向下直接伸到反应器下部，第二级和第三级料腿伸到反应器反应段中部，并装有翼阀。这些翼阀由挡板构成。用来防止旋风分离器料腿中气体向上流动。挡板周期性地打开，当料腿中催化剂重量大于翼阀外压力时，挡板打开，催化剂就落回到催化床，这时料腿中的催化剂的重量小于翼阀外压力，翼阀关闭。一级料腿有一处反吹风，二级和三级料腿有三处反吹风，其吹风必须一直进行，使在料腿中的催化剂一直保持流化状态，以帮助催化剂流动。催化剂损失量的异常增加可能说明料腿已堵塞。

知识链接

料腿

在流化床设备中，在上部收集的颗粒要送至底部，可用一根垂直管道予以实施，此管道称为料腿。

例如流化床反应器顶部安装旋风分离器，把收集的催化剂颗粒用料腿送回下部的床层中；多层流化床的固体颗粒从上一层流到下一层也需要用料腿。

料腿的设计，既要保证颗粒自上而下顺利流动，又要防止气体从料腿向上流窜。

大家来讨论

流化床反应器分为哪三部分？各部分有什么作用？分别有哪些部件？

二、 流化床中常见的异常现象及处理方法

流化床中常见的异常现象有沟流现象、大气泡现象和腾涌现象，如图 6-10 所示。

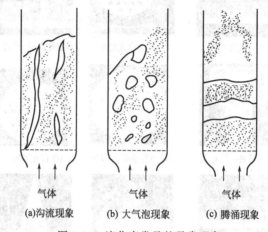

(a)沟流现象　　(b) 大气泡现象　　(c) 腾涌现象

图 6-10　流化床常见的异常现象

1. 沟流现象

(1) 沟流现象的特征　气体通过床层时形成短路。沟流有两种情况，贯穿沟流和局部沟流。

(2) 沟流对反应过程的影响　沟流现象发生时，大部分气体没有与固体颗粒很好接触就通过了床层，这在催化反应时会引起反应转化率降低。由于部分颗粒没有流化好，造成床层温度不均匀，从而引起催化剂的烧结，降低催化剂的寿命和效率。

(3) 产生的原因　主要与颗粒特性和气体分布板的结构有关。例如，颗粒的粒度很细（粒径小于 $40\mu m$）、密度大且气速很低时；潮湿的物料和易于黏结的物料；气体分布板设计不好，布气不均，如孔太少或各个风帽阻力大小差别较大。

(4) 处理方法　应对物料预先进行干燥并适当加大气速，另外合理设计分布板，还应注意风帽的制造、加工和安装，以免通过风帽的流体阻力相差过大而造成布气不均。

2. 大气泡现象

(1) 大气泡现象的特征　床层中大气泡很多，气泡不断搅动和破裂，床层波动大，操作不稳定，气固相接触不好，会使气固反应效率降低。

(2) 产生的原因　通常床层较高，气速较大时容易产生大气泡现象。

(3) 处理方法　在床层内加设内部构件可以避免产生大气泡，促使平稳流化。

3. 腾涌现象

(1) 腾涌现象的特征　气泡直径大到与床径相等，将床层分为几段，变成一段气泡和一段颗粒的相互间隔状态。此时，颗粒层被气泡像活塞一样向上推动，达到一定高度后气泡破裂，引起部分颗粒的分散下落。腾涌发生时，床层的均匀性被破坏，使气固的接触不良，严重影响产品的产量和质量，并且器壁磨损加剧，引起设备的振动。

(2) 产生的原因　出现腾涌现象是由于颗粒层与器壁的摩擦造成压降大于理论值，而气泡破裂时又低于理论值，即压降在理论值上下大幅度波动。一般来说，床层越高，容器直径越小，颗粒越大，气速越高，越容易发生腾涌现象。

（3）处理方法　在床层过高时，可以增设挡板以破坏气泡的长大，避免腾涌发生。

大家来讨论

流化床常见的异常现象有几种？产生的原因及处理方法是什么？

三、 流化床反应器的优缺点

与固定床反应器相比，流化床反应器具有以下优点。

① 在催化剂方面，可采用小颗粒的催化剂，从而增大了气固相接触面积。

② 在操作方面，可实现固体物料的连续输入和输出，使反应过程和催化剂再生过程连续化，且易于实现自动控制，适用于催化剂容易失活的反应。

③ 在传热传质方面，由于流体与固体颗粒处于剧烈搅动状态，且催化剂粒度小，使床层具有良好的传热传质性能，床层内部温度均匀，且易于控制，特别适用于强放热反应。

④ 在生产方面，流化床传热良好，设备结构简单，投资少，适合于大规模生产。

但是，流化床由于气流和固体颗粒间的剧烈搅动，也存在以下缺点。

① 流体返混严重。由于催化剂颗粒与流体的返混，使反应物浓度下降，导致反应过程的转化率下降，选择性变差。

② 气流状况不均。不少气体以气泡状态经过床层，大大降低了气固相接触效率，使转化率下降。

③ 由于固体颗粒间剧烈碰撞，造成催化剂磨损破碎，增加了催化剂的损失和防尘的困难。同时，对设备的磨损也很严重。

以上是流化床反应器具有的优缺点，但对于丙烯氨氧化制丙烯腈的反应来说完全适用于流化床。

任务三
掌握丙烯腈生产的反
应原理与工艺条件

一、 反应原理

丙烯、氨、氧气在一定条件下反应，除生成主产物丙烯腈外，还有多种副产物生成，反应方程式如下。

主反应：

$$2CH_3—CH=CH_2+2NH_3+3O_2 \Longrightarrow 2CH_2=CH—CN+6H_2O$$

副反应：

$$CH_3—CH=CH_2+3NH_3+3O_2 \Longrightarrow 3HCN+6H_2O$$

生成氢氰酸的量约占丙烯腈质量的1/6。

$$2CH_3-CH=CH_2+3NH_3+3O_2 \rightleftharpoons 3CH_3CN+6H_2O$$

生成乙腈的量约占丙烯腈质量的 1/7。

$$CH_3-CH=CH_2+O_2 \rightleftharpoons CH_2=CH-CHO+H_2O$$

生产丙烯醛的量约占丙烯腈质量的 1/100。

$$2CH_3-CH=CH_2+9O_2 \rightleftharpoons 6CO_2+6H_2O$$

生成二氧化碳的量约占丙烯腈质量的一半，它是产量最大的副产物。该反应是一个放热量较大的副反应，转化成二氧化碳的反应热要比转化成丙烯腈的反应热大三倍多，因此应特别注意反应器的温度控制。另外还生成乙醛、丙酮、丙烯酸、丙腈等副产物，因生成量较少，故可忽略不计。

知识链接

氢氰酸

氢氰酸是一种无色液体，沸点低，剧毒，毒性大约是丙烯腈的 30 倍，有微弱的苦杏仁味。低浓度的氢氰酸能引起喉咙疼痛、心悸、呼吸困难、流眼泪、流口水、头痛、四肢无力和眩晕，甚至死亡。

乙腈

乙腈是一种具有芳香气味的无色液体，有醚类气味。有剧毒，易燃。

动手查一查

查阅资料，了解丙烯腈反应过程中产生的副产物哪些可以被再利用，举例说明它们都可以做些什么。

二、催化剂

催化剂是丙烯腈技术的关键环节，丙烯腈催化剂的开发一直受到国际丙烯腈行业的关注。丙烯腈所采用催化剂主要有 Mo-Bi 和 Sb-Fe 两大系列，美国 Sohio 公司和日本旭化成公司开发的丙烯腈催化剂属于 Mo-Bi 系列。Sohio 公司继第一代催化剂 A 之后，相继推出了 C-21、C-41、C-49、C-49MC 等催化剂。C-49MC 催化剂因其单程收率高、反应温度低、装置清洁等占有较大的市场份额，我国安庆石化 5.0 万吨装置、吉化公司 10.6 万吨装置和上海塞克 26 万吨装置均采用该催化剂。日本旭化成公司开发的 A-112 催化剂也属于 Mo-Bi 系列。日本日东化学公司开发的丙烯腈催化剂属于 Sb-Fe 系列。1969 年该公司成功开发出第一代 Sb-Fe 催化剂 NS-691，之后先后推出 NS-733A、NS-733B、NS-733C 和 NS-733D 系列。它们的特点是丙烯腈收率高，副产物少，世界上有近一半的 Sohio 工艺法丙烯腈装置使用该催化剂。

国内丙烯腈催化剂的研究始于 20 世纪 60 年代，从事丙烯腈催化剂开发的有上海石油化工研究院和上海石化科技开发公司，其代表产品分别是 MB 和 CTA 系列催化剂，均属 Mo-Bi 系列，其中上海石油化工研究院先后研制成功了 MB-82、MB-86、MB-96 和 MB-98 等八代丙烯腈催化剂，其具有活性高、耐压性好等特点，与 C-49MC 单收水平相当，均得以工业应用并取得了较好效果。2003 年上海石油化工研究院研制开发了 SAC-2000 丙烯腈催化剂，它具有反应温度低（430～435℃）、选择性高、单位物料负荷高、环境好等特点。目前，齐鲁公司 4.0 万吨丙烯腈装置使用是 MB-98 与 SAC-2000 混装催化剂。上海石化科技开发公司研制的 CTA-6 型催化剂自开发成功以来，在国内丙烯腈工业装置应用方面取得了很大进展，相继研制的 CTA-10、CTA-11 型催化剂均已投入工业应用。

丙烯氨氧化反应采用的流化床反应器要求催化剂强度高、耐磨性能好。而丙烯氨氧化催化剂的活性组分本身机械强度不高，受到冲击、挤压就会破裂，价格也比较贵。为增强催化剂的机械强度和合理使用催化剂活性组分，通常需使用载体。故流化床催化剂采用耐磨性能特别好的粗孔微球硅胶（直径约 55μm）为载体，活性组分和载体的质量比为 1:1。

动手查一查

查阅资料，了解目前我国丙烯腈催化剂的工业应用情况。

三、 工艺条件

1. 反应温度

反应温度是丙烯氨氧化反应的重要参数，它对反应转化率、丙烯腈收率和催化剂活性都有明显影响。温度低于 350℃时，氨氧化反应几乎不发生。随着温度升高，丙烯转化率提高。图 6-11 所示是丙烯在 $P-Mo-Bi-O/SiO_2$ 催化剂上反应温度对主、副产物收率的影响。由图可见，升温使丙烯转化率升高，但丙烯腈的收率呈峰形变化。温度约为 460℃时，丙烯腈收率已达到比较高的值，此时副产物氢氰酸和乙腈的收率较低，且随温度升高，丙烯腈收率降低，而且过高的温度会缩短催化剂的使用寿命。所以工业上一般控制反应温度在 450～470℃。

2. 反应压力

从热力学观点来看，丙烯氨氧化生产丙烯腈是体积缩小的反应，提高压力可增大该反应的平衡转化率；同时，反应器压力增加，气体体积缩小，可以增加投料量，提高生产能力。但在直径为 150mm 反应器的试验中发现，当丙烯氨氧化反应在加压下进行时，虽然反应器的生产能力增加了，反应结果却比常压反应时差，如图 6-12 及图 6-13 所示。随着反应压力的提高，丙烯转化率、丙烯腈单程收率和选择性都下降，而副产物氢氰酸、乙腈、丙烯醛的单程收率却增加。因此，生产中一般采用常压操作。

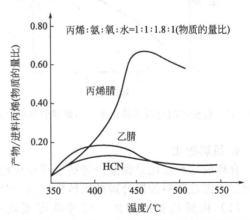

图 6-11 反应温度对主、副产物收率的影响

3. 接触时间

图 6-14 和图 6-15 表示接触时间对反应的转化率、收率的影响。由图可以看出，适当增加接触时间，可以提高丙烯转化率和丙烯腈的收率，而副产物乙腈和氢氰酸的收率都变化不

大。但接触时间过长，一方面会使原料和产物长时间处于高温下，易受热分解和深度氧化，

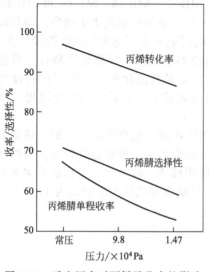

图6-12 反应压力对丙烯腈收率的影响

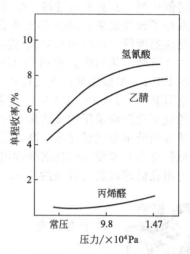

图6-13 反应压力对副产物生成收率的影响

使丙烯腈收率降低。另一方面，会使反应器生产能力降低。因此在保证丙烯腈收率尽量高、副产物收率尽量低的原则下，应选择较短的接触时间。适宜的接触时间与所用催化剂以及所采用的反应器类型有关，一般工业上选用的接触时间为5～10s。

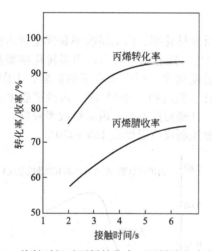

图6-14 接触时间对丙烯转化率、丙烯腈收率的影响

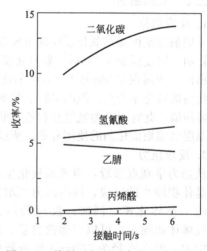

图6-15 接触时间对副产物生成的影响

4. 原料配比

合理的原料配比是保证丙烯腈合成反应稳定、副产物少、消耗定额低以及操作安全的重要因素，因此严格控制合理的原料配比是十分重要的。

（1）丙烯与氨的配比　丙烯既可氨氧化生成丙烯腈，也可氧化生成丙烯醛，丙烯与氨的配比与这两种产物的生成量有密切的关系。图6-16所示为丙烯与氨的配比对产物收率的影响。由图6-11可以看出，氨的用量越大，生成的丙烯腈所占比例越大。根据反应方程式，氨与丙烯的理论物质的量配比应为1∶1，若小于此值，则副产物丙烯醛生成量增大。丙烯醛易聚合堵塞管道，并影响产品质量。相反，如果比值过高，则需要大量的 NH_3 参加反应，会增加酸洗处理时 H_2SO_4 的消耗量和中和塔的

负担，对催化剂也有害。因此，生产中氨/丙烯的物质的量比值一般在 1.15～1.20。

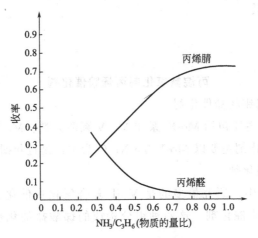

图 6-16 丙烯与氨的配比对产物收率的影响

（2）丙烯与空气的配比　丙烯氨氧化是以空气为氧化剂，空气用量的大小直接影响氧化结果。如果空气/丙烯的比值过低，尾气含氧量低，可使催化剂活性降低，造成丙烯转化率和丙烯腈收率降低。相反，如果空气用量过大，尾气中剩余含氧量过高，会使有机物燃烧氧化，随空气带入的惰性气体增多，使混合气中丙烯浓度降低，从而使生产能力大为下降。生产中空气/丙烯的物质的量比值一般在 9.2～9.7。

（3）丙烯与水蒸气的配比　从丙烯氨氧化反应方程式来看，并不需要水蒸气参加，但生产中加入水蒸气能改善氨氧化反应的效率。水蒸气有助于反应产物从催化剂表面解吸出来，从而避免丙烯腈的深度氧化；水蒸气在该反应中是一种很好的稀释剂，可以稀释反应物的浓度，使反应趋于缓和，并降低丙烯的爆炸危险性；水蒸气的比热容较大，可以带走大量的反应热，便于反应温度的控制；水蒸气可消除催化剂表面的积炭。但是，水蒸气的加入，会降低设备的生产能力，增加动力消耗。一般情况下，丙烯与水蒸气的物质的量比为 1:3 时，效果较好。

5. 原料纯度

原料丙烯是从烃类裂解气或催化裂解气分离得到的。原料丙烯中可能含有乙烯、乙烷、丙烷及 C_4，也可能有硫化物存在。这些杂质中，丁烯及高级烯烃的存在会给反应带来不利影响，它们比丙烯更易氧化，会降低氧气的浓度，从而降低催化剂的活性。故要求丙烯原料中丁烯含量＜1%（体积分数）。硫化物会使催化剂活性下降，应除去，一般要求原料中硫含量＜0.05%（体积分数）。

原料氨用合成氨厂生产的合格品，原料空气经除尘、酸-碱洗涤后使用。

 大家来讨论

丙烯腈生产中，各工艺条件选择的原则或依据是什么？

丙烷氨氧化制丙烯腈催化剂

1. 多组分复合金属钼酸盐催化剂

钼酸盐催化剂体系主要包括 Mo-Bi 系和 Mo-V 系两大类。Mo-Bi 系催化剂对丙烯腈选择性不高。Mo-V 系催化剂主要以 Mo-V-Te-Nb-O 为主，是近年研究的热点。

2. 多组分锑酸盐催化剂

在锑酸盐催化体系中，研究最多的是 V-Sb 复合氧化物催化剂。此外还有 Fe-Sb 和 Ca-Sb 等复合金属氧化物催化剂。这两种组分构成的锑酸盐催化剂对丙烯腈有很好的选择性。

我国利用人工神经网络辅助来研究丙烷氨氧化工艺条件的优化，优化结果：丙烷转化率为 85.2％，丙烯腈选择性为 69.2％。

3. 钒铝氧氮化物催化剂

钒铝氧氮化物（VAION）催化剂具有碱性/氧化还原的双功能催化活性中心。VAION 催化剂在丙烯腈选择性和收率上所占优势不大，但丙烯腈时空收率（单位催化剂每小时丙烯腈生产量）远远高于其他催化剂。VAION 催化剂之所以具有较高空间收率，主要与其能适应高空速条件有关。在丙烷低转化率的情况下，高空间收率决定了催化剂的实际效率，因而 VAION 催化体系是一种具有发展前景的催化体系。

任务四
了解丙烯腈生产装置的开停车操作

一、开车操作

初始状态：装置检修完毕，设备向工艺交接完毕，验收合格。开工风险分析已完成，消减措施已制定。

（1）确认开工条件。

（2）引入公用工程，包括：引 1.0MPa 蒸汽；0.3MPa 蒸汽管网引压；引 3.5MPa 蒸汽；引新鲜水；引循环水；引脱盐水；引氮气；引工业风；引仪表风；投用装置乙二醇盐水。

稳定状态：公用工程全部引入。

（3）装置气密置换，各系统建立循环，开工炉点火

① 丙烯、氨蒸发器系统气密置换。

② 脱氢氰酸塔、成品塔系统气密、保压。

③ 撤热水系统水运、升压。脱盐水罐接收脱盐水，水运撤热水系统至正常；撤热水系统引 3.5MPa 蒸汽，系统升压、热紧；投用 3.5MPa 蒸汽压力调节阀。

④ 建立贫水大循环。大运水循环系统；大运四效蒸发系统；回收塔投用再沸器，热运大循环系统；热运四效蒸发系统。

⑤ 运转急冷塔系统。建立急冷塔上段循环；建立急冷塔下段循环；建立循环。

⑥ 开工炉点火，反应器开始升温。投用燃料气加热器，引燃料气至开工炉；点燃开工炉长明灯；点燃开工炉主火盆，反应器开始升温。

稳定状态：各系统建立循环正常，开工炉点火。

（4）反应系统升温热紧，向反应器输入催化剂。首先使反应器温度升至 250℃，联系维修人员对反应器系统进行热紧，检查确认催化剂输送系统，催化剂输送至反应器。催化剂输送完毕后，停吹扫风。反应器继续升温至 390℃。

稳定状态：催化剂向反应器输送完毕，反应器继续升温。

（5）反应器烧氨。给氨蒸发器充液；急冷塔上段引硫酸。仪表调整、做烧氨前准备。反应器烧氨，丙烯蒸发器充液。启动第二台泵，开工炉停炉，使反应器尾氧达到 7% 以下。

稳定状态：反应器烧氨达到稳定状态，尾氧达到 7%，准备投丙烯。

（6）反应器投丙烯。稳定状态：反应器投丙烯完毕，转入正常生产操作。

（7）回收塔接料调整。稳定状态：回收塔调整至正常，外送乙腈正常，准备向脱氢氰酸塔进料。

（8）脱氢氰酸塔接料调整。焚烧炉岗位焚烧氢氰酸前的准备；脱氢氰酸塔建立负压；脱氢氰酸塔接料；投用脱氢氰酸塔再沸器；调整脱氢氰酸塔各参数；脱氢氰酸塔冷凝器内的氢氰酸改送下游用户；调整脱氢氰酸塔塔釜各项指标合格。

稳定状态：脱氢氰酸塔调整至正常，氢氰酸已经外送，准备向成品塔进料。

（9）成品塔接料调整。成品塔建立真空度；脱氢氰酸塔釜液泵出料由倒空改送成品塔；投用成品塔釜再沸器；调整成品塔各参数至正常；分析成品塔侧线出料指标，指标合格后侧线出料至成品中间罐。

稳定状态：成品塔调整至正常，侧线出料至成品中间罐，装置运行正常。

二、 正常停车操作

初始状态：装置正常运行，具备停车条件，停工风险分析已完成，消减措施已制定。

（1）停车前的条件确认。

（2）停反应器系统

① 引界外 3.5MPa 蒸汽。

② 停丙烯、氨蒸发器液相进料，停反应器丙烯、氨进料。

③ 除去丙烯、氨蒸发器贫水，用氮气置换丙烯、氨蒸发器。

④ 撤热水系统降温、泄压；撤热水系统停运、放净。

⑤ 卸反应器催化剂。

（3）清洗急冷塔系统

① 停止向急冷塔上、下段加硫酸，用氮气吹扫硫酸管线。

② 清洗急冷塔上段及上段汽提罐、急冷塔下段。

③ 加水清洗急冷后冷却器。

④ 放净急冷塔上段及急冷塔上段汽提罐；放净急冷塔下段；放净急冷后冷却器。

（4）清洗、停运、放净大循环系统

① 吸收塔塔釜加脱盐水清洗大循环系统。

② 倒空回收塔分层器油层，乙腈塔顶冷凝器内的粗乙腈送催化剂沉降槽。

③ 停运吸收塔系统，停运回收塔系统，停运乙腈塔系统，停运四效系统。

④ 放净吸收塔系统，放净回收塔系统，放净乙腈塔系统，放净四效系统。

⑤ 干蒸回收塔。

（5）停运、清洗、蒸洗、干蒸脱氢氰酸塔系统。脱氢氰酸塔落塔、液相氢氰酸改去焚烧炉焚烧，脱氢氰酸塔系统倒空放净，吹扫醋酸线，清洗阻聚剂线，清洗脱氢氰酸塔冷凝器；蒸洗脱氢氰酸塔；干蒸塔；拆塔顶人孔；继续干蒸塔。

（6）停运清洗系统

① 停运清洗系统。

② 蒸洗清洗塔，干蒸清洗塔，拆清洗塔塔顶人孔，继续干蒸清洗塔。

（7）停装置公用工程。停装置氮气，停装置仪表，停装置工业风，停装置用 1.0MPa 蒸汽，停装置用脱盐水，停装置用循环水，停装置封水系统，停装置用 3.5MPa 蒸汽。

（8）工艺向设备交接界面确认内容。

（9）装置停工系统能量隔离。

三、 生产运行中异常现象的判断及处理

丙烯腈生产装置反应系统异常现象的判断及处理方法见表 6-1。

表 6-1　反应系统异常现象的判断及处理方法

序号	异常现象	产生原因	处理方法
1	反应器顶压高	①空气进料过大 ②调节阀开度过小 ③反应器下游设备压降过大 ④反应器内冷却水管漏	①适当调整空气量 ②增加调节阀的开度 ③逐个检查反应器下游设备并调整 ④紧急停车处理
2	催化剂损耗大	①旋风分离器料腿堵塞 ②反应线速可能过高或过低，导致旋风分离器效率下降 ③反应器内冷却水管漏	①检查料腿吹扫管上的转子流量计。如果堵塞用氮气吹堵塞的吹扫管 ②调整线速至可接受值 ③紧急停车处理

序号	异常现象	产生原因	处理方法
3	反应器床层温度上升较高	①反应系统压力过高 ②投料量过大 ③冷却水管内壁结垢严重,传热效果降低 ④冷却水管外壁结有金属钼层,降低总传热系数	①因阀门开度过小而造成反应系统压力过高,可适当开大调节阀的开度,来调节反应压力至正常值;因反应器下游设备堵塞而造成反应压力过高,则需停车处理 ②降低丙烯进料量,并按原料配比降低氨、空气流量 ③如果冷却水管内结垢,而且切换别的U形水管又不会影响床温的均匀分布,可通过换U形管调节来控制,否则装置停车处理 ④对冷却水管进行切换
4	丙烯、氨进料量波动	①蒸发器液位波动 ②蒸发器贫水波动	①控制蒸发器液位在需要值并保持平稳 ②检查蒸发器运行情况,如果蒸发器冻住应立即切换,如果无法切换,反应器停车处理
5	尾氧含量高	①空气量过大 ②反应床层温度低	①适当降低空气流量 ②适当调整撤热水量或增加丙烯进料量
6	脱盐水罐液位迅速下降	①排污量太大 ②放净开得过大 ③反应气体冷却器排气阀开得过大	①调整关小排污 ②调整关小放净 ③调整关小排气阀

四、 仿真实训

1. 实训目的

① 能完成丙烯腈合成工段正常开车仿真操作。

② 能完成丙烯腈合成工段正常停车和紧急停车仿真操作。

2. 反应器系统的工艺过程

在反应器(R-2101)中,丙烯、氨和空气在催化剂作用下,进行氧化反应生成丙烯腈,同时还生成氰化氢、乙腈、一氧化碳、二氧化碳、丙烯醛、丙烯酸以及水等。反应气体流出物中还包括部分未反应的丙烯、氨、氧气和氮气等。反应生成气进入反应器(R-2101)内的旋风分离器,反应气体所夹带的催化剂通过旋风分离器料腿返回床层。反应气体进入反应气体冷却器(E-2102)冷却后送至急冷塔(T-2101)。该反应为放热反应,放出的热不仅可以维持反应正常进行,多余热量还可以由垂直安装在反应器(R-2101)内的U形冷却盘管移出,产生400℃、4.2MPa(表压)的过热蒸汽。

反应气体经内集气室并离开反应器(R-2101)进入反应气体冷却器(E-2102)管程,在此同脱氧水间接换热冷却至215℃然后进入急冷塔(T-2101)。

3. 仿真系统的DCS图

（1）反应器（R-2101）DCS图，如图6-17所示。

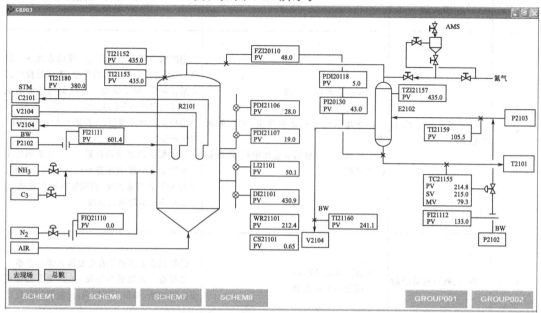

图 6-17　反应器（R-2101）DCS图

（2）急冷塔（T-2101）DCS图，如图6-18所示。

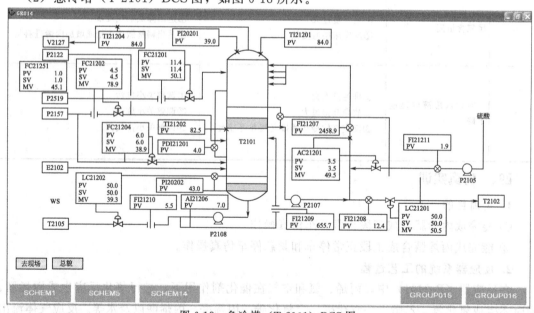

图 6-18　急冷塔（T-2101）DCS图

4. 操作步骤

（1）正常开车　过程如下：

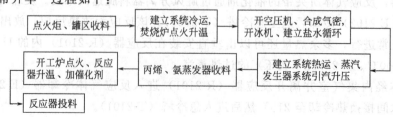

（2）正常停车　过程如下：

反应器停工 → 撤热水系统停工 → 急冷塔系统停工 → 吸收塔系统停车

（3）紧急停车　操作详见仿真软件。

知识拓展

反应系统运行状态的调整

1. 开工炉调整

升温过程中，若火焰颜色发暗，适当关小燃料气阀开度或调整空气量，使火焰呈亮红色；每半小时到现场检查燃烧状态一次（用铝板或白色口罩等打靶）；当反应器开始烧氨后，灭主火盆；烧氨一段时间后，灭长明灯；开、关燃料气阀时要缓慢，幅度不能太大；开工空气加热炉要保持一定的升温速率并按升温曲线进行。

2. 撤热水系统调整

通过调节阀进行撤热水系统的升压操作；在操作中要注意液位的变化和补加水量的调整，保证液位平稳；根据电导率调整排污；对称地打开不凝气的排气阀，使气体排出。

3. 丙烯、氨蒸发器系统调整

投用时要进行管线、阀门等的检查；对丙烯、氨蒸发器液位进行调整；对丙烯、氨进料压力进行调整；对丙烯、氨进料温度进行调整；蒸发器出口的贫水温度控制在4℃左右。

4. 反应器调整

反应器床层温度通过增减撤热水管的投用数量来调整；或者通过调整进料量来调整；反应器顶压通过调整吸收塔顶压来调整，或者通过空气进料量来调整；反应负荷一定，反应线速通过反应压力调整；尾氧含量通过调整空气与丙烯配比来调整；反应器紧急停车按钮的作用是按下此按钮反应器进料丙烯、氨中断；氮气吹扫丙烯、氨分布器；反应器撤热水管要对称投用，使催化剂床层温度分布均匀。

5. 反应器催化剂的装入

6. 反应器催化剂卸出

7. 催化剂的补加

催化剂补加量要根据消耗定额和丙烯腈的单程收率情况来确定；采取自动连续补加，补加时间间隔在操作室DCS中进行设定和控制；注意补加时进行加压；补加系统电磁阀及输送通风阀处在投用和打开状态。

任务五
了解岗位安全及环保
节能措施

一、丙烯腈的物化性质与防护

丙烯腈的物化性质与防护见图6-19。

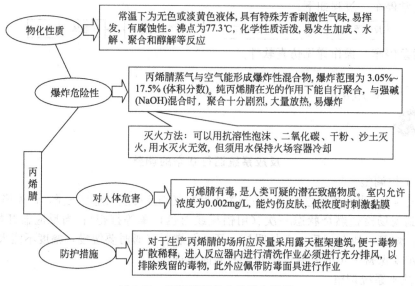

图 6-19　丙烯腈的物化性质与防护

　动手查一查

1. 查阅资料，了解丙烯腈的中毒症状和急救措施是什么？
2. 丙烯腈生产中还有哪些主要有毒、有害物质？

二、丙烯腈的包装与储运

1. 包装

工业用丙烯腈产品采用清洁干燥的专用铁桶包装，每桶净重150kg。包装容器应严格密封，不可与空气接触。包装容器应有"易燃""有毒""危险"标志。

2. 储存

通常丙烯腈商品都加有稳定剂，储存于阴凉、通风的库房中，远离火种、热源，库温不宜超过30℃，防止阳光直射。应与氧化剂、酸类、碱类、食用化学品分开存放，切忌混储，不宜大量储存或久存。仓库内的照明、通风等设施应采用防爆型，开关设在库外。配备相应品种和数量的消防器材。定期检查是否有泄漏现象。禁止使用易产生火花的机械设备和工具，储区应备有泄漏应急处理设备和合适的收容材料。对安全设施、设备进行经常性维护、保养，保证安全设施、设备的正常使用。并且应当在安全设施、设备上设置明显的安全警示标志。

3. 运输

丙烯腈产品可用汽车或火车运输。铁路运输时应严格按照铁道部《危险货物运输规则》中的危险货物配装表进行配装，运输时运输车辆应配备相应品种和数量的消防器材及泄漏应急处理设备。夏季最好早晚运输，运输时所用的槽（罐）车应有接地链，槽内可设孔隔板以减少震荡产生静电。严禁与氧化剂、酸类、碱类、食用化学品等混装混运，运输途中应防暴晒、雨淋、防高温，中途停留时应远离火种、热源、高温区。装运该物品的车辆排气管必须配备阻火装置，禁止使用易产生火花的机械设备和工具装卸。公路运输时要按规定路线行驶，勿在居民区和人口稠密区停留，铁路运输时要禁止溜放，严禁用木船、水泥船散装运输。

 案例分析

"3·28" 丙烯腈中毒事故

1984年3月28日上午9时，上海某石化厂装卸区黄某等7位民工，在火车铁栅车皮内装卸桶装丙烯腈，这批由沈阳大官屯车站发往上海的丙烯腈中，有一铁桶已完全漏尽。由于火车车厢内密不透风，泄漏的丙烯腈气体全部积聚在车厢内，黄某等7人在作业1.5h后出现2人中毒、5人吸入反应的丙烯腈集体中毒事故。中毒病人出现头昏、胸闷、心慌、呕吐等一系列中毒症状，经医院全力救治才先后痊愈。

事故教训：从事化学品的存储、运输、装卸等作业的工人应掌握化学品安全、卫生、洗消等方面的知识。这起因容器泄漏造成的事故，如果工人了解丙烯腈的危害，对漏桶所致的污染及时洗消并进行充分通风后再进行装卸，并采取有效的个人防护措施，则可以避免事故的发生或减少事故的影响程度和波及面。

三、岗位安全操作规程

丙烯腈生产装置共有四个危险点，分别是合成泵房、反应器三层、空压制冷和隔离间。对这四个危险点要重点防范，保证生产安全。各危险点危险因素及控制见表6-2。

表6-2　各危险点危害因素及控制

序号	危险点位置	危险因素	控制措施	责任人
1	合成泵房	高温及高压水	设备维修、全天候巡检、监控器监控、缓慢打开导淋	合成泵房工艺员
		含丙烯腈和氢氰酸的富水	设备维修、全天候巡检、监控器监控、氢氰酸报警仪检测	
2	空压制冷	高压蒸汽机凝液	设备维修、全天候巡检、监控器监控、缓慢打开导淋	空压制冷工艺员
		丙烯	设备维修、全天候巡检、监控器监控、可燃气体报警仪检测	
3	反应器三层	丙烯	设备维修、全天候巡检、监控器监控、可燃气体报警仪检测	反应器三层工艺员
		氨	设备维修、全天候巡检、监控器监控	
4	隔离间	氢氰酸	设备维修、全天候巡检、监控器监控、氢氰酸报警仪检测	隔离间工艺员

1. 丙烯腈合成岗位安全操作要点

① 预热升温投料前，必须进行系统气密性试压，经氮气置换氧含量低于2%，否则不准点火升温和投料。

② 投料升温时，要检查投料程序是否正确，一定按照先投空气再投氨，待反应器内氧含量降至7%以下逐渐投入丙烯的顺序进行，防止丙烯过早进入反应器与过量氧气发生激烈燃烧而飞温，致使催化剂和设备被烧坏。

③ 生产过程中需经常对原料气的混合比例和催化剂床层温度进行检查。其中床层温度不能超过450℃，发现异常要及时查找原因和处理。要防止丙烯投料过量，造成飞温或投料比例失常，形成爆炸性混合气体。

④ 反应器的高压冷却水是平衡反应热量的重要手段，其供水压力是重要的工艺指标之

一，必须经常检查。发现不正常现象时要迅速处理，防止烧坏水管（高压蒸汽锅炉）或由此而引起其他事故。

2. 丙烯腈精制岗位安全操作要点

① 机泵区及塔系的静、动密封点是正常生产中应经常检查和严密监视的部位，发现泄漏和有不正常现象时，必须迅速采取措施处理，不准在泄漏和不正常的情况下继续生产，以防止中毒、污染环境及形成爆炸性混合物。

② 丙烯腈、氢氰酸等物料有自聚性质，要注意对回收塔、脱氢氰酸塔系统操作温度的检查和按规定添加阻聚剂，防止高温自聚而堵塞设备和管道。

③ 要经常注意检查急冷塔的硫酸铵母液浓度，发现超过正常值 22％时，要及时调整处理，防止浓度过高硫酸铵结晶使系统堵塞。

④ 为防止接触剧毒物料时的中毒危险（泵区抢修中曾发生多次沾染剧毒物料，造成中毒和死亡事故），对机泵的抢修要严格进行安全措施的检查。其主要内容包括：关闭泵出入口及旁路阀，泵内物料排放至废液回收槽，通入清水冲洗泵内物料和用氮气吹扫，作业人员佩戴防护用具，监护人员和救护器材到位，拆机泵螺栓时要避开接口。上述措施未执行前，禁止开始抢修作业。

⑤ 要定期对塔系统的避雷接地、易燃可燃高电阻率物料的设备管道静电接地、电气设备的外壳接地等安全保护设施进行检查，发现隐患和缺陷要及时消除和整改。

 案例分析

"11·27" 丙烯腈中毒事故

2002 年 11 月 27 日 9:35 左右，某石化公司丙烯腈车间 P102（氨蒸发器压力控制）有问题，仪表工和技术员两人一起到操作室处理 P102 控制系统相关仪表，顺便把 AT104（氨中和塔上的 pH 计）放空阀内漏也处理一下。大约 9:50，仪表工带着放空阀到仪表室（氨中和塔三层平台）处理放空阀。

9:55 该车间当班班长从操作室出来巡检，走到氨中和塔二层平台发现有液体往下漏，到三层平台检查，发现仪表室门没有锁，门关得很严，从东边的门缝有液体渗出。当班长打开门，把门帘掀开后，发现里面全是烟雾，看到仪表工在里面躺着，急忙同其他人将仪表工送到医院进行抢救。但因救治无效，仪表工于 11 月 29 日死亡。

事故原因：

① 仪表工安全意识淡薄，自我保护意识不强，没有按要求开作业票作业；没有按规定佩戴防护用品；在现场没有监护人的情况下自作主张处理放空阀；在处理放空阀时，没有按程序将上下游的阀门关严就进行作业，严重违章操作，致使氰化物泄漏，造成死亡。

② 事故现场存在安全隐患，作业环境不良。仪表室长为 4.5m，宽为 2.5m，设在氨中和塔三层平台，由于冬季防冻保温的需要，进行了密封，使泄漏的有毒物质（3％～5％氰化物）不能及时排出。

事故教训：

① 安全教育工作力度不够，存在死角，个别员工自我保护能力不强。

② 现场安全工作管理不到位，仪表车间在布置工作、交代任务时，没有针对作业现场的特殊环境，提出相应的防护警告，既没有提醒佩戴防护器具，也没有安排人员监护，致使一错再错，最终导致事故的发生。

四、环保节能措施

丙烯腈生产过程中，绝大部分产物是剧毒有害的，所以优化操作，确保安全环保显得尤其重要。目前，丙烯腈装置根据污染物不同形态采取高处排放、焚烧、四效蒸发、掩埋等措施进行处理，这就需要我们具备较高的操作水平，既要提高丙烯腈收率，包括回收系统的回收率，又要尽量做到减少副产物以及杂质的生成，也要避免目的产物损失，避免污染周围环境，确保污染物的排放能够达到国家规定的排放标准。

1. 环保措施

（1）废水　废水主要来源于两处：一是从急冷塔下部排出的废水；二是从萃取塔下部排出的废水。

急冷塔废水经催化剂沉降槽，分离出催化剂后进焚烧炉处理。萃取塔废水主要含有聚合物残渣和轻有机物。用四效蒸发器处理后，大部分净水可作为氨和丙烯蒸发器用水、吸收和萃取用水等在装置内循环使用。小部分用汽提塔脱除轻有机物后，用生化方法处理。

（2）废气　废气主要产生于吸收塔顶，正常时这部分气体可以排空，不正常时废气进入焚烧炉处理。

（3）废渣　废渣的产生主要是因为丙烯腈反应器中的催化剂被反应气体夹带出去，在急冷塔下段被洗涤下来，送往催化剂沉降槽沉降，其中夹带着部分聚合物。废渣的处理是当丙烯腈装置大检修时，把沉降槽沉降下来的催化剂和聚合物掏挖出来，袋装封好，送至掩埋场深埋。

2. 节能降耗措施

① 热交换以及冷却水产生的蒸汽作为透平动力。

② 四效轻有机物汽提塔釜液冷却器改用循环水冷却。

③ 优化水平衡，提高工艺水循环利用率，降低废水排放量。

④ 回收全部蒸汽冷凝液，减少脱盐水补充水量。

⑤ 杜绝跑、冒、滴、漏现象，减少地面冲洗水量。

　知识拓展

丙烯腈生产的节能环保新技术

1. 废水焚烧炉余热回收技术

增加了一台余热炉，停用原废水焚烧炉，节约了部分能耗。

2. 膜法富氧助燃技术

利用空气中各组分透过高分子膜时的渗透速率不同，在压力差驱动下，使空气中的氧气优先通过，获得氧气浓度和量均十分稳定的富氧空气，提高了余热炉燃烧效率。

3. 提高四效蒸发率技术

四效堵塞是影响丙烯腈装置长周期运行的问题之一。针对这个问题，处理方法主要有三种：一是将一效蒸发器和二效蒸发器分别单独换出来进行清洗；二是通过降低四效的压力和一效蒸汽的量，周期结束进行一、二效的清洗；三是增加四效旁通。

通过以上有针对性的一系列节能技术的实施，使丙烯腈装置的能耗在实际生产中大幅度降低，成功地完成了丙烯腈生产在节能环保方面的改进。

 **项目小结**

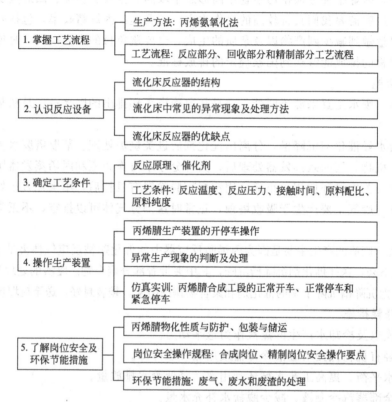

1. 掌握工艺流程	生产方法: 丙烯氨氧化法
	工艺流程: 反应部分、回收部分和精制部分工艺流程
2. 认识反应设备	流化床反应器的结构
	流化床中常见的异常现象及处理方法
	流化床反应器的优缺点
3. 确定工艺条件	反应原理、催化剂
	工艺条件: 反应温度、反应压力、接触时间、原料配比、原料纯度
4. 操作生产装置	丙烯腈生产装置的开停车操作
	异常生产现象的判断及处理
	仿真实训: 丙烯腈合成工段的正常开车、正常停车和紧急停车
5. 了解岗位安全及环保节能措施	丙烯腈物化性质与防护、包装与储运
	岗位安全操作规程: 合成岗位、精制岗位安全操作要点
	环保节能措施: 废气、废水和废渣的处理

 思考与练习

一、填空题

1. 丙烯氨氧化法生产丙烯腈的工艺流程，可分为_____、_____和_____。

2. 丙烯氨氧化法的合成部分工艺中，在_____塔中用_____除去气体中残余的 NH_3，生成硫酸铵溶液，经精制可得硫铵。

3. 丙烯腈精制中，通过_____塔，采用_____方法除去氢氰酸；通过_____方法把水分离出来，以提高丙烯腈的浓度；对丙烯腈进行减压蒸馏是为了防止丙烯腈_____。

4. 丙烯氨氧化法生产丙烯腈所用的催化剂可分为_____和_____。

5. 丙烯腈生产所用的流化床反应器按其外形和作用分为_____、_____和_____三部分。

二、讨论题

1. 丙烯氨氧化法的工艺流程中，回收部分和精制部分都是由哪三个塔组成的？

2. 经过流化床反应后的气体产物中，未反应的氨为什么必须要除去？

3. 丙烯氨氧化法的精制部分中，采取了哪些措施防止物料自聚？

4. 旋风分离器的作用是什么？它是如何工作的？

5. 流化床的不正常现象有几种？产生的原因及处理方法分别是什么？

6. 与固定床反应器相比，流化床反应器具有哪些优点？

7. 丙烯腈的储存与运输应注意哪些问题？

8. 丙烯腈的合成岗位和精制岗位操作时应注意哪些安全问题？

9. 在丙烯腈的生产过程中，产生的废水、废气、废渣是从哪里来的？如何处理？

学习目标

- 了解丁二烯的物化性质、用途及生产方法；
- 掌握 C_4 馏分抽提丁二烯的生产原理及工艺流程；
- 掌握萃取精馏塔的结构、维护与保养；
- 了解丁二烯生产装置的开停车和运行操作；
- 能应用生产原理确定工艺条件；
- 能判断并处理生产运行中的异常现象；
- 能完成丁二烯抽提装置正常开车、正常停车和事故处理仿真操作；
- 能在生产过程中实施安全环保和节能降耗措施。

【认识产品】

胶带　轮胎

传送带

帐篷布
雨布

丁苯橡胶　　　　　　　　　　　　氯丁橡胶

丁二烯
用途

顺丁橡胶　　　　　　　　　　　　丁腈橡胶

轮胎　橡胶软管

耐油胶管,垫圈

图 7-1　丁二烯的用途

　　丁二烯是一种重要的石油化工基础有机原料和合成橡胶单体，是 C_4 馏分中重要的组分之一，在石油化工烯烃原料中的地位仅次于乙烯和丙烯。图 7-1 所示为丁二烯的用途。我国丁二烯生产装置主要集中在中国石化和中国石油两大集团公司所属企业，其中中国石化的生产能力占全国比例为 59.37%，中国石油的生产能力占 28.95%。图 7-2 为丁二烯生产的工业装置。

图 7-2　丁二烯生产的工业装置

任务一
掌握丁二烯生产的
工艺流程

一、 丁二烯的生产方法

目前，工业上制取丁二烯的方法主要有三种：丁烷或丁烯催化脱氢法、丁烯氧化脱氢法和 C_4 馏分抽提法，如图 7-3 所示。

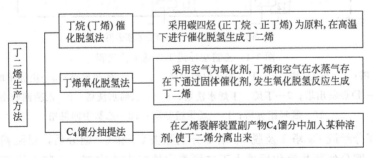

图 7-3　丁二烯的生产方法

在图 7-3 所示三种生产方法中，C_4 馏分抽提法是丁二烯的主要来源。这种方法价格低廉，经济上占优势。因为乙烯副产的 C_4 馏分中含有 40%~60% 的丁二烯，为丁二烯生产提供了丰富而廉价的原料。世界上约有 92% 的丁二烯是通过抽提工艺得到的。另外两种脱氢法只在丁烷、丁烯资源丰富的少数几个国家采用。这里我们主要介绍 C_4 馏分抽提法。

裂解 C_4 馏分中，除含有丁二烯外，还含有丁烯、丁烷、丁炔、丙炔、乙烯基乙炔等多种烃类化合物。这些组分的沸点相近，相对挥发度较小，用普通精馏方法难以分离。为此，

在 C_4 馏分中加入萃取精馏溶剂，这样可提高各组分间的相对挥发度，通过萃取精馏和普通精馏组合工艺分离出高纯度丁二烯。

根据所用溶剂的不同，C_4 馏分抽提法又可分为乙腈法（ACN 法）、二甲基甲酰胺法（DMF 法）和 N-甲基吡咯烷酮法（NMP 法）3 种。

二、C_4 馏分抽提法工艺流程

大部分工艺流程采用两级萃取精馏加普通精馏的工艺方法，第一级萃取精馏分离出 C_4 馏分中的丁二烯，第二级萃取精馏除去丁二烯带入的少量 C_4 炔烃，然后用普通精馏脱除产品中的微量轻组分和重组分，以获得高纯度的聚合级丁二烯。

1. 乙腈法（ACN 法）

1971 年 5 月，由兰化公司合成橡胶厂开发的乙腈法 C_4 抽提丁二烯装置试车成功，目前，国内使用该抽提工艺的装置均为我国自主研发开发的技术。

（1）工艺流程　乙腈法以含水 5%～10%（质量分数）的乙腈为溶剂，由萃取、闪蒸、压缩、高压解吸、低压解吸和溶剂回收等工艺单元组成，其工艺流程如图 7-4 所示。

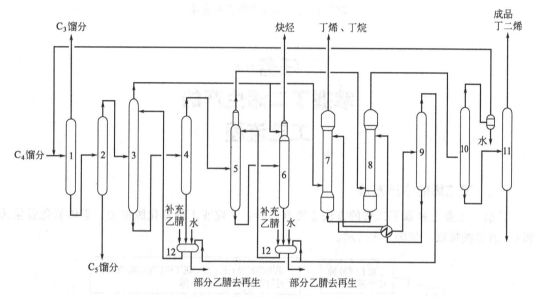

图 7-4　乙腈法抽提丁二烯工艺流程

1—脱 C_3 塔；2—脱 C_5 塔；3—丁二烯萃取精馏塔；4—丁二烯蒸出塔；5—炔烃萃取精馏塔；
6—炔烃蒸出塔；7—丁烷、丁烯水洗塔；8—丁二烯水洗塔；9—乙腈回收塔；
10—脱轻组分塔；11—脱重组分塔；12—乙腈中间储槽

原料 C_4 馏分经脱 C_3 塔 1 及脱 C_5 塔 2 分别除去 C_3 和 C_5 馏分后，得到精制的 C_4 馏分。

精制的 C_4 馏分经预热汽化后进入丁二烯萃取精馏塔 3 中部，乙腈由塔顶侧部加入，从塔顶分离出的丁烷、丁烯馏分进入丁烷、丁烯水洗塔 7，塔釜排出的含丁二烯及少量炔烃的乙腈溶液进入丁二烯蒸出塔 4。在丁二烯蒸出塔中，从乙腈中分离出的丁二烯、炔烃自塔顶蒸出，并送入炔烃萃取精馏塔 5，塔釜排出的乙腈经冷却后返回丁二烯萃取精馏塔循环使用。从炔烃萃取精馏塔塔顶蒸出的丁二烯送丁二烯水洗塔 8，塔釜排出的乙腈与炔烃一起进入炔烃蒸出塔 6。炔烃蒸出塔塔顶排放的炔烃送出系统用作燃料，塔釜排出的乙腈返回炔烃萃取精馏塔循环使用。

从丁二烯水洗塔塔顶分离出的丁二烯送脱轻组分塔 10，脱除丙炔和少量水分，为减少丁二烯的损失，塔顶馏出物经冷凝分出其中的水分后返回脱 C₃ 塔 1 循环使用。脱除轻组分的丁二烯进入脱重组分塔 11，脱除顺-2-丁烯、1,2-丁二烯、2-丁炔等重组分，塔顶得到高纯度产品丁二烯。

在丁烷、丁烯水洗塔 7 及丁二烯水洗塔 8 中，均以水作萃取剂，分别将丁烷、丁烯及丁二烯中夹带的少量乙腈萃取下来送往乙腈回收塔 9，塔顶蒸出的乙腈与水的共沸物，返回两个萃取精馏系统。塔釜排出的水经冷却后，送回两个水洗塔循环使用。另外，部分乙腈送去净化再生，以除去其中所积累的杂质，如盐、二聚物和多聚物等。

（2）ACN 法工艺特点

① 沸点低，萃取、汽提操作温度低，可防止丁二烯自聚；

② 汽提可在高压下操作，省去了丁二烯气体压缩机，减少了投资；

③ 黏度低，塔板效率高，实际塔板数少；

④ 毒性微弱，在操作条件下对碳钢腐蚀性小；

⑤ 丁二烯分别与正丁烷、丁二烯二聚物等形成共沸物，溶剂精制过程复杂，操作费用高；

⑥ 蒸气压高，随尾气排出的溶剂损失大；

⑦ 用于回收溶剂的水洗塔较多，相对流程长。

 动笔画一画

试画出乙腈法（ACN 法）的工艺流程框图。

2. 二甲基甲酰胺法（DMF 法）

二甲基甲酰胺法是日本瑞翁公司开发的，我国于 1976 年 5 月从日本引进了第一套年产 4.5 万吨的 DMF 法抽提丁二烯的装置。

（1）工艺流程　该工艺采用二级萃取精馏和二级普通精馏相结合的流程，包括丁二烯萃取精馏、烃烃萃取精馏、普遍精馏和溶剂净化四部分。其工艺流程如图 7-5 所示。

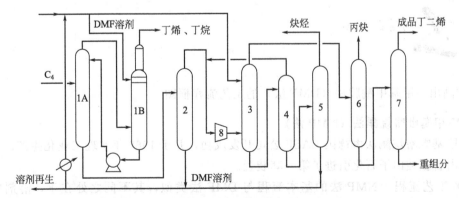

图 7-5　二甲基甲酰胺法抽提丁二烯工艺流程

1A，1B—第一萃取精馏塔；2—第一解吸塔；3—第二萃取精馏塔；

4—丁二烯回收塔；5—第二解吸塔；6—脱轻组分塔；7—脱重组分塔；8—压缩机

原料 C_4 馏分汽化后首先进入双塔串联的第一萃取精馏塔 1A 中部，二甲基甲酰胺自串联的萃取塔 1B 上部加入，塔顶分离出的丁烯、丁烷馏分直接送出装置，塔釜液为含丁二烯、炔烃的二甲基甲酰胺，进入第一解吸塔 2。由第一解吸塔塔顶分离出来的丁二烯和炔烃，经压缩机 8 加压后，进入第二萃取精馏塔 3，塔釜得到二甲基甲酰胺溶剂，经废热利用后循环使用。由第二萃取精馏塔塔顶获得丁二烯馏分，塔釜为含有乙烯基乙炔、丁炔的二甲基甲酰胺，进入丁二烯回收塔 4。回收塔塔顶采出含丁二烯较多的炔烃馏分，以气相返回压缩机 8，塔釜内含有炔烃较多的二甲基甲酰胺，进入第二解吸塔 5。炔烃由第二解吸塔塔顶采出，可直接送出装置，该塔塔釜二甲基甲酰胺经废热利用后循环使用。

由第二萃取精馏塔送来的丁二烯馏分进入脱轻组分塔 6，由塔顶除去丙炔和水，塔釜丁二烯馏分进入脱重组分塔 7。脱重组分塔塔顶获得成品丁二烯，塔釜重组分送去作燃料或进一步综合利用。

为除去循环溶剂中的丁二烯二聚物，应将部分二甲基甲酰胺连续抽去，再生净化后重新使用。

（2）DMF 法工艺特点

① 对原料 C_4 的适应性强，丁二烯质量分数在 15％～60％范围内都可生产出合格的丁二烯产品；

② 生产能力大，成本低，工艺成熟，安全性好、节能效果较好，产品、副产品回收率高达 97％；

③ 由于 DMF 对丁二烯的溶解能力及选择性比其他溶剂高，所以循环溶剂量较小，溶剂消耗量低；

④ 无水 DMF 可与任何比例的 C_4 馏分互溶，因而避免了萃取塔中的分层现象；

⑤ DMF 与任何 C_4 馏分都不会形成共沸物，有利于烃和溶剂的分离，而且由于其沸点较高，溶剂损失小；

⑥ 热稳定性和化学稳定性良好；

⑦ 由于其沸点高，萃取塔及解吸塔的操作温度都较高，易引起双烯烃和炔烃的聚合；

⑧ 无水情况下对碳钢无腐蚀性，但在水分存在下会分解生成甲酸和二甲胺，因而有一定的腐蚀性。

动笔画一画

试画出二甲基甲酰胺法（DMF 法）的工艺流程框图。

3. N-甲基吡咯烷酮法（NMP 法）

N-甲基吡咯烷酮法由德国 BASF 公司开发成功，并于 1968 年实现工业化生产。我国于 1994 年由新疆独山子石化引进了第一套装置。

（1）工艺流程 NMP 法的基本流程与 DMF 法类似，其不同之处在于，溶剂中含有 5％～10％（质量分数）的水，使其沸点降低，有利于防止自聚反应。NMP 法工艺流程如图 7-6 所示。

原料 C_4 馏分经脱 C_5 塔 1 脱 C_5 后，进行加热汽化，进入第一萃取精馏塔 3，含水 NMP

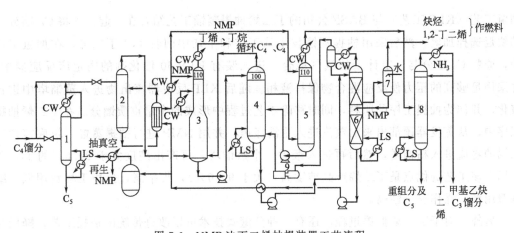

图 7-6　NMP 法丁二烯抽提装置工艺流程

1—脱 C_5 塔；2—汽化塔；3—第一萃取精馏塔；4—解吸塔；
5—第二萃取精馏塔；6—脱气塔；7—水洗塔；8—丁二烯精馏塔；9—压缩机

溶剂自塔上部加入，丁烷、丁烯由塔顶采出，直接送出装置，塔釜丁烯、丁二烯、炔烃、溶剂进入解吸塔 4 解析。解吸塔塔顶解吸出的气体主要含有丁烯、丁二烯，返回塔 3，中部侧线气相采出丁二烯、炔烃馏分送入第二萃取精馏塔 5，塔釜为含炔烃、丁二烯的溶剂，送入脱气塔 6。塔 5 上部加入溶剂进行萃取精馏，粗丁二烯由塔顶部采出送入丁二烯精馏塔 8，塔釜的炔烃和溶剂返回解析塔 4。脱气塔 6 顶部采出的丁二烯经压缩机 9 加压后返回塔 4，中部的侧线采出经水洗塔 7 回收溶剂后，送到火炬系统，塔釜回收的溶剂再返回塔 3 和塔 5 循环使用。在丁二烯精馏塔 8 中，塔顶分出丙炔，塔釜采出重组分，产品丁二烯由塔下部侧线采出。

（2）NMP 法工艺特点

① 溶剂性能优良，毒性低，可生物降解，腐蚀性低；

② 原料范围较广，可得到高质量的丁二烯，产品纯度可达 99.7%～99.9%；

③ C_4 炔烃无需加氢处理，流程简单，投资低，操作方便，经济效益高；

④ NMP 具有优良的选择性和溶解能力，沸点高、蒸气压低，因而运转中溶剂损失小；

⑤ 热稳定性和化学稳定性极好，即使发生微量水解，其产物也无腐蚀性，因此装置可全部采用普通碳钢。

大家来讨论

试比较 C_4 馏分抽提制取丁二烯的三种方法的工艺特点。

知识拓展

丁二烯生产工艺新进展

近年来，美国 UOP 和 BASF 公司共同开发出抽提联合工艺，即将 UOP 的炔烃选择加氢工艺（KLP工艺）与BASF公司的丁二烯抽提蒸馏工艺结合在一起，先将C_4馏分中的炔烃选择加氢，然后采用抽提蒸馏技术从丁烷和丁烯中回收1,3-丁二烯。在加氢工序中，原料C_4馏分与一定计量的氢气混合，进入装有KLP-60催化剂的固定床反应器中，并采用足够高的压力使反应混合物保持液相。随后KLP反应器流出物进入蒸馏塔中进行汽化，并作为抽提工序的原料，同时移除工艺过程中形成的少量重质馏分。在丁二烯抽提工序中，从蒸发器顶部出来的蒸汽进入主洗涤塔，并用NMP进行抽提蒸馏。塔底富含丁二烯的物流进入精馏塔，然后再进入最后一个蒸馏塔，可产出纯度大于99.6％的1,3-丁二烯。该工艺的优点是丁二烯产品纯度高（大于99.6％），收率高，公用工程费用低，维修费用低，操作安全性高。

另外，对于丁二烯抽提过程，还有一种分壁式技术可以改进传统的抽提工艺，降低装置能耗和投资成本。传统的丁二烯抽提工艺为浓缩的粗C_4馏分先通过吸收工序（含主洗涤器、精馏器和后洗涤器），再将从后洗涤器顶部馏出的粗丁二烯在两个精馏塔中进行精馏。在第一个精馏塔中馏出轻质馏分；在第二个精馏塔中，重质馏分被分离后从塔底移除，丁二烯产品从塔顶馏出。采用分壁式技术后，可使两步精馏工序在一个装备中进行，这样就可节省1～2个热交换器和外围设备。

将设计的分壁接近塔的顶部，以使粗丁二烯和C_4气相混合物流从塔顶溢出。在整个丁二烯抽提过程中两处采用分壁式技术后，工艺流程大大简化，从而降低了投资成本和维修成本，同时也降低了因丁二烯自聚导致爆炸的可能性。

任务二
认识丁二烯生产
的主要设备

一、萃取精馏塔的结构

C_4馏分抽提制取丁二烯所用的主要设备是萃取精馏塔，萃取精馏塔是化工生产中实现气相和液相或液相和液相间传质的最重要设备之一。塔设备主要由塔体、塔支座、除沫器、冷凝器、塔体附件（接管、手孔和人孔、吊耳及平台）及塔内件（如喷淋装置、塔板装置、填料、支承装置等气液接触元件）等部件组成。萃取精馏塔如图7-7所示。

化工生产中的萃取精馏塔主要有板式塔和填料塔，目前接触到的大多用板式塔中的浮阀塔，也有一段填料和一段塔盘复合的，在这里我们以板式塔为例进行讲解。

板式塔通常是由一个呈圆柱形的壳体及沿塔高按一定的间距水平设置的若干层塔板所组成。进行操作时，液体靠重力作用由顶部逐板流向塔底并从塔釜流出，在各层塔板的板面上形成流动的液层；气体则在压力差推动下，由塔釜向上经过均布在塔板上的开孔依次穿过各层塔板由塔顶排出。塔内以塔板作为气液两相传质的基本场所。

板式塔的结构如图7-8、图7-9所示。它主要由塔体、溢流装置和塔板构件等组成。

图 7-7　萃取精馏塔设备

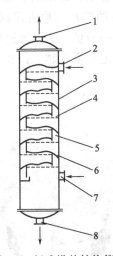

图 7-8　板式塔的结构简图

1—气体出口；2—液体入口；3—塔体；4—塔板；
5—降液管；6—出口溢流堰；7—气体入口；8—液体出口

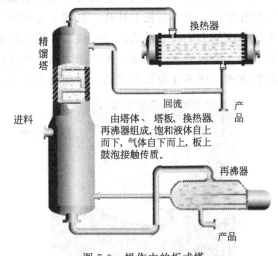

图 7-9　操作中的板式塔

由塔体、塔板、换热器、再沸器组成，饱和液体自上而下，气体自下而上，板上鼓泡接触传质。

（1）塔体　塔体通常为圆柱形，一般用钢板焊接而成。全塔可分成若干节，塔节间用法兰盘连结。

（2）溢流装置　溢流装置包括出口堰、降液管、进口堰、受液盘等部件，如图 7-10 所示。

① 出口堰　为保证气液两相在塔板上有充分接触的时间，塔板上必须储有一定量的液体。为此，在塔板的出口端设有溢流堰，称出口堰。塔板上的液层厚度或持液量由堰高决定。生产中最常用的是弓形堰，小塔中也有用圆形降液管升出板面一定高度作为出口堰的。

② 进口堰　在塔径较大的塔中，为了减少液体自降液管下方流出的水平冲击，常设置进口堰。为保证液流畅通，进口堰与降液管间的水平距离不应小于降液管与塔板之间距离。

③ 受液盘　降液管下方部分的塔板通常又称为受液盘，有凹型及平型两种，一般较大的塔采用凹型受液盘，平型则就是塔板面本身。

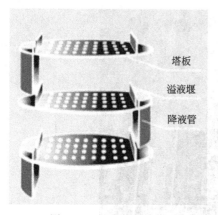

图 7-10　溢流装置结构

④ 降液管　降液管是塔板间液流通道，也是溢流液中所夹带气体分离的场所。正常工作时，液体从上层塔板的降液管流出，横向流过塔板，翻越溢流堰，进入该层塔板的降液管，流向下层塔板。降液管有圆形和弓形两种，弓形降液管具有较大的降液面积，气液分离效果好，降液能力大，因此生产上广泛采用。

为了保证液流能顺畅地流入下层塔板，并防止沉淀物堆积和堵塞液流通道，降液管与下层塔板间应有一定的间距。为保持降液管的液封，防止气体由下层塔板进入降液管，此间距应小于出口堰高度。

（3）塔板　塔板类型有很多，这里以常见的浮阀塔板为例介绍。浮阀塔板是 20 世纪 50 年代开始使用的一种塔板，它综合了泡罩塔板及筛板塔板的优点，即取消了泡罩塔板上的升气管和泡罩，改为在板上开孔，孔的上方安置可以上下浮动的阀片（称为浮阀）。浮阀可根据气体流量大小上下浮动，自行调节，使气流速度稳定在某一数值。这一改进使浮阀塔在操作弹性、塔板效率、压降、生产能力以及设备造价等方面比泡罩塔优越。但在处理黏度大的物料方面，还不及泡罩塔可靠。浮阀塔盘如图 7-11 所示。

图 7-11　浮阀塔盘

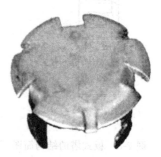

图 7-12　浮阀

浮阀有三条"腿"，插入阀孔后将各腿扳转 90°，用以限制操作时阀片在塔板上张开的最大开度，阀片周边冲有三片略向下弯的定距片，使阀片处于静止位置时仍与塔板间留有一定的间隙。这样，避免了气量较小时阀片启闭不稳的脉动现象，同时由于阀片与塔板板面是点接触，可以防止阀片与塔板的黏结。浮阀如图 7-12 所示。

　大家来讨论

板式塔的基本结构由哪几部分组成？

二、萃取精馏塔的维护与保养

1. 设备的日常维护

（1）操作人员应严格按操作规程进行启动、运行及停车，严禁超温、超压，并应做到以下几点。

① 坚持定时定点进行巡回检查，重点检查温度、压力、流量、仪表灵敏、设备及附属管线密封、整体震动情况；

② 发现异常情况，应立即查明原因，及时上报，并由有关单位组织处理，当班能消除的缺陷及时消除；

③ 保持设备清洁，经常清扫周围环境，及时消除跑、冒、滴、漏；

④ 认真填写运行记录。

（2）维修工人每天上岗巡回检查一次，检查维护重点如下。

① 各零部件是否完整，温度计、压力表、流量表等是否正确灵敏；

② 及时消除跑、冒、滴、漏和设备缺陷；

③ 做好检查记录，对暂不能消除的缺陷，应提出报告。

2. 设备的保养

（1）按生产工艺及介质不同对塔进行定期清洗，如采用化学清洗方法，需做好中和、清洗工作。

（2）每季对塔外部进行一次表面检查，检查内容如下：

① 焊缝有无裂纹、渗漏，特别应注意转角、人孔及接管焊缝；

② 各紧固件是否齐全、有无松动，安全栏杆、平台是否牢固；

③ 基础有无下沉倾斜、开裂，基础螺栓腐蚀情况；

④ 防腐层、保温层是否完好。

 大家来讨论

如何做好萃取精馏塔的维护与保养工作？

三、 板式塔的几种不正常操作现象

1. 液泛

在萃取精馏操作中，下层塔板上的液体涌至上层塔板，上下塔板的液相连在一起，这种现象叫液泛，如图 7-13 所示。造成液泛的原因主要是塔内上升蒸汽的速率过大。有时液体

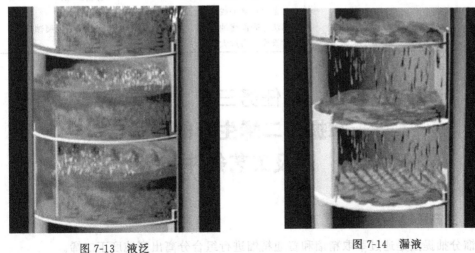

图 7-13　液泛　　　　　　　　图 7-14　漏液

负荷太大，使溢流管内液面逐渐升高，也会造成液泛。

2. 雾沫夹带

气流自下而上通过塔板上的液层，鼓泡上升，离开液面时将许多液滴带至上一层塔板，这种现象叫雾沫夹带。大量雾沫夹带会将不应升至塔顶的重组分带到塔顶产品中，影响产品质量；同时降低了传质过程的浓度差。造成雾沫夹带的主要原因是气流上升超过了允许速率。

3. 气泡夹带

塔板上的液体经过溢流堰流入降液管时仍含有大量气泡。气泡内的这部分气体本应分离出来返回原来板面上，由于液体在降液管停留时间不够，所含气泡来不及解脱，就被带入下层塔板。气泡夹带使部分气体由高浓度区进入低浓度区，对传质不利。

4. 漏液

塔板上的液体从气体通道流入下层的现象叫漏液，如图 7-14 所示。如果上升气体的能量不足以穿过液层，甚至低于液层的位能，托不住液层，就会导致漏液，严重的会使液体全部漏完，出现"干板"现象。保持适宜的气流上升速率可以防止漏液。

四、 塔设备常见故障及处理方法

塔设备常见故障及处理方法见表 7-1。

表 7-1　塔设备常见故障及处理方法

序号	常见故障	产生原因	处理方法
1	传质效率太低	①气液两相接触不均匀 ②塔盘、泡罩、浮阀、网板及填料堵塞 ③喷淋液管及进液管堵塞	①调节气相、液相流量 ②清洗塔盘及填料 ③清理进液管及喷淋管
2	流量、压力突然变大或变小	①塔盘上泡罩浮阀脱落或损坏 ②进出管结垢堵塞	①更换或增补浮阀或泡罩 ②清理进出液管
3	塔内压力降增大	①塔盘、泡罩、浮阀、网板及填料堵塞 ②液体流量大，液位增高阻止气流 ③气体流速及压力小 ④塔节设备零部件垫片渗漏	①清洗塔盘及填料 ②调节液相流量 ③调节气流流速和压力 ④更换垫片
4	工作表面结垢	①介质中含机械杂质 ②介质中有结晶物和沉淀物 ③有产物腐蚀设备	①增加过滤设备 ②清理或清洗 ③清除后重新防腐
5	连接部位密封失效	①法兰螺栓松动 ②密封垫腐蚀或老化 ③法兰表面腐蚀 ④操作压力过大	①紧固螺栓 ②更换垫片 ③处理法兰腐蚀面 ④调整压力

任务三
掌握丁二烯生产的原理及工艺条件

一、 生产原理

C_4 馏分抽提法是通过萃取精馏和普通精馏进行组合分离出高纯度丁二烯。

萃取精馏的实质：在 C_4 馏分中加入某种极性高的溶剂（萃取剂），使 C_4 馏分中各组分之间的相对挥发度差值增大。C_4 馏分在极性溶剂作用下，各组分之间的相对挥发度和溶解度变得有规律。其相对挥发度大小顺序为：丁烷＞丁烯＞丁二烯＞炔烃。

丁二烯抽提装置原理如图 7-15 所示。

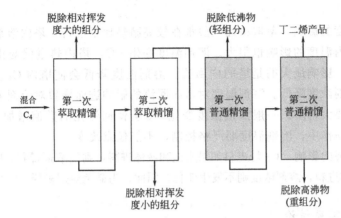

图 7-15　丁二烯抽提装置原理

在加入溶剂后，虽然各组分的相对挥发度和溶解度的变化非常有规律，但各组分在新体系内的相对挥发度较丁二烯有高有低，不能通过一级萃取精馏就能达到分离出丁二烯的目的。所以必须设置两级萃取精馏，在第一级中先除去比丁二烯相对挥发度大的丁烷、丁烯组分，在第二级中除去比丁二烯相对挥发度小的 C_4 炔烃组分。

经过两级萃取精馏得到的 C_4 组分中丁二烯纯度已经达到 95％（质量分数）以上，其中还含有少量的 C_3 炔烃和 C_4 烯烃（如顺丁烯），还有微量的水分，必须再经过两次普通精馏脱除其中的丙炔和水以及重组分后，才能得到高纯度的成品丁二烯。

二、工艺条件

1. 溶剂的恒定浓度

溶剂的用量及浓度是影响萃取精馏的主要因素。在萃取精馏塔内，由于所用溶剂的相对挥发度比所处理的物料低得多，且用量很大，因此在塔内从加料板至灵敏板，溶剂的浓度基本维持在一个恒定的浓度值，此浓度称为溶剂的恒定浓度，简称溶剂浓度。

通常情况下，溶剂的恒定浓度增大，选择性明显提高，分离较容易进行。但过大的溶剂恒定浓度将导致设备投资及操作费用增大，反而使经济效益变差。溶剂恒定浓度过小则会破坏正常操作，达不到分离要求。实际操作中，随溶剂的不同，其恒定浓度也不相同。对乙腈溶剂，其质量浓度一般控制在 78％～83％。

在以乙腈为溶剂的萃取精馏操作中，影响塔内溶剂浓度的因素主要有下列几方面。

(1) 腈烃比　腈烃比即进塔的溶剂量与进塔的混合 C_4 量（均为质量流量）之比。例如，腈烃比为 6：1，进塔的混合 C_4 量为 10000kg/h，则进塔的溶剂乙腈量为 60000kg/h。腈烃比越大，乙腈溶剂在塔内的浓度越高，分离能力就越强。不过腈烃比太高，萃取精馏乙腈循环量就大，设备投资、热量消耗和动力消耗就大。

(2) 回流比　腈烃比不变即进塔的乙腈量、进塔的 C_4 量不变时，增加回流比会使塔内溶剂浓度降低。因回流加入塔内的是塔顶馏出的 C_4（对第一萃取精馏塔是塔顶的丁烷、丁烯；对第二萃取精馏塔是塔顶的粗丁二烯），回流比越大，塔内 C_4 量就越多，而乙腈的量不变，势必造成塔内乙腈浓度降低。

（3）回流液温度的影响　萃取精馏与普通精馏一样，除塔顶按一定的回流比加进的回流外，还有内回流，这主要是因为从塔顶加入的温度较低的回流将使塔内上升蒸汽冷凝并逐板下流所致。回流液温度越低，内回流越大。这样就使塔内 C_4 烃的量相对增加，从而使乙腈浓度下降。

（4）溶剂温度的影响　萃取精馏一般都在较高腈烃比下进行，塔内溶剂流量很大，故此溶剂的温度对塔内温度的影响也很大。溶剂温度变化 1℃，塔内热量就变化很大，对操作就会带来很大影响。影响最大的是塔的内回流。溶剂温度降低会使塔内 C_4 烃蒸气大量冷凝，结果是使塔内溶剂浓度降低。溶剂温度对塔内回流的影响进而导致对溶剂浓度的影响，较之回流温度的影响要大得多。一般溶剂温度变化 6℃ 会使回流比的数值增加（或减少）1。因此，在萃取精馏操作中，溶剂温度要严格控制，不能任意改变。

（5）进料状态的影响　C_4 烃进料如果是饱和液体进料，则使溶剂稀释，降低分离效果。若进料改为饱和气体进料，溶剂浓度则不发生变化。因此，为避免溶剂稀释，常采用气体进料。

 大家来讨论

以乙腈为溶剂的萃取精馏操作中，影响塔内溶剂浓度的因素有哪些？

2. 溶剂的进塔温度

在萃取精馏操作过程中，由于溶剂用量较大，所以溶剂的进塔温度对塔内的温度分布、气液负荷及操作稳定性都有影响。通常溶剂的进塔温度高于塔顶温度，而略低于进料板温度。若溶剂温度过高，易引起溶剂损失量增加，塔顶产品不合格；若溶剂温度过低，易造成 C_4 在塔内大量积累，导致塔釜产品不合格，严重时，甚至会造成液相超负荷而使操作无法进行。

所以，在正常运转中，要严格控制溶剂的温度，使之稳定，不允许把溶剂温度作为调节塔顶、塔底产品质量的措施。如采用乙腈作溶剂，其进塔温度一般比塔顶温度高 3～5℃。

3. 溶剂含水量

溶剂中加入适量的水可提高组分间的相对挥发度，使溶剂选择性大大提高（见表 7-2）；另外，含水溶剂可降低溶液的沸点，使操作温度降低，减少蒸汽消耗，避免二烯烃自聚。但是，随着溶剂中含水量不断增加，烃类在溶剂中的溶解度降低。为避免萃取精馏塔内出现分层现象，则需要提高溶剂比，从而增加了蒸汽和动力消耗。在工业生产中，以乙腈为溶剂，加水量以 5％～10％（质量分数，下同）为宜；以 N-甲基吡咯烷酮为溶剂，加水量以 5％～8％ 为宜。由于二甲基甲酰胺受热易发生水解反应，因此不宜加水操作。

表 7-2　不同浓度乙腈中顺-2-丁烯对丁二烯的相对挥发度（50℃）

溶剂的含水量	无水乙腈			含 5％水的乙腈			含 10％水的乙腈		
溶剂浓度	100％	80％	70％	100％	80％	70％	100％	80％	70％
相对挥发度	1.45	1.35	1.30	1.48	1.36	1.30	1.51	1.37	1.30

4. 回流比

在普通精馏中，当进料量一定及其他条件不变时，适当地增加回流比可提高分离效果。但在萃取精馏操作中，若被分离混合物进料量和溶剂用量一定，增大回流比反而会降低分离

效果。这是因为增加回流量后，使塔板上溶剂浓度降低，导致被分离组分的相对挥发度减小，结果达不到分离要求。

在萃取精馏塔中，回流液的作用只是为了维持各塔板上的物料平衡，或者说是保证相邻塔板之间形成浓度差，稳定精馏操作。因此，实际生产中的回流比略大于最小回流比。对于乙腈法萃取系统回流比常采用3.5左右。若溶剂为冷液进料，回流比可选择低于3.0操作。

大家来讨论

萃取精馏操作中回流的作用是什么？在普通精馏和萃取精馏操作中，增大回流比的结果有何不同？

任务四
了解丁二烯生产装置
的开停车操作

一、开车准备

乙腈法抽提丁二烯生产装置停车检修后开车准备工作程序一般由以下几步组成。

① 拆除盲板；

② 系统吹扫、气密、氮气置换；

③ 萃取精馏系统循环溶剂冷运、热运；

④ 普通精馏系统 $NaNO_2$ 化学清洗（循环和浸泡）；

⑤ 氮气干燥；

⑥ 丁二烯试循环清洗；

⑦ 投 C_4 开车运行生产。

其中①②④⑤属于正常停车检修后的开车准备工作。开车准备工作程序如图7-16所示。

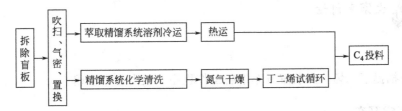

图7-16　ACN法开车准备工作程序

1. 拆除盲板

盲板是为确保检修安全与防止发生窜料所采取的一种必要手段，在检修设备复位全部结束进入开车准备时，要对有关盲板进行确认，确认后进行拆除。

为便于管理，拆除盲板工作应安排专人负责，拆除时要严格按有关规定执行并做好记录。盲板拆除后，有关人员应进行确认签字，防止发生遗漏问题。盲板全部拆除完成后，对拆除盲板图与已确认签字的盲板拆除情况记录表应进行妥善保管，便于以后查阅考证。

2. 吹扫置换及气密试验

（1）吹扫置换　设备经检修清洗后，系统内存在较多的空气和铁锈等杂质，空气和铁锈对丁二烯的聚合有催化促进作用。因此，在开车生产前必须把空气和铁锈等杂质彻底地清除出系统，以确保人身安全和装置的安全生产与长周期运行。吹扫置换所用的气体为氮气。

吹扫置换时各系统应分开进行，采用充气→泄压→充气→泄压间歇式的办法重复进行置换，不要采用一边进气一边放气的办法，防止产生死角。

（2）气密试验　气密试验是对系统的严密性进行检验，是化工装置开车操作过程中必不可少的步骤，一般泄漏率要求小于 0.2%。

丁二烯装置生产所用的原料 C_4、化工助剂以及丁二烯产品多为易燃易爆品，对设备的严密性要求较高，因此气密试验更应引起足够的重视。装置经检修动过的塔、罐、人孔、再沸器、冷凝器封头、各部位的连接法兰等都必须进行气密检验，发现有泄漏点及时进行消除，以确保下道工序工作安全顺利进行。

知识链接

气密试验的方法

对易燃易爆介质，气密试验所采用的气体一般为 N_2。气密试验的方法是用 N_2 把各系统充到规定压力，然后用肥皂或洗衣粉水溶液对要进行气密试验的部位进行涂刷，观察该部位是否有气泡冒出。如果该部位有气泡冒出，说明该部位存在泄漏，应联系相关人员重新进行处理，处理后重新进行气密试验直至合格。气密试验应各系统单独进行，常压塔不能出现超压情况。

3. 普通精馏系统 NaNO₂ 化学清洗（循环和浸泡）

普通精馏系统经吹扫、气密、置换合格后，然后进行 $NaNO_2$ 水溶液循环和浸泡。目的是清除检修后系统残留杂质及所产生的部分铁锈并清除系统残余的微量氧气，同时使设备表面钝化。

大家来讨论

乙腈法抽提丁二烯生产装置开车准备工作程序一般由几步组成？

二、　正常开车

1. 萃取精馏岗位正常开车

（1）循环溶剂乙腈溶剂冷运　溶剂冷运的目的是打通装置溶剂系统的工艺流程，检查溶剂流经的工艺线路上经检修后设备、法兰、阀门等是否存在泄漏，并对仪表投用情况进行检验。同时通过溶剂冷运对该系统的设备进行清洗，通过过滤网把杂质清除出系统，以便提早发现问题及时进行处理，保障正常开车的顺利进行。

（2）循环溶剂乙腈溶剂热运　溶剂冷运循环正常后，确认系统无漏点，溶剂循环回路的所有调节阀和手动阀状态正常后，可以逐步开始溶剂热运。

溶剂热运的目的是进一步检查溶剂流经的工艺路线上经检修过的各设备、法兰、阀门等是否存在泄漏，并对仪表投用情况进行检验，并调整循环溶剂的含水量，使之符合开车条件。

（3）第一萃取精馏塔加 C_4 原料　装置开车时 C_4 进料量为设计能力的 70%，开车稳定后逐渐提到满负荷操作。装置各系统开始升温升压，及时从各回流罐排放系统内的氮气。C_4 进料后，调整第一萃取精馏塔、第二萃取精馏塔的腈烃比及其他工艺参数，以满足质量控制要求。

（4）各水洗塔加水　第一萃取精馏塔抽余液水洗塔、第二萃取精馏塔萃取液水洗塔、不凝气（尾气）水洗塔、二聚物水洗塔加水进行水循环，注意各系统内排放氮气。各水洗塔的水来自装置蒸汽凝液罐。

（5）第一萃取精馏塔投入使用　其回流罐液面上涨到 50% 时，启动第一萃取精馏塔回流泵建立回流，液面继续上升时，部分经第一萃取精馏塔回流泵送入第一萃取精馏塔抽余液水洗塔水洗循环至罐区。投第一萃取精馏塔回流罐液位、回流量自控，投第一萃取精馏塔抽余液水洗塔界面、水量控制。

（6）第二萃取精馏塔投入使用　操作方法同第一萃取精馏塔。

（7）炔烃闪蒸塔溶剂再沸器的热源由第一萃取精馏塔釜出料来提供。此时应注意及时调节汽提塔的塔釜加热量，确保循环溶剂中的 C_4 解吸干净。

（8）自第二萃取精馏塔下段（汽提塔中部）塔板上抽出侧线物料，分析侧线组成。并根据侧线中乙烯基乙炔、丁二烯的相对比例，调整侧线抽出口及侧线采出量。确保第二萃取精馏塔中乙烯基乙炔分离彻底。

（9）打开炔烃闪蒸塔蒸汽再沸器、蒸汽调节阀给炔烃闪蒸塔加热。炔烃闪蒸塔塔釜热量分别由溶剂再沸器（热源为第一萃取精馏塔釜物料）和蒸汽再沸器（热源为低压蒸汽）提供。炔烃闪蒸塔投入使用。

2. 开车时需注意的问题

（1）溶剂循环升温时注意要缓慢（速率不大于 30℃/h）。

（2）系统中的不凝气要及时不断地排放，重点是第一萃取精馏塔和第二萃取精馏塔塔顶冷凝器、回流罐。

（3）萃取系统注意勤放水，要迅速提高乙腈浓度至 95% 左右。

 大家来讨论

萃取精馏装置开车时应注意哪些问题？

三、 停车操作

1. 正常停车操作

① 停止化学品的加入，停止二聚物水洗塔循环溶剂进料，停止 C_4 进料。

② 停萃取精馏系统循环溶剂热运、冷运。

③ 适当降低萃取精馏系统、普通精馏系统回流罐液面。

④ 装置退料倒空，系统氮气置换。

⑤ 萃取精馏系统进行水洗，普通精馏系统进行化学清洗。

⑥ 循环溶剂回收系统停车。

⑦ 装置进行蒸汽蒸煮。

⑧ 整个装置进行自然冷却或打开人孔进行空气置换。

按正常停车程序停车时，应注意降温、降量的速率不宜过快，对于可回收的组分应尽量回收。为减少系统停车时的物料损耗，停车前，应将生产负荷降到设计生产负荷的 60%~80%，同时应将塔、罐的液面尽可能降到低限，地下罐提前清空，能保证存放残余液。

2. 紧急停车操作

① 发生紧急停车时，由班长通知调度、值班人员和本车间直接领导，再由调度或值班人员向相关领导报告。

② 立即关闭蒸汽调节阀及蒸汽总阀，停止加热。

③ 立即停止原料进料。

④ 停止萃取精馏、普通精馏、溶剂回收等系统塔顶、塔釜采出，关闭采出阀。

⑤ 各个水洗塔停止加水，关塔顶界面控制阀及保护阀。

⑥ 汽提塔停止侧线采出，关炔烃闪蒸塔塔釜采出阀。

⑦ 关闭去界区的丁二烯、丁烷、丁烯等产品采出阀门，关污水出装置阀门。

⑧各塔顶压力控制调节阀打开以防塔系超压。同时加强巡检。

大家来讨论

生产装置正常停车时应注意哪些问题？

四、 生产运行中异常现象的判断及处理

乙腈法中丁二烯萃取精馏塔的异常现象的判断及处理方法见表7-3。

表7-3 丁二烯萃取精馏塔（乙腈法）的异常现象的判断及处理方法

序号	异常现象	产生原因	处理方法
1	塔顶带丁二烯量多	①釜温过高或波动过大 ②腈烃比小 ③采出量过大 ④乙腈浓度太低或污染严重 ⑤C_4进料温度高 ⑥系统压力低 ⑦乙腈进料温度高 ⑧进料组成变化大，丁二烯含量高 ⑨回流量少或过多，破坏了溶剂恒定浓度 ⑩塔堵，压差大	①稳定或降低釜温 ②调节腈烃比 ③减少采出量 ④回流罐放水，提高乙腈浓度，或加强水洗 ⑤调节进料温度 ⑥适当提高系统压力 ⑦降低乙腈进料温度 ⑧适当降低釜温或提高系统压力，适当增大腈烃比，或降低乙腈进塔温度 ⑨适当增大或减小回流量，维持溶剂恒定浓度 ⑩检修清理塔板

序号	异常现象	产生原因	处理方法
2	塔釜丁二烯不合格	①釜温过低 ②腈烃比过大 ③顺丁烯在塔内积累过多 ④系统压力太高 ⑤进料中丁二烯浓度太低 ⑥乙腈污染太严重 ⑦乙腈温度低或温度假象 ⑧回流比太大	①提高釜温 ②调整腈烃比 ③提高釜温,加大采出量 ④降低、稳定压力 ⑤适当提高釜温或降低系统压力,适当提高乙腈进塔温度或降低腈烃比 ⑥水洗再生乙腈 ⑦提高乙腈进塔温度,检查测温点是否真实 ⑧降低回流比
3	系统中乙腈污染严重	①C₄原料中含碳量多 ②系统中二聚物和杂质多	①通知精馏岗位,调节釜温,停止采出 ②加强水蒸气再生

五、 仿真实训

1. 实训目的

① 能完成丁二烯抽提装置正常开车和正常停车仿真操作。

② 能完成丁二烯抽提装置事故处理仿真操作。

2. 装置概况及组成

本仿真系统为中国石化镇海炼化 16 万吨/年丁二烯抽提装置仿真系统。该装置是镇海炼化 100 万吨/年乙烯工程主要配套装置之一，装置设计规模为 16 万吨/年丁二烯，设计负荷范围为 70%～110%，年操作时间为 8000h。

本装置以乙烯裂解装置提供的混合 C₄ 为原料，以乙腈为溶剂，采用两级萃取精馏和两级普通精馏，得到聚合级 1,3-丁二烯产品，同时装置副产的 C₄ 抽余液是下游 MTBE/1-丁烯装置的原料。

乙腈法丁二烯抽提装置主要由萃取精馏单元、丁二烯精制单元、溶剂回收单元和辅助单元等四个工艺单元组成。具体工艺流程见本项目任务一。

3. 仿真系统的DCS图

(1) 第一萃取精馏塔（T-101）系统 DCS 图，如图 7-17 所示。

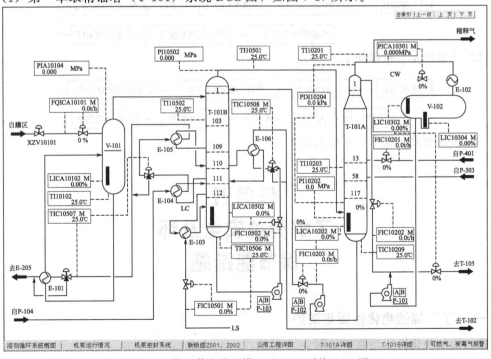

图 7-17 第一萃取精馏塔（T-101）系统 DCS 图

（2）第二萃取精馏塔（T-103）系统 DCS 图，如图 7-17 所示。

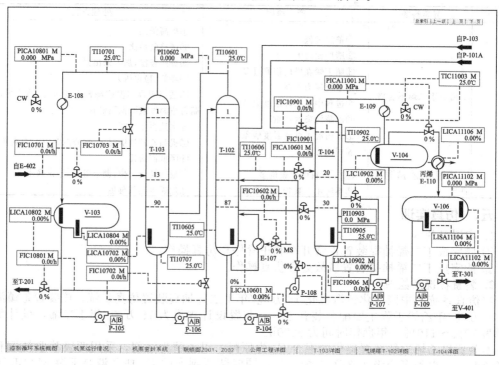

图 7-18　第二萃取精馏塔（T-103）系统 DCS 图

4. 操作步骤

（1）正常开车　过程如下：

（2）正常停车　过程如下：

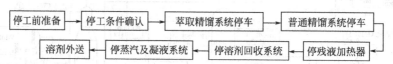

（3）事故处理　操作详见仿真软件。

任务五

了解岗位安全及环
保节能措施

一、丁二烯的物化性质与防护

丁二烯的物化性质与防护如图 7-19 所示。

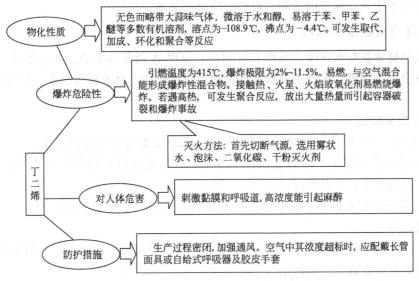

图 7-19　丁二烯的物化性质与防护

　动手查一查

1. 丁二烯的中毒症状和急救措施是什么？
2. 丁二烯生产中还有哪些主要有毒、有害物质？

二、丁二烯的包装与储运

丁二烯易与氧发生反应生成过氧化物，也容易发生聚合反应。聚合反应和氧化反应都是放热反应，而且生成的过氧化物不稳定，受热、摩擦或撞击时，易发生爆炸，危险性极强。因此，做好丁二烯的安全储运至关重要。

1. 储存

严格控制储罐的安全储存温度，丁二烯储罐应设置温度指示表，储存温度要低于 27℃。为维持温度，需增设喷淋设施。储罐应设置超压报警及泄压排放系统。为确保储罐不超压，每个储罐上应安装安全阀。应尽量控制较低的储罐压力，最高不得超过 0.5MPa，以减少聚合物的生成。严格控制储存系统中的氧含量不大于 0.1%（体积分数），并加相应的抗氧化剂和阻聚剂。在储运的各个环节中，控制氧气的渗入，严禁与空气、氧化氮和纯度低于99.9%的氮气接触。应按规程要求定期检测，当储罐内气相氧含量超过 0.1% 时，应采取措施，以降低气相中的氧含量。

2. 运输

铁路罐车、汽车罐车（以下简称罐车）的使用须符合国家的相关规定，具备完整有效的手续，方可进行运输。押运员、汽车罐车驾驶员须取得从业资格证。押运员应携带所需的通信、防护、消防、检测、维护等工具，并满足防火、防爆、防静电的要求。严禁在电气化区段对铁路罐车进行罐上作业。确因特殊原因必须进行罐上作业的，须经铁路方面同意，且采取安全措施后方可进行。应注意高温等特殊气候下罐车的停放管理，避免因超温、超压引发事故。汽车罐车应设有相应的防晒、防火、防爆等措施。

三、 岗位安全操作规程

丁二烯抽提装置按火灾爆炸危险程度划分，属甲 A 类危险装置。因此在生产中，必须严格遵守安全技术规程、生产工艺技术规程和岗位操作法，合理使用设备、仪表及各种安全设施。

1. 一般安全规定

① 进入生产（工作）岗位时，必须按规定穿戴好必要的劳动保护用品。

② 严格遵守劳动纪律，不得在岗位上看书、看报或翻阅与岗位生产无关的其他刊物，不得打闹、打盹睡觉，不得串岗。

③ 岗位操作和值班人员必须认真按时填写操作记录，数据要准确、齐全，字迹要端正清楚，不得涂改。

④ 严格执行巡回检查制度，按时、按路线认真检查，做到风雨不误。检查时不得用螺丝刀、听诊器触听设备的转动部位。

⑤ 严格执行交接班制度，交接班时交班者与接班者必须一起在岗位上按巡回检查路线全面检查，交班者除认真填写交接班日记外，务必将安全、生产和设备等情况向接班者详细交代清楚，不得马虎从事。

⑥ 岗位操作人员不能随便脱离自己的工作岗位，如因事必须离开者事先必须向班长请假，经班长同意而且有人负责岗位工作时才能离开。

⑦ 岗位操作人员一律不得离开岗位去食堂或回家吃饭，夜餐一律接班前或交班后就餐。

⑧ 未经车间领导同意岗位操作人员不得接受外来人员的调查。本厂各处室不得随意找岗位人员脱离岗位交谈，以免影响操作。

⑨ 岗位操作人员对已定的工艺条件、操作程序和岗位操作法必须严格执行，不得随意变更或修改，操作时不得超温或超压，如有必要变更时，由车间提出修改意见，经生产技术部门同意，主管厂长批准后方可更改。

⑩ 年度大检修时装置的开停车，必须根据当时的实际情况，发动全体职工充分讨论后制定出开停车方案。平时中、小检修后装置的开停车，按各岗位操作规程、操作法执行。采用新工艺、新技术、新设备时，必须制定出新的开车方案，经车间主任、厂有关部门（科室）和总工程师批准后方可执行。

⑪ 每次停车检修后，车间主要设备开车时，车间主任必须在场，开车指挥由车间主任负责。

⑫ 新工人上岗位，老工人调换岗位，都必须进行安全技术考试，考试合格、熟悉操作以后才能顶岗。外单位来厂实习代培人员（包括其他学习、协作人员）未经批准不准独立操作。

2. 安全生产操作要点

① 生产装置处理的 C_4 和所用的化学品均属易燃易爆、有毒物质，在操作过程中要尽可能避免吸入大量的挥发气体造成中毒；在检修期间、倒空设备或清过滤器时，萃取溶剂不得随意排放，要用容器接收，操作时要穿戴好劳保防护用品，并严格遵守其安全规程，以防止物料接触皮肤引起中毒。

② 操作人员都应掌握本装置各种有毒物质的性质、可能的中毒症状、预防中毒措施及

急救方法；熟知各种防毒器具的性能、使用及维护保养方法，平时注意对防毒防护器材定期进行检查，避免器具失效或不好用。

③ 未经气样分析和办理进入设备作业证，禁止进入有害危险的设备进行作业；作业时，除工作者必须佩戴规定的防护器具外，外面还应设专人联络和监护。

④ 凡有毒有害物质均应加强保管，实行严格的科学管理，堆放和放置位置要有固定的地点；对于工业生产上用剩的有毒有害残渣要及时进行焚烧处理，以免污染环境；对剧毒物品的管理应严格遵守《剧毒物品管理制度》。

⑤ 置换含有丁二烯自聚的设备，应用蒸汽或氮气多次置换、吹扫后，再打开人孔，注入水，加入硫酸亚铁并通蒸汽蒸煮，以破坏过氧化物。清除下来的过氧化物不得放在热的设备内、阳光下或扔到垃圾箱内，应及时送堆埋场烧掉。送烧有聚合物的设备、管线，在烧除前必须将聚合物穿成多孔，以免烧除时发生爆炸事故。

⑥ 在现场发生 C_4 泄漏时，严格禁止一切动火工作；装置附近禁止机动车通行；严格禁止可能产生火花的一切作业；严格禁止使用能产生火花的工具进行现场抢修。对泄漏出来的 C_4 气、液体，要使用低压蒸汽吹扫、稀释，尽快降低现场浓度，并组织抢修。当无法控制泄漏时，按事故处理程序处理。

 大家来讨论

若生产现场发生 C_4 泄漏，应如何处理？

四、 环保节能措施

1. 环保措施

（1）废水的处理　在丁二烯装置废水的处理过程中，最重要的是控制污染源，少排或不排污染物，降低后续污水处理装置的处理负荷。产生的污水经过污水生化处理装置，经一级预处理、二级生化处理及沙滤深度处理后排入排海管线。

（2）废气的处理　对于丁二烯装置内产生的废气，一般是通过直接燃烧法和回收法进行处理。直接燃烧法适用于可燃组分含量较高的组分。回收法是将废气中有用的组分直接回收利用或转化加工成产品利用，也包括回收废气潜热或燃烧放出的热量。现在一般通过回收法进行回收，即加压后送入锅炉作为燃料回收利用。

（3）固体废物的处理　对于产生的固体废物如焦油，可以通过装置内产生的二聚物溶解的方法生产燃料油回收利用。在装置内其他部位生成的聚合物，一般是通过焚烧的方法实现无害化处理。

2. 节能措施

（1）探索溶剂最佳进料温度，节约再沸器蒸汽用量。

（2）优化精馏塔工艺操作，通过控制灵敏板温度和回流量，达到控制塔釜蒸汽量的目的，从而降低能耗。

（3）降低洗涤水用量，降低装置生产的能耗。溶剂洗水用量过大，一方面污染环境，另一方面增加了污水处理费用。同时，适当提高水洗温度可以节约循环水用量。

（4）使用新型阻聚剂 JD-A249，延长装置运行周期。

（5）提高装置的自动化控制水平，提高装置的生产能力，减少丁二烯与溶剂的损失，改进回收系统，提高产品质量，达到节能目的。

 动手查一查

查阅资料，了解丁二烯生产中的环保节能新技术有哪些？

 项目小结

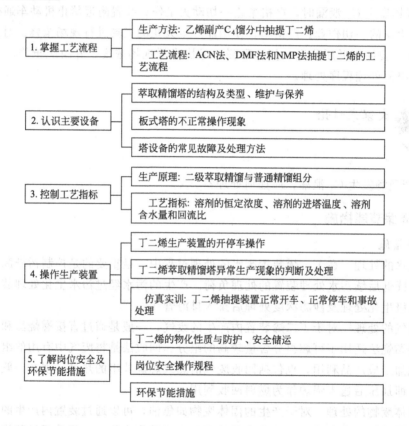

1. 掌握工艺流程	生产方法：乙烯副产C₄馏分中抽提丁二烯	
	工艺流程：ACN法、DMF法和NMP法抽提丁二烯的工艺流程	
2. 认识主要设备	萃取精馏塔的结构及类型、维护与保养	
	板式塔的不正常操作现象	
	塔设备的常见故障及处理方法	
3. 控制工艺指标	生产原理：二级萃取精馏与普通精馏组分	
	工艺指标：溶剂的恒定浓度、溶剂的进塔温度、溶剂含水量和回流比	
4. 操作生产装置	丁二烯生产装置的开停车操作	
	丁二烯萃取精馏塔异常生产现象的判断及处理	
	仿真实训：丁二烯抽提装置正常开车、正常停车和事故处理	
5. 了解岗位安全及环保节能措施	丁二烯的物化性质与防护、安全储运	
	岗位安全操作规程	
	环保节能措施	

 思考与练习

一、填空题

1. C₄ 馏分抽提法根据所用溶剂的不同可分为 3 种，所用的溶剂分别是_____、_____和_____。

2. 萃取精馏塔塔盘的溢流装置包括_____、_____、_____和_____等部件。

3. C₄ 馏分抽提法是通过_____精馏和_____精馏进行组合分离出高纯度丁二

烯的。

4.丁二烯萃取精馏的工艺流程中必须设置二级萃取精馏,在第一级中先除去比丁二烯相对挥发度_____的_____组分,在第二级中除去比丁二烯相对挥发度_____的_____组分。

二、讨论题

1.什么是萃取精馏?

2.从 C_4 馏分中抽提丁二烯,为什么要用萃取精馏的方法?

3. C_4 馏分抽提法制取丁二烯的影响因素有哪些?如何控制调节?

4.在萃取溶剂中加入适量的水有何作用?

5.回流比对普通精馏和萃取精馏的影响分别是什么?

6.开车生产前如何对装置进行吹扫置换?

7.萃取精馏系统中循环溶剂冷运、热运的目的分别是什么?

8.丁二烯的储存运输应注意哪些问题?

9.丁二烯生产装置所产生的废水、废气和固体废物是如何处理的?

乙苯生产

学习目标

- 了解乙苯的物化性质、用途及生产方法；
- 掌握苯烷基化制备乙苯的合成原理、影响因素及工艺流程；
- 掌握乙苯合成反应器的结构与特点；
- 了解乙苯生产装置的开停车和运行操作；
- 能应用反应原理确定工艺条件；
- 能判断并处理生产运行中的异常现象；
- 能完成乙苯装置正常开车、正常停车和事故处理仿真操作；
- 能在生产过程中实施安全环保和节能降耗措施。

【认识产品】

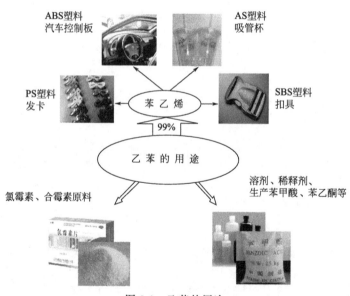

图 8-1　乙苯的用途

　　乙苯是一种芳烃，是重要的有机合成中间体，主要用来生产苯乙烯。据估计，有 99% 的乙苯用于生产苯乙烯，而苯乙烯（S）分别与丙烯腈（A）、丁二烯（B）等有机材料共聚能形成 ABS、AS、SBS 等常用塑料树脂，它们广泛用于生产生活的各个领域。乙苯的用途如图 8-1 所示。少量乙苯也用于溶剂、稀释剂以及生产苯甲酸、苯乙酮、二乙基苯、乙基蒽醌等。此外，乙苯还是医药工业的重要原料，用作合霉素和氯霉素的中间体。图 8-2 为乙苯生产的工业装置。

图 8-2　乙苯生产的工业装置

任务一
掌握乙苯生产的
工艺流程

一、乙苯的生产方法

目前，世界上 90％以上的乙苯是由苯与乙烯烷基化反应制得，其余是由石油炼制过程中生产的 C₈ 芳烃分离得到的。烷基化制乙苯工艺，根据催化剂类别不同，至今经历了 3 个阶段：以 AlCl₃ 为催化剂的烷基化反应路线，以 ZSM-5 分子筛为催化剂的气相烷基化路线和以 Y 型及 β 型分子筛为催化剂的液相烷基化路线，以及由气相和液相烷基化路线结合衍生得到的催化干气法。由于 AlCl₃ 工艺存在污染腐蚀严重等问题，已逐步被淘汰，图 8-3 对

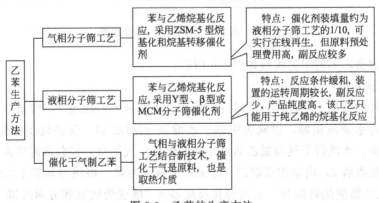

图 8-3　乙苯的生产方法

现存的三种烷基化制乙苯工艺进行了对比。

由于催化干气制乙苯结合了气相分子筛和液相分子筛两种工艺的优点，并有效提高了石化行业副产干气的利用率，近年来在我国已大范围推广，这里我们介绍催化干气制乙苯工艺。

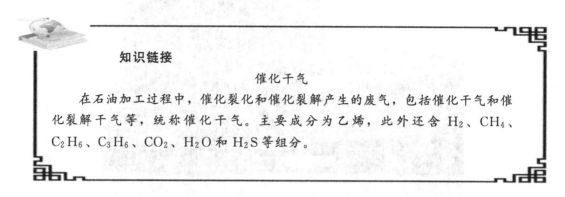

知识链接

催化干气

在石油加工过程中，催化裂化和催化裂解产生的废气，包括催化干气和催化裂解干气等，统称催化干气。主要成分为乙烯，此外还含 H_2、CH_4、C_2H_6、C_3H_6、CO_2、H_2O 和 H_2S 等组分。

二、 催化干气制备乙苯的工艺流程

催化干气制备乙苯的工艺流程由原料气预处理、烷基化反应（烃化反应）、烷基转移反应（反烃化反应）和乙苯精馏四部分组成。原料气预处理部分的目的是除去催化干气中渣滓物质，为烷基化反应提供干净的乙烯原料；烷基化反应部分即在分子筛催化剂作用下乙烯和苯合成乙苯、多乙苯；烷基转移反应部分是苯与多乙苯反应生成乙苯；乙苯精馏部分则通过预分、尾气吸收和各产品精馏，获得苯、乙苯、丙苯及高沸组分，并将苯送回烃化反应器、反烃化反应器，多乙苯送回反烃化反应器，其基本过程如图 8-4 所示。

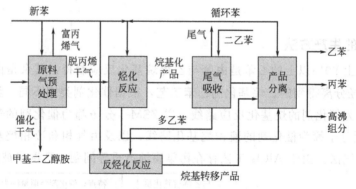

图 8-4　催化干气制乙苯的流程框图

催化干气制备乙苯的工艺流程如图 8-5 所示。

1. 原料气预处理

来自装置外的催化干气，经分液罐分液后，从下部进入水洗塔 1，与新鲜水和塔底泵循环送回的含油污水逆流接触，以除去甲基二乙醇胺（MDEA），保护设备和管道不受腐蚀，延长催化剂寿命。水洗后干气与脱乙烯塔 4 来的循环干气汇合，经分液罐进入干气压缩机压缩后送入丙烯吸收塔 2，由苯作吸收剂，除去绝大部分丙烯。塔顶净化后干气作为反应原料通过干气-反应产物换热器换热后进入烃化反应器 8，塔釜吸收富液分两路进入脱乙烯塔 4，冷料走塔顶，与脱丙烯塔 5 塔底吸收贫液换热后，从中部进入脱乙烯塔 4，脱乙烯塔顶解吸

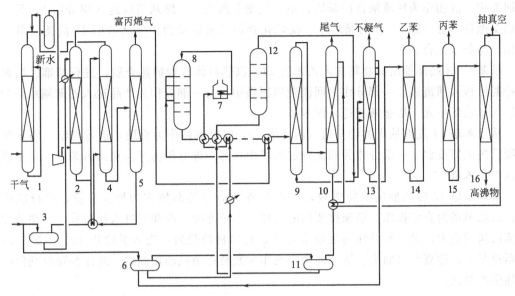

图 8-5　催化干气制备乙苯的工艺流程

1—水洗塔；2—丙烯吸收塔；3—吸收剂罐；4—脱乙烯塔；5—脱丙烯塔；6—循环苯缓冲罐；
7—循环苯加热炉；8—烃化反应器；9—粗分塔；10—吸收塔；11—反烃化进料罐；
12—反烃化反应器；13—苯塔；14—乙苯塔；15—丙苯塔；16—二乙苯塔

出的循环干气送回与水洗塔 1 送出的干气汇合，塔底残液经泵送入脱丙烯塔 5。脱丙烯塔塔顶气相经冷凝、冷却后，富丙烯气体进入系统管网，凝液作为回流液经回流泵送回塔中，最终解吸液利用压差返回吸收剂罐 3。

2. 烃化反应部分

由装置外来的新鲜苯分两路分别进入吸收剂罐 3 和循环苯缓冲罐 6，进入循环苯缓冲罐 6 的新苯与分离部分来的循环苯混合后，再分两路输送。一路以苯塔顶油气为动力，通过反应产物→循环苯换热器与反应产物换热，汽化过热至 301.8℃，进入循环苯加热炉 7 加热至 390℃后，从顶部进入烃化反应器 8。另一路与吸收塔来的反烃化物料混合后，用反烃化进料泵经反应产物→反烃化进料换热器，从底部送入反烃化反应器 12。

从装置外来的催化干气，经预处理后，通过干气→反应产物换热器分三路进入烃化反应器 8。烃化产物从反应器底部依次经过反应产物→循环苯换热器、反应产物→反烃化进料换热器、反应产物→循环苯换热器、反应产物→苯塔进料换热器、反应产物→蒸汽发生器、干气→反应产物换热器降温至 140℃后，进入粗分塔 9。

当烃化反应器第一段床层因结焦而失活时，可将反应器的出料由第四段床层下部改为第五段床层下部，关闭第一段床层的干气进料，打开第四段床层干气进料。打开循环苯进第二床层阀门，关闭循环苯进入烃化反应器顶部阀门。

3. 乙苯精制部分

冷却后的烃化反应产物，与苯塔来的不凝气共同由下部送入粗分塔 9，塔顶气相经冷凝、冷却后进入粗分塔回流罐，液相部分由回流泵作为回流液送回塔中。气相部分则通过吸收塔进料冷却器冷却至 10℃，进入吸收塔 10。粗分塔塔底物料由苯塔进料泵经换热器加热后送入苯塔 13。

来自粗分塔塔底的物料经换热后分三路进入苯塔 13，塔顶油气经冷凝、冷却后进入苯塔回流罐，液相作为回流液送回苯塔。不凝气则分两路，一路从塔底送入粗分塔9，另一路则送至循环苯缓冲罐6，作为循环苯、反烃化物料的输送动力。苯从苯塔13的侧线分三路抽出，与新苯汇合。

从苯塔13底部抽出的物料送入乙苯塔14，以热载体作为加热介质，进行精馏。塔顶气相冷凝后进入回流罐，一部分作为回流液送回塔中，另一部分作为产品送入乙苯罐或作为原料进入苯乙烯单元。塔釜液相送入丙苯塔15。

从乙苯塔14底部抽出的物料送入丙苯塔15，以热载体作为介质，进行精馏。塔顶气相冷凝后进入回流罐，一部分作为回流液送回塔中，另一部分作为产品送入丙苯罐。塔釜液相送入二乙苯塔16。

从丙苯塔15底部抽出的物料送入二乙苯塔16，以热载体作为加入介质，进行减压精馏。二乙苯塔为真空操作，塔顶被蒸出的气相二乙苯冷凝、冷却后进入回流罐，一部分作为回流液送回塔中，另一部分作为吸收剂与反烃化物料换热后，进入吸收塔10。不凝气经冷却器冷却后，随真空泵抽出。塔釜高沸物则作为残液送至残油焦油罐，或作为吸收剂供给苯乙烯生产单元。

 动笔画一画

画出催化干气制备乙苯的工艺流程框图。

 知识拓展

干气制乙苯技术的应用进展

随着我国经济的高速发展，对原油和油品的需求一直保持较快的增长。截至2007年，我国石化行业副产干气在5.5Mt/a以上，其中所含乙烯约1.0Mt/a。由于技术和成本原因，大部分被当作燃料处理，造成资源浪费的同时，产生大量CO_2，制约了经济和社会的可持续发展。

为充分利用催化干气中的乙烯资源，中国科学院大连化学物理研究所与抚顺石化公司开发了干气制乙苯系列技术，于1993年、1996年、1999年分别在抚顺石化（0.03Mt/a）、林源炼油厂（0.03Mt/a）和大连石化公司（1.0Mt/a）实现工业化应用，为干气的优化利用和乙苯的生产开辟了一条新路线，催化剂和相应工艺获得中国、美国、欧洲等国家和地区20余项专利。

该项技术经历三代改革，在催化剂的开发、性能研制和配套工艺等多方面实现优化，最终形成了干气制乙苯气相烷基化与液相烷基转移优化组合新技术，其0.06Mt/a工业化试验装置于2003年9月在中国石油抚顺石化公司成功运行，催化剂反应性能及工艺参数均优于设计和合同指标，为其大规模推广奠定了坚实的基础。截至2012年，干气制乙苯气相烷基化与液相烷基转移优化组合成套新技术（简称"干气制乙苯第三代技术"）已在中国石油、中国石化和中化集团等20家企业成功应用，形成了每年160万吨的乙苯产能。

任务二
认识乙苯生产的
反应设备

一、 多段绝热式固定床反应器的结构及特点

乙苯烃化反应器和反烃化反应器属于多段绝热式固定床反应器。固定床反应器根据换热方式不同，可分为绝热式和换热式两种。绝热式固定床反应器又分为单段绝热式和多段绝热式，而多段绝热式固定床反应器根据段间反应气体的冷却或加热方式不同，分为中间间接换热式和冷激式。图 8-6 为多段绝热式固定床反应器，其中（a）、（b）、（c）为中间换热式；（d）、（e）为冷激式。

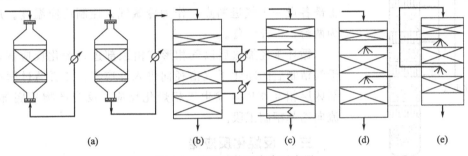

(a)　　　　　　　　(b)　　　　　(c)　　　　(d)　　　　(e)

图 8-6　多段绝热固定床反应器

多段绝热式固定床反应器的主要内构件是气体入口分布器和段间多孔排管式分布器（见图 8-7，图 8-8）。一部分反应物料由反应器顶部气体入口分布器进入反应器，气体入口分布器的结构和结构参数直接影响反应器内流体的分布情况，入口分布器的使用是实现气流均匀分布的重要手段和必要措施。

图 8-7　气体入口分布器

图 8-8　多孔排管式分布器

另一部分反应物料由反应器催化剂两段之间加入，这时就产生与上一段物料的均匀混合及混合后物料均匀分布的问题。段间混合的要求是在有限的时间和空间内实现两股反应物料的快速混合及均匀分布，使进入下一段催化剂床层的物料沿径向做到浓度均匀、温度均匀、

速率均匀。设计合适的管径及小孔直径可以使多孔排管式分布器获得均匀的流量分配,性能良好的多孔排管式分布器可以减少分布器至催化剂的高度,达到良好的气体分布和混合效果。催化剂均匀堆置于床内,床层直径远大于催化剂颗粒直径,床层高度与催化剂颗粒的直径之比一般超过100。整个固定床反应器与外界没有热量交换,床层温度沿着物料的流向而变化。

　　冷激式固定床反应器是用冷流体直接与上一段出口气体混合,以降低反应温度。若用尚未反应的原料气作为冷流体,称为原料气冷激式,如图8-6(e)所示。若用非关键组分的反应物作冷流体,称为非原料气冷激式,如图8-6(d)所示。冷激式绝热固定床反应器适用于放热反应,能做成大型催化反应器,具有反应器结构简单、内无冷管(避免由于少数冷管损害而影响操作)、催化剂装卸方便、催化剂床层温度波动小等优点,但操作要求较高。

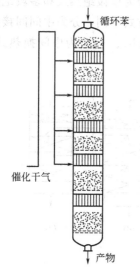

图8-9　五段冷激式绝热固定床反应器

二、　乙苯烃化反应器

　　乙苯烃化反应器为五段冷激式绝热固定床反应器,属于原料气冷激式,其结构如图8-9所示。由于烃化反应为强放热反应,为保证反应始终处于一个合理的温度区间,一至四段床层上部各设一干气进料点,作为冷激气,控制反应温度。反应器为两台,一开一备。

　　循环苯经加热后以气相形式由顶部进入烃化反应器,与经干气精制后的净化干气由径向进入反应器,二者通过固相催化剂床层相互作用,发生气相烃化反应,反应产物从底部抽出,流向乙苯精制工段。

三、　反烃化反应器

　　反烃化反应器也属于多段绝热式固定床反应器,反应器中有三段催化剂床层。反应器的进料包括来自乙苯精馏工段的回收苯和多乙苯混合物,它们被加热到反应温度后,进入反烃化反应器发生反应。反应器要在足够的压力下操作,以维持反应在全液相状态下进行。反应器出料直接送入乙苯精馏工段。

四、　固定床反应器的日常维护和常见故障

1. 日常维护

　　固定床反应器在使用过程中,要注意日常维护,其维护要点见图8-10。

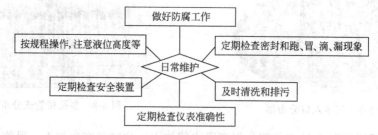

图8-10　固定床反应器的日常维护

2. 常见故障

　　固定床反应器常见故障如图8-11所示。检修人员应按时做好故障排查工作,包括:维

持操作稳定性；声、光、烟、味、电等变化；工艺参数变化趋势；对故障发展趋势预测，针对常见故障，及时调整参数，停车处理。

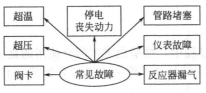

图 8-11　固定床反应器常见故障

　动手查一查

查阅资料，了解多段冷激式固定床反应器在其他有机合成中的应用情况。

任务三
了解乙苯生产的反应
原理和工艺条件

一、反应原理

1. 主反应

（1）烷基化反应　苯与乙烯烷基化反应生成乙苯。

$$\text{苯} + CH_2\!=\!CH_2 \Longleftrightarrow \text{C}_2H_5\text{-苯}$$

（2）烷基转移　多乙苯和苯烷基转移反应生成乙苯。

$$\text{C}_2H_5\text{-苯} + \text{C}_2H_5\text{-苯-C}_2H_5 \Longleftrightarrow 2\,\text{C}_2H_5\text{-苯}$$

2. 副反应

在正常的操作条件下，烷基化反应生成的乙苯可以进一步烷基化生成二乙苯和三乙苯等。例如：

$$C_6H_5C_2H_5 + C_2H_4 \longrightarrow C_6H_4(C_2H_5)_2$$

苯进料中非芳烃杂质裂解产物、干气中乙烯聚合产物、除乙烯外的杂质物质（丙烯、丁烯等），在催化剂作用下，也可与苯发生烷基化反应，生成丙苯和丁苯。较高级烷烃如丙苯、丁苯稳定性差，在反烃化反应器中，易脱烷基，相互间也易发生转化。

$$C_6H_6 + C_3H_6 \longrightarrow C_6H_5C_3H_7$$

烷基苯在烷基反应器中会发生少量脱氢反应生成苯乙烯、丙烯基苯等。例如：

$$C_6H_5C_2H_5 \longrightarrow C_6H_5C_2H_3 + H_2$$

苯乙烯等是生成双环化合物的主要母体并且是引起催化剂失活的主要原因。

体系中还易产生多环化合物，主要包括二苯基乙烷和二苯基甲烷。如果多环化合物循环回反应器，在催化剂表面和孔中将产生焦炭而导致催化剂很快失活，所以它们将作为残油从系统中排出。

二、催化剂

催化干气制乙苯的生产过程中，烷基化工艺部分使用的是 DL0802 催化剂，此催化剂是以新型稀土 ZSM-5/ZSM-11 共结晶分子筛为基础开发而成，具有较强的抗杂质性能和水热稳定性，乙烯转化率在95%以上。

烷基转移工艺部分采用以小晶粒 β 分子筛为基础开发而制成的 DL0801 催化剂，它具备较强的酸性和超细的晶粒，有利于增强烷基转移反应的活性，降低反应温度，保证了乙苯的选择性和催化剂反应稳定性，多乙苯转化率在70%左右。

三、工艺条件

1. 烷基化工序

（1）反应温度　反应温度必须保证反应物分子吸收足够热量达到活化状态。较高的反应温度可以增加烷基化反应，加快烷基转移反应的反应速率，提高乙烯转化率，减少多烷基副产物的生成。

（2）反应压力　由于烷基化反应是分子数减少的反应，故提高烷基化反应压力有利于提高乙烯转化率。随着压力的增加，乙烯转化率逐渐增加，而乙苯选择性稍有下降。一般干气制乙苯反应的反应压力为 $0.7 \sim 0.8 MPa$。

（3）原料配比　苯烯比是反应进料中苯与乙烯的分子比。苯烯比决定了催化剂床层的温升，也决定了在催化剂孔道内乙烯的浓度。较高的苯烯比可以减少二乙苯和三乙苯等副产物的生成，并减少乙烯发生低聚反应生成的副产物。

由此可见，随着苯烯比的增加，乙苯选择性升高，但过高的苯烯比需要大量的苯循环，导致能耗增加。生产中适宜的苯烯物质的量比为 $6 \sim 7$。

（4）乙烯空速　干气中乙烯进料量决定装置的生产能力。乙烯质量空速＝kg 乙烯/（kg 催化剂·h）。在催化剂床层中反应混合物料的停留时间取决于包括干气和芳烃两部分物料在内的总流量，总空速＝kg 反应混合物料/（kg 催化剂·h）。空速越大，意味着反应物料流经催化剂床层的时间越短；空速越小，则意味着停留时间越长。随着乙烯质量空速的增加，乙烯转化率逐渐减少，而乙苯选择性增加。因此，为了保证催化剂具有较高的乙烯单程转化率，干气制乙苯工艺的乙烯质量空速一般为 $0.2 \sim 0.5 h^{-1}$。

（5）原料纯度　干气中丙烯含量低可减少丙苯、异丙苯的生成，减少苯的单耗，降低反应温度，还可延长催化剂的再生周期和使用寿命，一般要求脱丙烯后干气中的丙烯含量控制在 $5 \times 10^{-4} kg/m^3$ 以下。

催化干气制乙苯工艺采用的催化剂对原料的含水量有严格的限制，工艺要求进料中的水含量应控制在 $1.75 \times 10^{-4} kg/m^3$ 以下。过高的水含量可能造成催化剂的失活。

催化裂化干气进装置之前必须要经过一个脱硫过程，以除去干气中的 H_2S。如果脱硫过程发生波动或者操作异常将脱硫剂乙醇胺带进本装置，将导致烷基化催化剂的损坏，因此应严格要求将干气中的脱硫剂含量控制在 $5 \times 10^{-6} kg/m^3$ 以下。

大家来讨论

催化裂化干气反应前为什么要进行脱硫处理？

2. 烷基转移工序

烷基转移反应工序的作用是将回收的多乙苯转化成目的产物乙苯。

（1）苯与多乙苯质量比　进料中苯量增加可以获得较高的多乙苯转化率。但过多的苯在系统中循环将增加苯塔的负荷，增加能量消耗。烷基转移反应中苯与多乙苯质量比一般为 5～8。

（2）反应温度　反应温度是控制催化剂活性的主要工艺参数之一。温度越高，催化剂活性越高。当催化剂逐渐失活时，即烷基转移反应器多乙苯单程转化率下降，可通过逐步提高温度使其活性恢复。适宜反应温度的范围是 170～245℃。需注意的是：升温可以提高烷基转移反应的速率，但如果升温速率太快，将导致催化剂失活速率加快，因此必须严格控制反应温度和升温速率。通常是根据反应系统中多乙苯产量平衡来确定适宜的反应温度。如果可能，应尽量在较低温度下进行反应。

（3）水含量　反应进料中水含量的控制很重要，它直接影响催化剂的寿命。在反应初期，催化剂活性较高，如不加以控制，将生成多环重质芳烃等物质，对催化剂的活性、稳定性影响很大。正常操作时，要求控制反应进料中的水含量小于 $1 \times 10^{-4} kg/m^3$。

 大家来讨论

烷基转移反应的作用是什么？

 知识拓展

烷基化催化剂

工业上用于芳烃烷基化的催化剂种类较多，但它们均属于酸性催化剂，可大体分为以下三类。

（1）酸性卤化物　主要有 $AlCl_3$、$AlBr_3$、BF_3、$ZnCl_2$、$FeCl_3$ 等，需加入对应的卤化氢作助剂，以提高催化剂的活性。以前普遍采用的是 $AlCl_3$ 催化剂，并加少量 HCl 以促进反应。$AlCl_3$ 催化剂的主要缺点是对设备有较强的腐蚀性，催化剂的消耗量较大，原料中水分要求严格。但是，因其价廉易得、催化活性高，曾被广泛使用。

（2）质子酸类　主要有 H_2SO_4、H_3PO_4、HF 等。最常采用的是磷酸/硅藻土固体催化剂，它具有选择性好、腐蚀性小及三废排放量小等优点。其缺点是反应温度和压力较高，多烷基苯不能在烷基化条件下进行烷基转移反应。

（3）分子筛　以分子筛为催化剂的烷基化反应，具有活性高、选择性好、烯烃转化率高、三废排放量极少、对设备无腐蚀等优点。分子筛催化剂是一种颇具前途的烷基化催化剂。其缺点是反应副产聚合物分子易在分子筛的微孔孔道聚集，造成堵塞，使催化剂失活。故分子筛催化剂寿命短、需频繁再生。

任务四
了解乙苯生产装置的
开停车操作

一、开车准备

① 按常规生产准备工作程序装置吹扫、气密、烘炉、氮气置换完毕。

② 所有仪表调校完毕，DCS 调校完毕。

③ 安全消防设施齐全备用。

④ 所有操作工培训完毕，并且熟练掌握操作流程。

二、正常开车

1. 催化剂活化

活化介质采用氮气。烃化反应器和反烃化反应器的活化应分别进行。活化反应器时必须用盲板进行隔断。

在活化中，切记氮气中不要夹杂苯、水等物料进入烃化催化剂床层，否则加快积炭而使烃化催化剂活性下降或引起催化剂中毒。当温度达到 $200 \sim 300℃$ 时，要对系统所有高温部位紧固件进行热紧。催化剂活化结束后，应以不超过 $60℃/h$ 的速率降温，以防止催化剂的热冲击。

2. 系统垫料

① 填充新鲜苯。

② 引入烃化液。

③ 各蒸汽发生器充除氧水和催化干气水洗罐充除盐水。

④ 冷冻水、热水系统充满除盐水。

⑤ 充装热载体。

3. 苯循环升温

① 冷苯循环　循环苯通过泵和换热器，至循环苯加热炉，再到烃化反应器旁路线，经反应产物冷凝、冷却，回到循环苯缓冲罐。循环中，必要时向循环苯缓冲罐补充新苯，以保证循环苯缓冲罐在正常液位操作。冷苯循环建立后，控制循环苯流量，对系统进行全面检查，并从循环苯缓冲罐处进行脱水。

② 热苯循环　冷苯循环建立后，控制循环苯量为满负荷苯量的 $41\% \sim 46\%$，对循环苯加热炉进行点火，严格控制升温速率不大于 $20℃/h$，使循环苯加热炉出口温度达 $250℃$。

4. 处理烃化液

① 苯塔开车。

② 乙苯精馏塔开车。

③ 丙苯塔开车。

④ 二乙苯塔开车。

⑤ 脱丙烯塔开车。

5. 投干气

① 预热烃化反应器。

② 烃化反应器投干气。

催化干气脱丙烯合格且苯塔、乙苯塔稳定后，催化干气送入烃化反应器。

6. 反烃化系统开车

① 向反烃化反应进料罐送循环苯，至液位达50%时，启动反烃化反应进料泵和反烃化反应进料加热器，控制循环苯量为满负荷的50%，给反烃化反应器循环升温。

② 经分析反烃化反应器进料循环苯含水已脱净后，逐渐将循环苯切入反烃化反应器。

③ 当反烃化反应器温度达到210～230℃，压力达到3.5～4.0MPa时，将反烃化料以满负荷进量的50%切入反烃化反应进料罐。

④ 观察反烃化反应器温度分布以及多乙基苯的转化率，适时调整反应参数。

三、 正常停车

1. 催化干气脱丙烯部分停工

① 停催化干气。

② 热载体加热炉降低负荷。

③ 停止向解吸塔供热，塔顶继续打回流，塔顶不凝气放火炬。

④ 催化干气脱丙烯部分物料通过停工退料线退料至停工退料罐，用停工退料泵提升加压后再用热载体开停工冷却器冷却后送烃化液罐。

2. 反应部分停工

① 循环苯加热炉以25℃/h的速率降温，当循环苯加热炉出口温度降至300℃时，通过开工循环线将烃化反应器切出系统。当循环苯加热炉炉膛温度降至200℃以下时，停止向循环苯加热炉供热。

② 当循环苯温度降至40℃时，停止向循环苯加热炉供循环苯，停止向吸收塔供循环吸收剂。

③ 停吸收塔底泵。

④ 停止向反烃化反应进料加热器供热，停反烃化反应进料泵。

3. 分离部分停工

① 粗分塔、苯塔和乙苯塔停进料和出料，进行全回流操作，保证后续苯乙烯装置的蒸汽供应。

② 停止丙苯塔、二乙苯塔的供热，停止进料和出料，打回流直至塔压回到常压。二乙苯塔停止抽真空，打回流至塔压回到常压。

③ 当苯乙烯不需要低压蒸汽时，停止苯塔和乙苯塔供热，回流直至塔压回到常压。

④ 停止向热载体加热炉供燃料，停热水泵和冷冻水泵。

4. 退料

① 将所有设备中的苯、乙苯、多乙苯等烃化液通过停工退料线退至地下污油罐，冷却后送烃化液罐。

② 停工退料完毕后，所有设备内残余气体放火炬。

③ 热载体通过热载体开停工冷却器冷却，用氮气压入热载体罐。

5．吹扫、置换

装置停工吹扫、置换按常规过程处理。

四、 生产运行中异常现象的判断及处理

烃化反应异常现象的判断及处理方法见表 8-1。

表 8-1　烃化反应的异常现象及处理方法

序号	异常现象	发生原因	处理方法
1	反应产物中乙烯含量过高	反应温度低	适当提高反应温度
2	出口温度过低	催化干气中乙烯转化率过低	适当加大苯烯比或提高反应温度
3	循环苯加热炉出口温度波动	①燃料气压力或组成改变 ②流量波动	①调整燃料量 ②排除机泵或仪表故障
4	反应器出口温度高	①温度指示/控制系统故障 ②循环苯量小，苯烯比小 ③反应器入口温度高	①检查排除该系统故障 ②检查循环苯流程及泵运行状况,排除故障,保证苯烯比合乎指标标准 ③降低炉出口温度或注冷苯
5	反应压力不稳	①吸收塔压力波动 ②原料干气压力波动	①稳定吸收塔操作 ②检查从界区外来的干气压力及脱丙烯塔压控是否正常,尽快稳定压力
6	烃化反应产物中乙苯含量减少,乙烯组分增大	①苯烯比太低 ②催化剂活性降低,操作温度低	①提高循环苯流量 ②相应地提高反应温度直至达到反应器出口温度指标
7	反应器床层压降增大	①压降指示误差 ②床层堵塞 ③催化剂积炭并迅速增多	①检查压力指示系统,排除故障 ②适当降低进料 ③分析反应器各段反应产物组成,确定是否切换反应器

反烃化反应异常现象的判断及处理方法见表 8-2。

表 8-2　反烃化反应的异常现象及处理方法

序号	异常现象	发生原因	处理方法
1	反烃化反应产物中乙苯含量减少,而二乙苯含量过高	①反应温度低 ②苯/多乙苯比太低 ③催化剂活性降低,操作温度低	①适当提高反应温度 ②提高循环苯流量 ③相应地提高反应温度直至达到反应器出口温度指标
2	反应器出口温度高	①温度指示或控制系统故障 ②反应器入口温度高	①检查排除该系统故障 ②降低反应进料温度
3	反应压力不稳	①压控故障 ②苯塔压力波动 ③反烃化反应进料泵故障	①改压控副线调节,及时排除故障 ②稳定循环苯塔操作 ③检查反烃化反应进料泵运行是否正常,否则启用备用泵
4	压降过大	催化剂床层结焦	切换反应器,催化剂再生或更换

苯塔、乙苯塔、丙苯塔、二乙苯塔异常现象的判断及处理方法见表 8-3。

表 8-3　苯塔、乙苯塔、丙苯塔、二乙苯塔的异常现象及处理方法

序号	异常现象	发生原因	处理方法
1	塔顶产品中重组分含量高	①塔顶回流量不足 ②塔底控制温度高	①检查精馏塔操作参数,适当增大塔顶回流量 ②检查塔底轻组分含量,适当降低塔底温度

续表

序号	异常现象	发生原因	处理方法
2	塔底物料中轻组分含量高	①塔底控制温度低 ②塔的分离度差	①检查精馏塔操作参数,提高控制温度 ②在非淹塔状态下,增加塔底供热,并加大塔顶回流,改善传热传质条件
3	塔压差不稳	淹塔或堵塔,塔的分离度降低	减少进料及回流量,必要时停车
4	二乙苯塔顶压力不稳	抽真空系统故障	检查真空泵系统,及时启动备用泵并排除故障

五、仿真实训

1. 实训目的

① 能完成乙苯装置正常开车和正常停车仿真操作。

② 能完成乙苯装置事故处理仿真操作。

2. 装置概况及组成

本仿真系统为大连石化公司 10 万吨/年乙苯装置仿真系统。该装置是第一套采用抚顺石油二厂、中国科学院大连化学物理研究所和洛阳石化工程公司开发的催化干气制乙苯技术的大型工业化装置。

该装置由烃化单元和精馏单元组成。烃化单元包括烃化/反烃化反应部分、吸收稳定部分;精馏单元即乙苯分离部分,包括循环苯塔、乙苯精馏塔及多乙苯塔,回收多余的苯并生产出合格的中间产品乙苯。具体工艺流程见本项目任务一。

3. 仿真系统的 DCS 图

(1) 烃化反应器(R101)DCS 图,如图 8-12 所示。

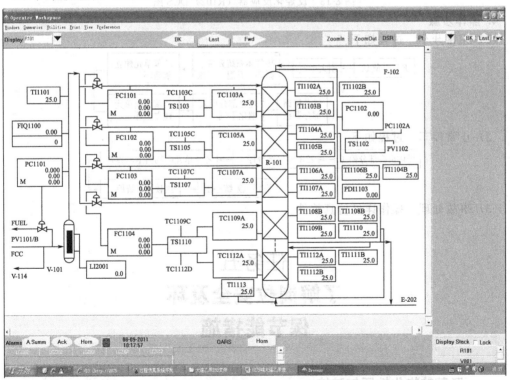

图 8-12　烃化反应器(R101)DCS 图

(2) 反烃化反应器(R102)DCS 图,如图 8-13 所示。

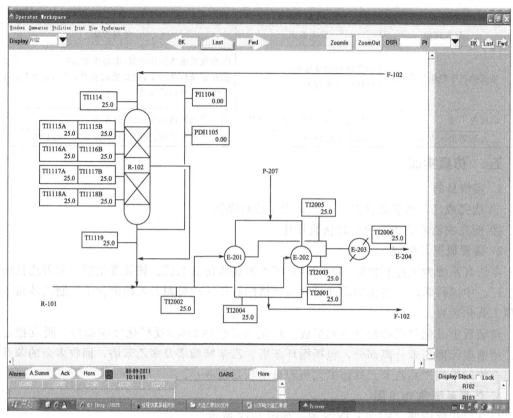

图 8-13 反烃化反应器（R102）DCS 图

4. 操作步骤

（1）正常开车 过程如下：

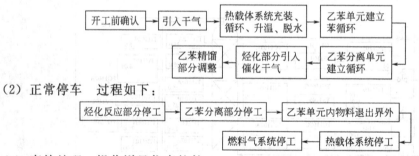

```
开工前确认 → 引入干气 → 热载体系统充装、 → 乙苯单元建立
                      循环、升温、脱水     苯循环
                                              ↓
乙苯精馏  ← 烃化部分引入 ← 乙苯分离单元
部分调整    催化干气       建立循环
```

（2）正常停车 过程如下：

```
烃化反应部分停工 → 乙苯分离部分停工 → 乙苯单元内物料退出界外
                                            ↓
            燃料气系统停工 ← 热载体系统停工
```

（3）事故处理 操作详见仿真软件。

任务五
了解岗位安全及环
保节能措施

一、 乙苯的物化性质与防护

乙苯的物化性质与防护见图 8-14。

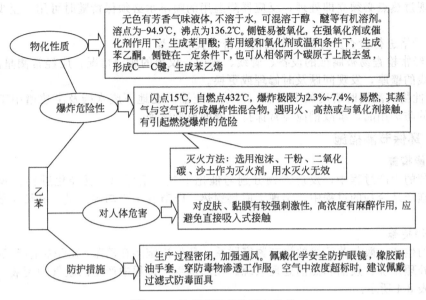

无色有芳香气味液体,不溶于水,可混溶于醇、醚等有机溶剂。熔点为-94.9℃,沸点为136.2℃。侧链易被氧化,在强氧化剂或催化剂作用下,生成苯甲酸;若用缓和氧化剂或温和条件下,生成苯乙酮。侧链在一定条件下,也可从相邻两个碳原子上脱去氢,形成C=C键,生成苯乙烯

闪点15℃,自燃点432℃,爆炸极限为2.3%~7.4%,易燃,其蒸气与空气可形成爆炸性混合物,遇明火、高热或与氧化剂接触,有引起燃烧爆炸的危险

灭火方法:选用泡沫、干粉、二氧化碳、沙土作为灭火剂,用水灭火无效

对皮肤、黏膜有较强刺激性,高浓度有麻醉作用,应避免直接吸入式接触

生产过程密闭,加强通风。佩戴化学安全防护眼镜,橡胶耐油手套,穿防毒物渗透工作服。空气中浓度超标时,建议佩戴过滤式防毒面具

图 8-14　乙苯的物化性质与防护

动手查一查

1. 乙苯的中毒症状和急救措施是什么?
2. 乙苯生产中还有哪些主要有毒、有害物质?

二、 乙苯的包装与储运

乙苯产品的包装要求密封,不可与空气接触。包装方法有:①小开口钢桶;②螺纹口玻璃瓶;③铁盖压口玻璃瓶;④安瓿瓶外普通木箱;⑤塑料瓶或金属桶(罐)外普通木箱。

乙苯储存于阴凉、通风的库房,远离火种、热源,库温不宜超过30℃。保持容器密封。应与氧化剂分开存放,切忌混储。采用防爆型照明、通风设施。禁止使用易产生火花的机械设备和工具。储区应备有泄漏应急处理设备和合适的收容材料。

本品铁路运输时限使用钢制企业自备罐车装运,装运前需报有关部门批准。铁路非罐装运输时应严格按照铁道部《危险货物运输规则》中的危险货物配装表进行配装。运输时运输车辆应配备相应品种和数量的消防器材及泄漏应急处理设备。夏季最好早晚运输。运输时所用的槽(罐)车应有接地链,槽内可设孔隔板以减少震荡产生静电。严禁与氧化剂、食用化学品等混装、混运。运输途中应防暴晒、雨淋,防高温。中途停留时应远离火种、热源、高温区。装运该物品的车辆排气管必须配备阻火装置,禁止使用易产生火花的机械设备和工具装卸。公路运输时按规定路线行驶,勿在居民区和人口稠密区停留。铁路运输时禁止溜放。严禁用木船、水泥船散装运输。

三、 岗位安全操作规程

① 应严格监视反应器的温度、压力,进料苯和多乙苯中的水含量应小于 1×10^{-4} kg/m^3。反应器开停车应严格控制升、降温速率;反应器系统的联锁必须正常投入使用,定期校验联锁并有记录。

② 岗位巡检时,应加强对反应器的监视。定期用特殊的红外测温仪测定反应器有无过

热点，发现过热点必须立即处理；反应器降温用的喷淋水必须保持随时可用，至少每月试验一次。

③ 应严格进行检查反应器开车前的气密试验和干燥。

④ 应经常检查易被腐蚀的设备、管线、阀门、仪表的腐蚀情况，应经常测量防腐衬层、设备及管线的壁厚，发现问题及时修理或更换。

⑤ 酸性物料泄漏时要用碱中和后，再放入废油。在地下废水槽及事故槽中工作时，应穿戴相应的防护用品，事故槽应经常保持无液面或低液面。

四、 环保节能措施

1. 节能措施

在乙苯的生产过程中，反应产物分别与催化干气、循环苯、反烃化进料、苯塔进料换热，在实施产品冷却的过程中，实现了原料预热，既节省了冷却水用量，又最大限度地利用了反应热。

2. 环保措施

乙苯的生产一般与苯乙烯的生产紧密联系，环保措施多在乙苯/苯乙烯生产工序结束后，设有尾气处理系统、残油和焦油处理系统。在乙苯生产过程中产生的废气和废液，采取的环保措施如表 8-4 所示。

表 8-4 乙苯生产的废气、废液的处理

序号	三废物质	处理方法
1	废气（来自二乙苯吸收塔）	原料乙烯浓度 80%～90%，尾气＜3%，放空，否则作燃料；原料乙烯浓度 90%～95%，尾气＜5%，放空，否则作燃料
2	废液（焦油、络合物）	可用于生产炭黑，也可用作工业锅炉燃料，或送三废处理厂集中处理

项目小结

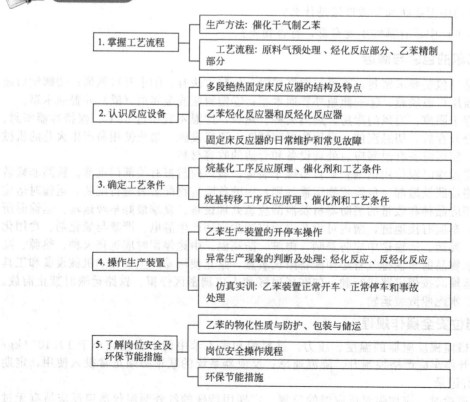

思考与练习

一、填空题

1. 乙苯为_____色有_____气味液体，不溶于水，可混溶于_____。

2. 催化干气法制备乙苯的工艺流程包括_____、_____和_____。

3. 催化干气法制备乙苯，烃化反应器属于_____反应器。

4. 原料气冷激式绝热固定床反应器是以下哪种_____。

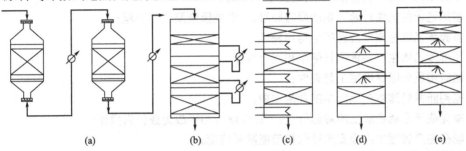

(a)　　　　　　(b)　　　　　　(c)　　　　　　(d)　　　　　　(e)

5. 乙苯最重要的用途是用来生产_____，少部分也作为医药工业的重要原料，或用于溶剂、稀释剂以及生产二乙基苯等。

6. 乙苯生产的开车过程包括_____、系统垫料、苯循环升温、处理烃化液、_____。

7. 乙苯起火可使用_____、_____、_____、_____作为灭火剂，使用_____灭火无效。

二、讨论题

1. 苯与乙烯烷基化反应的主反应有哪些？

2. 影响烷基化反应的因素有哪些？

3. 生产中，引起烃化反应器床层压降增大的原因有哪些？应如何处理？

4. 乙苯精馏过程中塔顶产品重组分含量高，分析产生该现象的原因并提出解决办法。

5. 冷激式绝热固定床反应器分为哪两类？其特点是什么？

6. 固定床反应器的日常维护要点有哪些？

7. 乙苯在储运过程中应注意哪些问题？

项目九

苯乙烯生产

🎯 学习目标

- 了解苯乙烯的物化性质、用途及生产方法；
- 掌握乙苯脱氢生产苯乙烯的反应原理、影响因素及工艺流程；
- 掌握苯乙烯合成反应器的结构与特点；
- 了解苯乙烯生产装置的开停车和运行操作；
- 能应用反应原理确定工艺条件；
- 能判断并处理生产运行中的异常现象；
- 能完成苯乙烯合成工段冷态开车、正常停车和事故处理仿真操作；
- 能在生产过程中实施安全环保和节能降耗措施。

【认识产品】

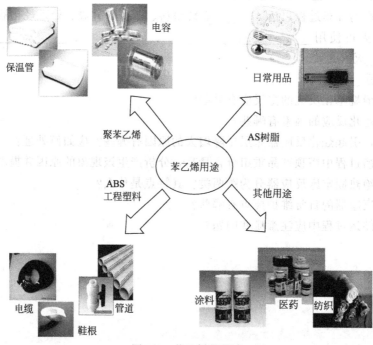

图 9-1 苯乙烯的用途

苯乙烯易自聚生成聚苯乙烯（PS）树脂，也可以和其他不饱和化合物发生共聚，如与丙烯腈共聚生成 AS 塑料；与丁二烯共聚可得丁苯橡胶；与丁二烯、丙烯腈共聚生成 ABS 工程塑料；与顺丁烯二酸酐、乙二醇以及邻苯二甲酸酐等共聚生成聚酯树脂等，所以苯乙烯是三大合成工业的重要单体。另外，苯乙烯还广泛应用于制药、涂料、颜料和纺织等工业。

如图 9-1 所示。在乙烯衍生物中，苯乙烯生产消耗乙烯的量仅次于聚乙烯、聚氯乙烯和环氧乙烷居第四位。

苯乙烯聚合物于 1827 年发现，1867 年，法国化学家贝特洛（Berthelot）发现乙苯通过炽热瓷管时能生成苯乙烯。1930 年，美国陶氏化学公司首创了乙苯热脱氢法生产苯乙烯的工艺技术，1945 年实现了苯乙烯的大规模工业化生产。苯乙烯生产技术不断进步，已趋于完善。据统计，2000 年世界苯乙烯生产能力超过 2230 万吨，2012 年达到 3236.6 万吨。由于市场需求旺盛，苯乙烯生产将会继续保持增长。图 9-2 为苯乙烯生产的工业装置。

图 9-2　苯乙烯生产的工业装置

任务一
掌握苯乙烯生产的
工艺流程

一、苯乙烯的生产方法

目前，苯乙烯的生产方法主要有 3 种：乙苯催化脱氢法、苯乙烯和环氧丙烷联产法（共氧化法）及裂解汽油抽提蒸馏回收苯乙烯，如图 9-3 所示。

对苯乙烯生产来说，只有选择原料来源充足、技术先进、生产能力大、成本低、节约能源的生产路线，才能提升市场竞争力。乙苯催化脱氢法具有工艺简单、技术成熟、生产能力大等特点，是目前苯乙烯生产的最佳合成路线。目前世界上 90% 的苯乙烯都是通过乙苯催化脱氢生产的，国内生产企业也大都采用这种方法。

二、乙苯绝热脱氢合成苯乙烯的工艺流程

乙苯脱氢反应是强吸热反应，须在高温下向系统供给大量的热以满足反应需要。工业上根据供热方式不同，反应器分为绝热反应器和等温反应器两种。乙苯绝热脱氢是生产苯乙

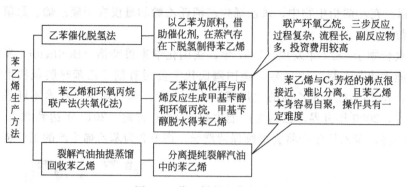

图 9-3　苯乙烯的生产方法

的主流工艺。

　　乙苯绝热脱氢生产苯乙烯的工艺流程包括苯乙烯合成和苯乙烯精制两部分。其中苯乙烯合成可分为预热脱氢反应、脱氢液冷却分离、尾气压缩与吸收三个工序，其基本过程如图9-4 所示。

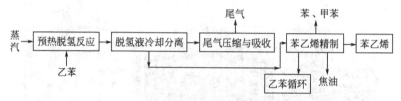

图 9-4　苯乙烯生产的流程框图

1. 苯乙烯合成工艺流程

苯乙烯合成工艺流程如图 9-5 所示。

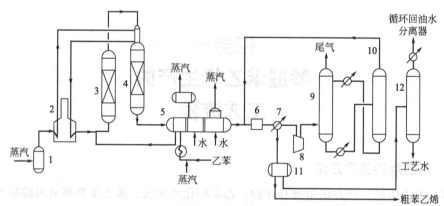

图 9-5　乙苯负压绝热脱氢合成苯乙烯工艺流程

1—主蒸汽分离罐；2—蒸汽过热炉；3—第一脱氢反应器；4—第二脱氢反应器；

5—换热器；6—急冷器；7—主冷凝器；8—尾气压缩机；

9—吸收塔；10—解吸塔；11—油水分离器；12—汽提塔

　　（1）预热脱氢反应部分　来自 0.3MPa 蒸汽管网的蒸汽经主蒸汽分离罐 1 分液后，进入蒸汽过热炉 2 的对流段预热，然后进入辐射段 A 室，加热后进入第二脱氢反应器 4 顶部的过热器，出来的蒸汽进入蒸汽过热炉 2 的辐射段 B 室，加热后，进入第一脱氢反应器 3 底部的混合器。

来自乙苯分离部分或界区外的新鲜乙苯与来自苯乙烯分离部分的循环乙苯混合后，按照最低共沸组成控制流量进入乙苯蒸发器。来自 0.3MPa 蒸汽管网的蒸汽也进入乙苯蒸发器。从乙苯蒸发器出来的乙苯、水混合物蒸气经换热器 5 升温后，进入第一脱氢反应器 3 底部的混合器处，同来自蒸汽过热炉 2 的辐射段 B 室的过热主蒸汽混合，进入第一脱氢反应器 3，乙苯在负压绝热条件下发生脱氢反应。

第一脱氢反应器 3 塔顶出料经第二脱氢反应器 4 顶部的过热器加热后进入第二脱氢反应器 4。第二脱氢反应器 4 的出料经换热器 5 回收热量后降温。换热器 5 产生 0.3MPa 饱和蒸汽经汽包送 0.3MPa 蒸汽管网，产生 0.04MPa 饱和蒸汽送 0.04MPa 蒸汽管网。

换热器 5 出来的脱氢产物同尾气处理系统解吸塔 10 塔顶排出的气流汇合，进入急冷器 6，在此喷入温度为 45℃左右的急冷水，同气流发生直接接触换热，使反应产物急剧冷却。脱氢产物从急冷器 6 流出后，进入主冷凝器 7 的管程，被冷却到 57℃，成气、液两相并实现气液分离，未冷凝的气体经过冷却后进入尾气压缩机 8，冷凝下来的液体进入油水分离器 11。

（2）脱氢液冷却分离部分　冷凝液进入油水分离器 11 分层后，上层油相为脱氢液（又叫粗苯乙烯），由脱氢液泵送往苯乙烯精制部分的粗苯乙烯塔；下层水相为含油工艺凝液，由冷凝液泵送入汽提塔 12。塔顶蒸汽经汽提塔冷凝器冷凝后回到油水分离器 11；汽提塔塔釜凝液经工艺水处理后获得合格的工艺凝液，可以作为锅炉给水、冷却水等循环使用。

（3）尾气压缩与吸收部分　脱氢尾气由尾气压缩机 8 升压后进入吸收塔 9 下部，吸收塔 9 顶部用来自解吸塔 10 底部的贫油洗涤，从吸收塔 9 顶部排出的尾气可以作为蒸汽过热炉 2 的燃料。吸收塔 9 釜液经吸收剂换热器回收热量后进入解吸塔 10 顶部，在解吸塔底部通蒸汽。吸收塔釜液经过汽提解吸后变为贫油，由解吸塔釜液冷却后进入吸收塔 9 顶部。解吸塔塔顶气体去急冷器 6。

动笔画一画

画出乙苯绝热脱氢生产苯乙烯的流程框图。

2. 苯乙烯精制工艺流程

粗苯乙烯除含有产物苯乙烯外，还含有未反应的乙苯和副产物苯、甲苯及少量的焦油。粗苯乙烯的组成，由于脱氢方法和操作条件的不同而不同，粗苯乙烯组成举例见表 9-1。

表 9-1　粗苯乙烯组成举例

组分名称	沸点/℃	组成/%（质量分数）		
		例一 （等温反应器）	例二 （二段绝热反应器）	例三 （三段绝热反应器）
苯乙烯	145.2	35～40	60～65	80.90
乙苯	136.2	55～60	30～35	14.66
苯	80.1	1.5 左右	5 左右	0.88
甲苯	110.6	2.5 左右		3.15
焦油		少量	少量	少量

各组分沸点相差较大，可以用精馏的方法分离，其中乙苯-苯乙烯的分离是最关键的部分。由于两者沸点只差 9℃，分离时要求塔板数比较多。另外苯乙烯在温度高的时候容易自聚，它的聚合速率随着温度的升高而加快。为了减少聚合反应的发生，除了在精馏塔内加阻聚剂外，塔底温度还应控制在 90℃ 以下，因此必须采用减压操作。

苯乙烯的分离与精制部分，由四台精馏塔组成。其目的是分离提纯脱氢混合液，得到高纯度的苯乙烯产品，以及甲苯、苯和焦油等副产品。本部分的工艺流程如图 9-6 所示。

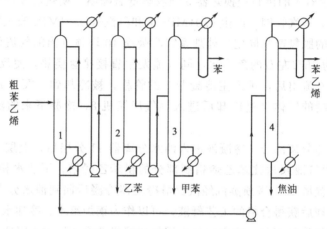

图 9-6　苯乙烯精制工艺流程

1—粗苯乙烯塔；2—乙苯回收塔；3—苯、甲苯分离塔；4—苯乙烯精制塔

由脱氢部分送来的脱氢液与新鲜阻聚剂溶液混合后进入粗苯乙烯塔 1 中部（以下简称粗塔）。塔顶蒸汽经塔顶冷凝器冷却，冷凝下来的液体由粗塔回流泵分两路输送，一部分回到粗塔 1 塔上部作为塔顶回流液，另一部分送往乙苯回收塔 2。釜液一部分由再沸器加热回流到塔釜，另一部分由粗塔釜液泵送往苯乙烯精制塔 4 中部（以下简称精塔）。

乙苯回收塔 2 顶部出来的气体进入乙苯回收塔冷凝器冷凝，冷凝下来的液体由乙苯回收塔回流泵分两路输送，一部分回到乙苯回收塔 2 塔顶，另一部分送往苯、甲苯分离塔 3 中部。釜液为循环乙苯。

苯、甲苯分离塔 3 顶部出来的气体进入苯、甲苯分离塔冷凝器冷凝，冷凝下来的液体一部分回到苯、甲苯分离塔 3 塔顶，另一部分作为回收苯送往循环苯罐。釜液为浓度约 80% 的粗甲苯。

精制塔 4 塔顶气体进入精制塔冷凝器冷凝，冷凝下来的液体分两路输送，一部分回到精制塔 4 的塔顶，另一部分作为苯乙烯产品，经成品过冷器冷却到 9℃ 后送往界区外。釜液由精塔釜液泵抽出后，一部分返回再沸器，提供再沸器的循环动力；另一部分苯乙烯焦油作为塔釜残液，由精制塔釜液泵采出。

　大家来讨论

为什么在苯乙苯精制流程中，除苯、甲苯分离塔外，其余三塔都需在减压下操作？

双塔变压苯乙烯精馏

传统的粗苯乙烯塔塔釜用低压蒸汽作为再沸器的热源，若塔顶气相温度在80℃左右，因温位较低，无法产生蒸汽，所以塔顶冷凝器使用循环水作为取热介质，塔回流比在6～10，所以粗苯乙烯塔能耗较大，是苯乙烯装置的能耗大户，其低压蒸汽用量占整个装置总用量的38%左右，冷却水用量占整个装置总用量的33%左右，该塔能耗占装置总能耗的30%左右。

为了将塔顶的低温气相潜热回收利用，国内及国外均开发了粗苯乙烯的双塔变压集成节能工艺，该工艺将传统的粗苯乙烯塔分成两个塔，即A塔和B塔，每个塔的负荷各占50%，其中A塔操作压力较高（以下称高压塔），B塔操作压力较低（以下称低压塔），高压塔塔顶气相温度与低压塔塔顶、塔釜温度差10℃以上。根据这一特点，高压塔冷凝器可以兼作低压塔的再沸器，从而起到节约蒸汽和循环水用量的效果。

双塔工艺与单塔工艺相比，蒸汽和循环水的消耗均有大幅度降低，蒸汽用量减少44%左右，冷却水用量减少34%左右，综合能耗减少36.72kg标油/t左右，但由于高压塔压力、塔釜温度较高，苯乙烯的聚合损失增加，物耗比单塔精馏工艺有所增加。

任务二
认识苯乙烯生产的
反应设备

乙苯脱氢的反应是强吸热反应，需要在高温条件下进行，因此工艺过程的基本要求是要连续向反应系统供给大量热量，以保证反应的顺利进行。根据供给热量方式的不同，采用的反应器类型也不同。对于乙苯脱氢反应，工业上采用两种供热方式：一种是燃烧燃料，利用高温烟道气传热给反应体系，反应器采用等温式；另一种是过热蒸汽直接进入反应器内传热，反应器采用绝热式，与外界无热交换。

$$供热方式\begin{cases} 间接\xrightarrow{烟道气}等温式反应器 \\ 直接\xrightarrow{水蒸气}绝热式反应器 \end{cases}$$

一、列管式等温固定床反应器

乙苯脱氢列管式等温反应器结构如图9-7所示。这种反应器类似于管壳式换热器，反应器由许多耐高温的镍铬不锈钢管或内衬铜锰合金的耐热钢管组成，管径为100～185mm，管长3m。管内装有活性较高的催化剂，管间走载热体。为了保证气流均匀地通过每根管子，催化剂床层阻力必须相同。因此，均匀地装填催化剂十分重要。管间载热体可为冷却水、沸腾水、加压水、高沸点有机溶剂、熔盐、熔融金属等。选择载热体主要考虑的是床层内要维持的温度。对于放热反应，载热体温度应较催化剂床层温度略低，以便移出反应热，但二者的温度差不能太大，以免造成靠近管壁的催化剂过冷、过热。载热体在管间的循环方式可为多种，以达到均匀传热的目的。

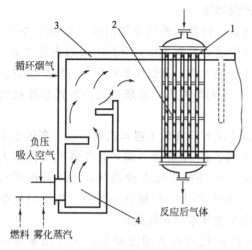

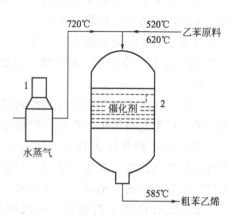

图 9-7　乙苯脱氢列管式等温反应器

1—列管反应器；2—圆缺挡板；
3—耐火砖砌成的加热炉；4—燃烧喷嘴

图 9-8　乙苯脱氢单段绝热式反应器

1—水蒸气过热炉；2—脱氢反应器

此种反应器所用稀释蒸汽量较少，反应所需的热量靠管间通以烟道气加热反应区，也称为外加热式反应器，反应区各处温度基本相等，又称为等温反应器；等温反应器的优点是反应器纵向温度较均匀，生产易于控制，不需要高温过热蒸汽。蒸汽耗量低，能量消耗少。其缺点在于需要特殊合金钢（如铜锰合金），结构较复杂，检修不方便，制造困难，生产规模小，一般适用于小规模生产。

二、单段绝热式固定床反应器

绝热式反应器催化剂堆置于床内，床内没有换热装置，不与外界进行任何热量交换，故称之为绝热式反应器。乙苯脱氢单段绝热式反应器结构如图 9-8 所示。

对于乙苯脱氢吸热反应，反应过程中所需要的热量依靠作为稀释剂的过热水蒸气供给，而反应器外部不另行加热。因此随着反应的进行，温度会逐渐下降，温度变化的情况主要取决于反应吸收的热量。一般来说，原料转化率越高，吸收的热量越多。由于温度的这种变化，使反应器的纵向温度自气体进口处到出口处逐渐降低。当乙苯转化率为 37% 时，出口气体温度将比进口温度低 60℃ 左右。为了保证靠近出口部分的催化剂有良好的工作条件，气体出口温度不允许低于 570℃，这就要求气体进口温度在 630℃ 以上。另外，为防止高温预热时乙苯蒸气过热所引起的分解损失，必须将乙苯和水蒸气分别过热，然后混合进入反应器。绝热式反应器为直接传热，使沿设备横向截面的温度比管式反应器均匀。

绝热式反应器脱氢的优点：结构简单，制造方便，设备造价低；工艺流程简单，生产能力大；不需耐热金属材料，耐火砖即可；检修方便，基建投资低。绝热式反应器脱氢的缺点：反应器进出口温差大（可达到 65℃）；转化率比较低（35%～40%）；过热水蒸气消耗量大。

动手查一查

单段绝热式反应器有何不足之处？自 20 世纪 70 年代以来有哪些改进？

三、 多段绝热式固定床反应器

20 世纪 70 年代以来，在乙苯脱氢绝热反应器设计和脱氢生产工艺方面进行了许多研究改进。反应器由单段发展到多段，从常压操作发展到减压操作，反应物从轴向流动发展到径向流动，均收到了较好的效果。

本工艺采用三段绝热式径向反应器，其结构如图 9-9 所示。将整个催化剂床层分成多段，每一段均由混合室、中心室、催化剂室和收集室组成。催化剂放在由钻有细孔的钢板制成的内、外圆筒壁之间的环形催化剂室中。过热水蒸气分别在段间加入，这样可降低反应器入口温度，提高反应器出口温度，可提高转化率和选择性。乙苯蒸气与一定量的过热水蒸气首先进入混合室混合均匀，由中心室通过催化剂室内圆筒壁上的小孔进入催化剂层径向流动，并进行脱氢反应。脱氢产物从外圆筒壁的小孔进入催化剂室外与反应器外壳间环隙的收集室，然后再进入第二段的混合室，在此补充一定量的过热水蒸气，并经第二段和第三段进行脱氢反应，直至脱氢产物从反应器出口送出。

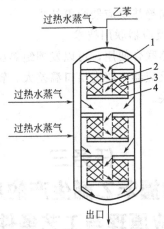

图 9-9　三段绝热式径向反应器
1—混合室；2—中心室；3—催化剂室；4—收集室

此种反应器的反应物由轴向流动改为催化剂层的径向流动，可减小床层阻力。使用小颗粒催化剂，从而提高选择性和反应速率。其制造费用低于列管式等温反应器，水蒸气用量比单段绝热反应器少，温差也小，乙苯转化率可达 60％ 以上。

大家来讨论

用于乙苯脱氢生产苯乙烯的列管式等温反应器和绝热式反应器在设备结构上有何区别？各有何优缺点？

绝热反应器的改进

绝热反应器具有结构简单、制造费用低、生产能力大等优点，被广泛使用。但是单段绝热式反应器脱氢，还存在反应过程对温度不敏感和转化率较低的情况。为了克服这些缺点，降低原料和能量的消耗，20世纪70年代以来，在乙苯脱氢绝热反应器设计方面进行了许多研究改进，均收到了较好的效果。

1. 采用几个单段绝热反应器串联使用

反应器之间设加热炉，进行中间加热；采用多段式绝热反应器，过热蒸气分段进入反应器。

2. 采用两段绝热反应器

第一段使用高选择性催化剂；第二段使用高活性催化剂，以克服温度下降带来的反应速率下降的不利影响。

3. 采用多段径向绝热反应器

使用小颗粒催化剂不仅可以提高选择性，也可以提高反应速率。但是使用小颗粒催化剂，反应器床层阻力增加，操作压力要相应提高。操作压力的提高，又会使转化率下降，为了解决这个矛盾，开发了径向绝热反应器脱氢技术。

4. 应用绝热反应器和等温反应器联用技术

将绝热反应器和等温反应器联合使用，可以发挥绝热反应器和等温反应器的优点。

综上所述，改进后的绝热反应器，使进出口温差大、转化率比较低、过热水蒸气消耗量大等缺点得到了比较好的解决。

任务三
掌握苯乙烯生产的反应原理与工艺条件

作为一名合格的岗位操作工，对反应原理和工艺条件的掌握是必不可少的，这样才能在实际生产中按照生产要求进行操作条件的监控和调节，确保生产安全顺利进行。工艺条件控制得当，可以减少副反应，提高产品收率，直接影响生产的效率和效益。

一、反应原理

1. 主反应

主反应为催化脱氢反应，反应方程式如下：

$$\text{C}_6\text{H}_5-\text{CH}_2\text{CH}_3 \rightleftharpoons \text{C}_6\text{H}_5-\text{CH}=\text{CH}_2 + \text{H}_2$$

反应特点：①主反应为吸热、可逆反应；②反应过程体积增大；③副反应多，与主反应竞争激烈。

2. 副反应

副反应主要是脱烷基反应、加氢裂解、热裂解和聚合反应等，副产甲苯、苯及少量的甲烷、乙烷、氢气和焦油等。

$$\text{C}_6\text{H}_5\text{—CH}_2\text{CH}_3 +H_2 \longrightarrow \text{C}_6\text{H}_5\text{—CH}_3 +CH_4$$

$$\text{C}_6\text{H}_5\text{—CH}_2\text{CH}_3 +H_2 \longrightarrow \text{C}_6\text{H}_6 +C_2H_6$$

$$\text{C}_6\text{H}_5\text{—CH}_3 \longrightarrow \text{C}_6\text{H}_6 +C_2H_4$$

在水蒸气存在下，还可发生水蒸气的转化反应：

$$\text{C}_6\text{H}_5\text{—CH}_2\text{CH}_3 +2H_2O \longrightarrow \text{C}_6\text{H}_5\text{—CH}_3 +CO_2+3H_2$$

高温下生成碳：

$$\text{C}_6\text{H}_5\text{—CH}_2\text{—CH}_3 \longrightarrow 8C+5H_2$$

与此同时，发生的连串反应主要是产物苯乙烯的聚合或脱氢生焦以及苯乙烯产物的加氢裂解等。聚合副反应的发生，不但会使苯乙烯的选择性下降，消耗原料量增加，而且还会使催化剂因表面覆盖聚合物而活性下降。

可见，要获得合格的苯乙烯产品，需要建立合理的工艺过程，选择合适的催化剂和反应设备，并且严格控制操作条件。

二、 催化剂

乙苯脱氢反应是吸热反应，在高温下，要使脱氢反应占主要优势，选择良好的催化剂非常关键。催化剂性能好，可以提高设备生产能力，减少副反应产物的生成，增加苯乙烯产率，使生产的产量、成本达到理想状态，从而获得最大的经济利润。

乙苯脱氢反应的催化剂应满足以下要求：①有良好的活性和选择性，能选择性地加快脱氢的反应速率，对副反应没有或很少有催化作用；②对高温和水蒸气有较高的热稳定性；③对氢气有较好的化学稳定性，催化剂中的金属氧化物不致被氢还原为金属；④具有抗结焦和容易再生等性能。

脱氢催化剂被水浸湿时会受损害。因此，反应系统在装填催化剂之前必须经过干燥处理。装填期间，应避免催化剂被雨水淋湿。装填之后，应特别注意避免反应器内蒸气冷凝。在开车、正常操作、停车时应防止液态水进入反应器。

催化剂的用量对于最佳操作的影响也很显著。催化剂太少不利于反应充分进行；而催化剂太多又会使乙苯在催化剂床层停留时间过长，副反应产物增加。

脱氢反应是在较高的温度下进行的。通常金属氧化物比金属具有更高的热稳定性，脱氢反应中大都采用多组分金属氧化物作催化剂。在工业上脱氢催化剂主要有两类：一类是以氧化铁为主体的催化剂；另一类是以氧化锌为主体的催化剂。这两类催化剂均是多组分固体催化剂。目前工业上广泛采用氧化铁系催化剂（见图 9-10）。此催化剂的特点是活性良好，寿命较长，在水蒸气存在下可自行再生，连续操作周期长。氧化铁系催化剂的各组分含量和作用见表 9-2。

图 9-10　氧化铁系催化剂

表 9-2　氧化铁系催化剂各组分一览表

项目	名称	含量	作　用
主催化剂	氧化铁	70%～93%	还原为四氧化三铁后对脱氢反应具有催化作用
助催化剂	氧化钾	2%～27%	对脱氢反应具有助催化作用,并能中和催化剂表面酸度,减少裂解副反应的进行,还能提高催化剂的抗结焦性,促进催化剂的自我再生,延长再生周期,提高催化剂寿命
稳定剂	氧化铬	3%～5%	可提高催化剂的热稳定性,并稳定铁的价态
典型催化剂组成			$Fe_2O_3-Cr_2O_3-KOH$ 和 $Fe_2O_3-Cr_2O_3-K_2CO_3$

知识链接

脱氢反应产物中含有氢气,催化剂中的高价氧化铁会被还原成低价氧化铁,甚至金属铁。如果有大量水蒸气存在,就可以阻止氧化铁被过度还原,使催化剂获得良好的选择性。因此,采用氧化铁系催化剂脱氢,总是以水蒸气作稀释剂。

大家来讨论

脱氢反应的催化剂应满足哪些要求?催化剂在装填和使用过程中需要注意哪些问题?

三、工艺条件

乙苯脱氢反应的工艺条件主要有反应温度、反应压力、水蒸气用量、反应时间和原料纯度等。

1. 反应温度

乙苯脱氢反应是吸热反应,升高温度对反应有利。但是,由于烃类物质在高温下不稳定,容易发生许多副反应。然而,温度过低不仅反应速率很慢,而且平衡产率也很低。所以脱氢反应温度的确定不仅要考虑获取最大的产率,还要考虑提高反应速率与减少副反应。经研究得出，采用氧化铁系催化剂，其适宜的反应温度为600～660℃。

2. 反应压力

乙苯脱氢反应是体积增大的反应，降低压力对反应有利，其平衡转化率随反应压力的降低而升高。反应温度、压力对乙苯脱氢平衡转化率的影响见表9-3。

表9-3 温度和压力对乙苯脱氢平衡转化率的影响

转化率/%	0.1MPa 温度/℃	0.01MPa 温度/℃
30	565	450
40	585	475
50	620	500
60	645	530
70	675	560

由表9-3可看出，达到同样的转化率，如果压力降低，也可以采用较低的温度操作，或者说，在同样温度下，采用较低的压力，转化率较高。所以生产中就采用降压操作。但在高温条件下降压操作不安全，对反应设备制造的要求高，投资增加。所以，在工业生产中常采用加入水蒸气稀释剂的方法降低反应产物的分压，从而达到减压操作的目的。工业上一般在略高于常压下进行操作。

选用水蒸气作稀释剂的好处在于以下几个方面。

① 可以降低乙苯的分压，改善化学平衡，提高平衡转化率。

② 与催化剂表面沉积的焦炭反应，使之气化，起到清除焦炭、保证催化剂活性的作用。

③ 水蒸气的热容量大，可以提供吸热反应所需的热量，使温度稳定。

④ 水蒸气与反应物容易分离。

大家来讨论

在反应中水蒸气的作用是什么？学过的生产工艺中还有哪些工艺使用水蒸气作稀释剂？其作用是否相同？

3. 水蒸气用量

水蒸气添加量对乙苯转化率的影响如表9-4所示。

表9-4 水蒸气用量对乙苯脱氢转化率的影响

反应温度/K	转化率 水蒸气：乙苯(物质的量比)		
	0	16	18
853	0.35	0.76	0.77
873	0.41	0.82	0.83
893	0.48	0.86	0.87
913	0.55	0.90	0.90

由表9-4可知，在一定的温度下，随着水蒸气用量的增加，乙苯的转化率也随之提高。但增加到一定量之后，乙苯转化率的提高就不太明显了。而且水蒸气用量过大，能量消耗也增大，设备生产能力降低，因此水蒸气与乙苯的比例应综合考虑。另外，用量比也与采用的

反应器类型有关。对于本工艺所用的三段绝热式径向反应器，生产中一般采用水蒸气：乙苯＝16：1（物质的量比）。

4. 反应时间

停留时间长，原料乙苯转化率可以提高，但同时因为连串副反应增加，会使选择性下降，而且催化剂表面结焦的量增加，致使催化剂运转周期缩短。所以最佳反应时间应综合原料单耗、能量消耗及催化剂再生周期等因素选择确定，生产中一般采用主收率峰值所对应的时间。

5. 原料纯度

若原料气中有二乙苯，则二乙苯经脱氢后会生成二乙烯基苯，二乙烯基苯在分离与精制产品时容易聚合而堵塔，影响生产。为了减少副反应发生，保证生产正常进行，要求原料乙苯中二乙苯的含量小于 0.04％（质量分数）。原料纯度要求如表 9-5 所示。

表 9-5　某厂苯乙烯装置对原料纯度的要求

项　　目		单位	GB 1627—79	
			一级	二级
外观			无色透明或稍带微黄色液体	
相对密度			0.866～0.870	
沸程（在 760mmHg 柱下馏出总体积 96％时）				
初沸点	≥	℃	135.8	135.2
末沸点	≤	℃	136.6	136.7
杂质含量（色谱法）		％（质量分数）	0.5	1.25
苯＋甲苯含量	＜	％（质量分数）	0.1	0.25
其中苯含量	＜	％（质量分数）	0.17	0.28
异丙苯、甲乙苯及丁苯含量				
其中甲乙苯及丁苯含量	＜	％（质量分数）	0.04	0.06
二乙苯含量		％	无	无

 大家来讨论

反应温度、压力、水蒸气用量、反应时间和原料纯度对乙苯脱氢反应有何影响？

任务四
了解苯乙烯生产装置的开停车操作

一、开车操作

1. 开车前的准备工作

① 所有设备、管道、阀门试压合格，清洗、吹扫干净。

② 所有温度、流量、压力、液位的仪表正确无误。

③ 机泵单机运行正常，备用泵处于可运转状态。

④ 生产现场无杂物乱堆乱放，符合安全技术的有关规定。

⑤ 与调度联系，使蒸汽、循环水、氮气、电、原料乙苯等处于备用状态。

2. 正常开车操作

(1) 合成部分开车操作

① 引入公用工程　引蒸汽、循环水、氮气进苯乙烯单元。

② 系统气密　脱氢系统气密、脱氢系统氮气置换、精馏系统气密。

③ 氮气循环升温　打通氮气升温流程；氮气循环升温；反应器床层温度恒温300℃。

④ 主蒸汽升温　改用主蒸汽升温流程；反应器床层温度恒温500℃。

⑤ 乙苯投料　增加乙苯进料至8000kg/h；确保水油比在2.0～2.5（质量比）。

⑥ 尾气吸收　建立吸收、解吸系统；启动尾气压缩机；尾气切入吸收系统。

知识链接

系统气密的重要性

　　苯乙烯装置所处理的介质均是易爆有毒物质，而乙苯脱氢单元又属高温、负压，脱氢反应系统气密的难度较大。因此，对装置各单元各系统的气密一定要严格，并进行24h泄漏检查，防止在投料过程中发生物料泄漏或漏进空气引发火灾。

(2) 精制部分开车操作。

① 粗苯乙烯塔开车。

② 精苯乙烯塔开车。

③ 乙苯回收塔开车。

④ 苯、甲苯分离塔开车。

①②③④具体操作步骤：改流程；冷凝、冷却系统投用；真空系统投用；进料、升温；建立回流并采出产品。

二、 正常停车操作

1. 合成部分停车操作

① 乙苯减进料、停进料　以一定的速率降低乙苯进料，直至切断乙苯。

② 尾气回收系统停车　先停尾气压缩机，再停急冷器的急冷水。

③ 主蒸汽降温　降温至500℃恒温；降温至400℃恒温；降温至300℃恒温。

④ 退净系统内物料　油水分离器内油相排净。

⑤ 降温　蒸汽降温；氮气循环降温；停汽提塔系统；加热炉灭火，自然降温。

2. 精制部分停车操作

① 粗苯乙烯塔停车。

② 精苯乙烯塔停车。

①② 具体操作步骤：停加热蒸汽，凝水罐排水；停进料；洗塔；停真空泵；蒸汽置换。

③ 乙苯回收塔停车。

④ 苯、甲苯分离塔停车。

③④ 具体操作步骤：停加热蒸汽；塔退油；塔泄压放空。

3. 停车注意事项

① 切断或使用水蒸气、空气、乙苯、循环水时要及时与调度联系。

② 火焰调节要均匀，温度不可以突升或突降。

③ 停车时要切断报警系统的仪表。

④ 停车过程中，要加强巡回检查，发现故障应尽快处理。

⑤ 停车过程中，各温度、压力、流量、液位的记录要完整。

知识链接

退料、置换原则

1. 退料、置换期间的操作坚持以"油不落地"为根本原则，增强控制外排污水管理手段、加强装置物料泄漏管理。

2. 管线及设备倒油以密闭排放方式引向地槽，最后全部送入罐区。

3. 管线及设备必须经过倒油、吹扫、蒸汽置换、可燃气分析等流程。可燃气分析不合格，要重新进行蒸汽置换及可燃气分析，至可燃气分析合格为止。

三、 正常运行操作

① 维持蒸汽和乙苯流量稳定在规定控制范围内。

② 每小时按规定时间认真做好原始记录，数据正确无误，字迹端正，不得涂改。

③ 由分析工取样分析脱氢液苯乙烯含量，每两小时一次，每天尾气含量分析一次。根据分析结果和工艺操作情况，及时调整操作条件，使各项工艺指标稳定在规定范围内。

④ 做好环境卫生工作，保持操作室、仪表屏、操作台的整洁。

⑤ 仪表机泵发生故障，应及时通知维修，不得拖延。

⑥ 岗位所属系统的跑、冒、滴、漏应及时解决，严重的可报工段或车间解决。

四、 生产运行中异常现象的判断及处理

（1）苯乙烯合成部分异常现象的判断及处理方法见表9-6。

表 9-6 苯乙烯合成部分异常现象的判断及处理方法

序号	异常现象	发生原因	处理方法
1	乙苯转化率比预计低（反应器入口温度为设计值）	①由于蒸汽或乙苯进料计量错误造成，使蒸汽与乙苯质量比太低 ②反应器内温度测量错误	①取样测量蒸汽与乙苯质量比,检查乙苯和水蒸气计量 ②检查温度指示器
2	反应器床层压降增加	①测压孔部分堵塞 ②催化剂床层粉尘引起部分床层堵塞	①检查压力表 ②床层出口粉尘过高时,可通过提高压力来吹扫或降低进料量来维持生产

序号	异常现象	发生原因	处理方法
3	二段床层出口压力高	①压缩机吸入压力高于要求值 ②压力指示器失灵 ③压缩机吸入口前方某个设备液位过高 ④压缩机吸入阀部分关闭	①降低吸入压力 ②检查变送器准备氮气吹扫 ③检查主冷凝器入口和出口总管,调整冷却器和压缩机吸入罐的压力 ④检查阀门
4	一段或二段反应器床层温度高	①温度指示器失灵(入口或出口) ②空气进入反应器	①检查温度指示器 ②如果温度指示器是正确的,且装置未停车,提高压缩机吸入口压力使之高于大气压,检查处理泄漏

（2）苯乙烯精制部分异常现象的判断及处理方法见表 9-7。

表 9-7　苯乙烯精制部分异常现象的判断及处理方法

序号	异常现象	发生原因	处理方法
1	精苯乙烯塔或粗苯乙烯塔聚合	①塔温度过高 ②真空度下降	①轻者降温维持生产,严重时停车检修 ②找出原因,提高真空度
2	精苯乙烯再沸器或粗苯乙烯再沸器内聚合	①釜温过高 ②釜液泵打不上料 ③阻聚剂量少或失效 ④釜液在釜内停留时间太长	①轻微降温维持生产,严重时停车检修 ②切换备用泵 ③通知脱氢工序多加阻聚剂,或更换新的阻聚剂 ④减少停留时间
3	粗苯乙烯塔釜温升上不去	①釜液泵打不上压 ②釜液黏度大 ③回水出不去	①切换备用泵 ②降低黏度 ③检查疏水器,切换副线

五、仿真实训

1. 实训目的

① 能完成苯乙烯合成工段冷态开车和正常停车仿真操作。

② 能完成苯乙烯合成工段事故处理仿真操作。

2. 装置概况及组成

本仿真系统是大连石化公司的 10 万吨/年苯乙烯装置仿真系统,该装置是第一套采用上海石化研究院、华东理工大学和上海医药设计院开发的乙苯负压脱氢制苯乙烯技术的大型工业化装置,也是国内第一套利用催化裂化干气生产苯乙烯的大型装置。

该装置由脱氢单元和精馏单元组成。脱氢单元包括脱氢反应部分、尾气吸收部分、凝液汽提部分;精馏单元即苯乙烯分离部分,包括粗苯乙烯塔、乙苯回收塔、精苯乙烯塔和苯/甲苯塔,生产出合格的苯乙烯产品,并回收多余的乙苯、苯和甲苯。具体工艺流程见本项目任务一。

3. 仿真系统的 DCS 图

（1）第一脱氢反应器（R301）DCS 图，如图 9-11 所示。

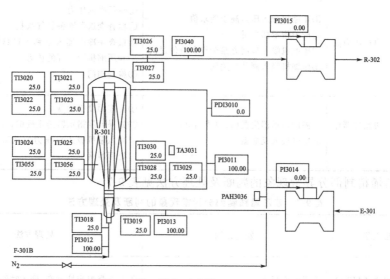

图 9-11　第一脱氢反应器（R301）DCS 图

（2）第二脱氢反应器（R302）DCS 图，如图 9-12 所示。

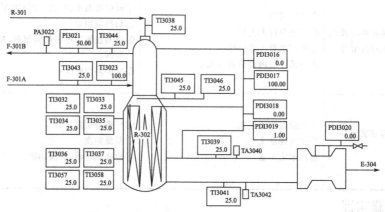

图 9-12　第二脱氢反应器（R302）DCS 图

4. 操作步骤

（1）冷态开车　过程如下：

（2）正常停车　过程如下：

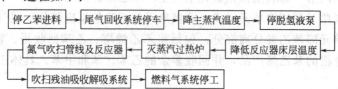

（3）事故处理 操作详见仿真软件。

 知识拓展

乙苯脱氢岗位

乙苯脱氢岗位负责炉油（粗苯乙烯）的生产，脱氢是其主体作业。它包括对乙苯投入到炉油采出的生产过程进行调节、控制、检查、记录，并预防和处理生产事故。

乙苯脱氢岗位主要技能要求：

① 按工艺规程和岗位操作法独立进行脱氢炉点火、升温（烘炉）、投料等各项的开车、停车操作和正常操作，保证系统稳定运行，能根据工艺参数、运行状态及分析数据判断出生产波动的原因，并能提出调节措施，具有对本系统检修后及更新改造设备进行试车和试生产的能力。

② 能及时发现和处理本系统超温、泄漏、堵塞等生产过程中出现的异常现象和事故，突然停水、停电、停气时能及时发现和妥善紧急处理，具备进行系统的安全检查等应变和事故处理能力。

③ 能正确使用本系统各种机、电、仪（或计算机）、计量器具等设施；能检查和判断机、电、仪或计算机一般故障的原因；具备进行脱氢炉、换热器、罐等一般静止设备的清理、检修及工艺验收工作等设备及仪表的使用、维护能力。

④ 能看懂本系统带控制点的工艺流程图，能画出本系统工艺流程简图。

"四懂三会"

操作人员对本岗位设备必须做到"四懂三会"，即懂结构、懂原理、懂性能、懂用途；会使用、会维护保养、会排除故障，否则不允许顶岗操作。

"五字操作法"

合理利用五字操作法：听、摸、擦、看、比，手持三件宝（扳手、听诊器、抹布），精心维护设备，定时定点巡回检查。坚持自己检查、自己分析、自己总结，发现问题及时排除，并及时上报班长或车间主任。

任务五
了解岗位安全及环保节能措施

一、 苯乙烯的物化性质与防护

苯乙烯的物化性质与防护见图 9-13。

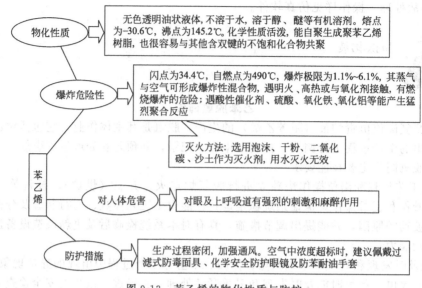

图 9-13　苯乙烯的物化性质与防护

动手查一查

1. 苯乙烯的中毒症状和急救措施是什么？
2. 苯乙烯生产中还有哪些主要有毒、有害物质？

二、 苯乙烯的包装与储运

苯乙烯产品的包装要求密封，不可与空气接触。包装方法有：①小开口钢桶；②薄钢板桶或镀锡薄钢板桶（罐）外花格箱；③安瓿瓶外普通木箱；④螺纹口玻璃瓶、铁盖压口玻璃瓶、塑料瓶或金属桶（罐）外普通木箱；⑤螺纹口玻璃瓶、塑料瓶或镀锡薄钢板桶（罐）外满底板花格箱、纤维板箱或胶合板箱。

苯乙烯储存时需加入阻聚剂，防止阳光直射。储存于阴凉、通风的库房，远离火种、热源，库温不宜超过 30℃。应与氧化剂、酸类分开存放，切忌混储。不宜大量储存或久存。采用防爆型照明、通风设施。禁止使用易产生火花的机械设备和工具。储区应备有泄漏应急处理设备和合适的收容材料。

铁路运输时应严格按照铁道部《危险货物运输规则》中的危险货物配装表进行配装。运输时运输车辆应配备相应品种和数量的消防器材及泄漏应急处理设备。夏季最好早晚运输。运输时所用的槽（罐）车应有接地链，槽内可设孔隔板以减少震荡产生静电。严禁与氧化剂、酸类、食用化学品等混装混运。运输途中应防暴晒、雨淋，防高温。中途停留时应远离火种、热源、高温区。装运该物品的车辆排气管必须配备阻火装置，禁止使用易产生火花的机械设备和工具装卸。公路运输时要按规定路线行驶，勿在居民区和人口稠密区停留。铁路运输时禁止溜放。严禁用木船、水泥船散装运输。

三、 岗位安全操作规程

化工生产的安全尤为重要，各岗位操作人员应严格按照岗位安全操作规程进行操作，保证生产的正常运行。表 9-8 为苯乙烯岗位安全生产分工责任明细表。

表 9-8　重点监控岗位分工明细表

区域	岗位	区域负责人	负责领导	重点监控内容
脱氢区域	脱氢岗位	脱氢工艺员	生产副主任	空冷、燃料气管线、低压蒸汽吹扫系统、汽提塔系统、急冷水管线、真空取样系统
精馏区域	精馏岗位	精馏工艺员	生产副主任	精馏真空泵系统、苯/甲苯塔系统、精馏回流罐排水系统、精馏泵区循环水管线系统、精馏区域取样器循环水系统

1. 脱氢反应系统的安全操作要点

操作人员要熟练掌握并严格执行安全操作规程，做到启动前认真准备、启动中反复检查、运行中执行操作指标、停车后妥善处理。严禁设备超温、超压、超速、超负荷运行。具体操作要点如下。

① 严格控制反应器入口温度。乙苯中二乙苯质量浓度小于 10mg/L，尽量减少开、停车次数，防止催化剂破碎。反应器最初开车应先用氮气加热升温，床层温度达 200℃ 以上时方可通入蒸汽。尾气压缩机入口压力应保持为 0.0276MPa。反应器、蒸汽过热炉、尾气压缩机的联锁系统必须正常投用，并定期校验和记录。

② 安全阀应每年定压一次，防爆膜应每年检查一次，发现问题要及时更换或修理。

③ 尾气系统三台在线氧分析器都应正常投用，当有两台指示值超过 1% 时联锁应动作，使系统升为正压操作。尾气在负压操作时需排入火炬系统，不准排入大气。

④ 反应器床层发现热点时应立即查找原因，必要时停车处理。

⑤ 应防止蒸汽过热炉超温。对过热炉火嘴要经常调整火焰，不要直接接触炉管和炉墙。反应系统由正压变为负压操作应缓慢进行，防止负荷突然加大，过热炉管骤冷损坏炉管。

⑥ 乙苯蒸发器停车前 2h 应先停循环乙苯进料并加大排污，停车后应立即启用乙苯洗涤系统，防止苯乙烯自聚物堵塞系统。

⑦ 膨胀节要定期检查，膨胀节的检测氮气要畅通。

2. 阻聚剂配制系统的安全操作要点

① 冬季应保证系统的保温、伴热系统正常运行。长期停车时应将乙苯/苯乙烯塔送料管线吹扫干净。

② 作业时应穿戴合适的防护用具，料桶要设立专用库房。作业人员工作完成后立即洗澡。淋浴及洗眼器应长年备用并经常检查维修。

 案例分析

精馏进料带水停车事件

2002 年 3 月 15 日，某厂苯乙烯车间检修完毕进入试车阶段。19 日 10：40，精馏内操人员对粗苯乙烯塔试车调试中，发现进料温度下降很多，塔内压力急剧上升，塔釜灵敏板附近温度下降，温度曲线起伏波动很大，根据经验判定系精馏进料带水所致。由于带水情况严重，车间及时对精馏部分停车，安排罐区岗位人员到炉油罐进行脱水。

原因分析：

① 由于水的气液相比和潜热大，进料中如果带水，物料慢慢吸收热量，体积膨胀，导致精馏塔内的压力上升、温度下降，精馏分离效果不好，全塔操作被破坏。

② 油水分离罐设计不合理，油水分离效果不好，造成进入罐区的炉油中带水、水中

带炉油的现象，大量水进入炉油罐，无法脱水就进入精馏塔。

经验教训：

① 油水分离罐是关键设备，对后续的汽提系统、精馏分离的稳定操作有着至关重要的作用，巡检中应加强对油水分离罐的查看，确保油水分离的效果，不发生油带水和水带油事件。

② 精馏进料带水严重，影响精馏塔的压力、温度控制，影响精馏效果和苯乙烯的纯度。

③ 精馏内操作要随时关注精馏三塔的温度、压力变化。当发现精馏塔内出现压力升高、温度下降时，应立即判断出是炉油带水。应立即减少炉油进料，向精馏外操和罐区人员通报，顶底改为返料。罐区人员应立即到炉油罐脱水。

四、环保节能措施

1. 采用高效规整填料

高效规整填料是一种新型填料，它具有传质效率高、比压降小、处理能力大、放大效应小等优点。用于乙苯/苯乙烯精馏塔可使精馏塔的处理能力增大，塔压降减小，塔底温度降低，最重要的是传质效率高于板式塔。因此，用该填料改造板式塔可减小回流，从而减少再沸器的蒸汽消耗量和冷却水的用量。

2. 回收塔顶冷凝潜热

进入反应器的原料（乙苯和水蒸气的混合物）先与乙苯-苯乙烯分馏塔塔顶冷凝液换热，这样既回收了塔顶物料的冷凝潜热，又节省了冷却水用量。

3. 设置尾气处理系统

流程中设有尾气处理系统，用残油洗涤尾气以回收芳烃，可保证尾气中不含芳烃；残油和焦油的处理采用了薄膜蒸发器，使苯乙烯回收率大大提高。

 项目小结

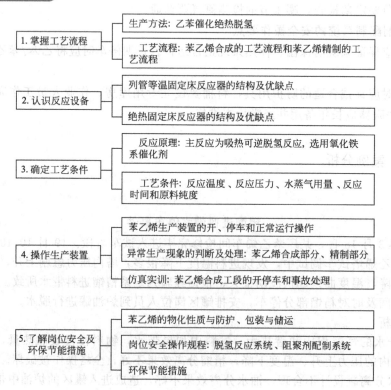

思考与练习

一、填空题

1. 目前生产苯乙烯最主要的方法是_____，常用的催化剂是_____。

2. 乙苯绝热脱氢生产苯乙烯的工艺流程包括_____和_____两部分。其中脱氢部分可分为_____、_____和_____三个工序。

3. 乙苯催化脱氢合成苯乙烯的脱氢部分常用_____和_____两种类型的反应器。

4. 乙苯催化脱氢生产苯乙烯，反应为_____热反应，反应需要较_____的温度；反应为体积_____的反应，应采用较_____的压力提高平衡转化率，工业上常采用_____的方法降低苯乙烯的分压，从而达到减压操作、提高转化率的目的。

二、讨论题

1. 识读苯乙烯合成的工艺流程图，并说明流程中主要设备的名称及主要物料的走向。

2. 在乙苯脱氢中采用水蒸气作稀释剂的优点有哪些？

3. 乙苯绝热脱氢生产苯乙烯的主反应有何特点？同时还发生哪些副反应？副反应产物有哪些？

4. 简述乙苯脱氢制苯乙烯生产中温度对乙苯转化率和收率的影响。

5. 在苯乙烯生产过程中，为什么要严格要求系统的气密？

6. 乙苯转化率比预计低，可能的原因有哪些？分别应如何处理？

7. 粗苯乙烯塔釜温升上不去，引起此异常现象的原因有哪些？分别应如何处理？

8. 苯乙烯单体对于污染物非常敏感，对苯乙烯的储运有哪些要求？

9. 举例说明在苯乙烯生产中，采用了哪些节能环保的措施。

参 考 文 献

[1] 吕晓莉. 有机化工生产工艺. 北京：高等教育出版社，2009.

[2] 舒均杰. 基本有机化工工艺学. 第2版. 北京：化学工业出版社，2009.

[3] 窦锦民. 有机化工工艺. 第2版. 北京：化学工业出版社，2011.

[4] 梁凤凯，陈学梅. 有机化工生产技术与操作. 北京：化学工业出版社，2010.

[5] 杨秀琴，苏华龙. 基本有机工艺. 北京：化学工业出版社，2008.

[6] 田铁牛. 化学工艺. 第2版. 北京：化学工业出版社，2007.

[7] 章红，陈晓峰. 化学工艺概论. 北京：化学工业出版社，2010.

[8] 刘小隽. 有机化工生产技术. 北京：化学工业出版社，2012.

[9] 丁惠平. 有机化工工艺. 北京：化学工业出版社，2008.

[10] 王松汉，何细藕. 乙烯工艺与技术. 北京：中国石化出版社，2000.

[11] 刘晓勤. 化学工艺学. 北京：化学工业出版社，2010.

[12] 赵建军. 甲醇生产工艺. 北京：化学工业出版社，2008.

[13] 陈群. 化工生产技术. 北京：化学工业出版社，2009.

[14] 应卫勇等. 碳一化工主要产品生产技术. 北京：化学工业出版社，2004.

[15] 冯元琦等. 甲醇生产操作问答. 第2版. 北京：化学工业出版社，2008.

[16] 谢克昌等. 甲醇工艺学. 北京：化学工业出版社，2010.

[17] 陈性永等. 基本有机化工生产工艺. 北京：化学工业出版社，2006.

[18] 郑石子. 聚氯乙烯生产与操作. 北京：化学工业出版社，2007.

[19] 先员华，陈刚. 聚氯乙烯生产工艺. 北京：化学工业出版社，2013.

[20] 中国石油化工集团公司人事部，中国石油天然气集团公司人事服务中心. 丁二烯装置操作工. 北京：中国石化出版社，2008.